“十三五”普通高等教育本科部委级规划教材

毛纺工艺与设备

季　萍　王春霞　主　编
陆振乾　宋晓蕾　副主编

中国纺织出版社

内 容 提 要

本书系统介绍了毛纺工艺及设备，主要包括毛纺原料、毛纺产品及毛纺纺纱系统、羊毛初步加工、精梳毛纺、粗梳毛纺、绒线生产等。其中精梳毛纺分精纺毛条制造、精纺前纺、精纺后纺等三项内容。同时以毛纺生产各工序的“目的、设备、工艺原则及质量要求”作为主线对毛纺加工系统进行介绍。

本书可用于高等院校纺织类的专业课教材，也可供纺织企业有关人员参考。

图书在版编目（CIP）数据

毛纺工艺与设备/季萍主编. —北京：中国纺织出版社，2018. 1

“十三五”普通高等教育本科部委级规划教材

ISBN 978-7-5180-4261-6

Ⅰ. ①毛… Ⅱ. ①季… Ⅲ. ①毛纺织—生产工艺—高等学校—教材 ②毛纺织—设备—高等学校—教材 Ⅳ. ①TS13

中国版本图书馆 CIP 数据核字（2017）第 310718 号

责任编辑：王军锋　　责任校对：武凤余

责任设计：何　建　　责任印制：何　建

中国纺织出版社出版发行

地址：北京市朝阳区百子湾东里 A407 号楼　邮政编码：100124

销售电话：010—67004422　传真：010—87155801

http：//www. c-textilep. com

E-mail：faxing @ c-textilep. com

中国纺织出版社天猫旗舰店

官方微博 http：//weibo. com/2119887771

北京玺诚印务有限公司印刷　各地新华书店经销

2018 年 1 月第 1 版第 1 印刷

开本：787 × 1092　1/16　印张：13

字数：265 千字　定价：52. 00 元

前言

纺织纤维的种类繁多，如棉、麻、丝、毛等天然纤维、人造纤维及化学纤维等，纤维的长度、细度、内部结构、表面形态都有很大差别，不能用同一种加工系统来纺纱。产品用途不同的相同原料也不能用同一种加工系统来纺纱，纺纱设备的组合必须适合加工纤维的特征和成纱的要求，本书介绍了针对毛纤维加工的纺纱系统。

本书从介绍毛纺原料的特点、精梳毛纺产品及粗梳毛纺产品两大类产品的特点，展开羊毛初步加工、精梳毛纺、粗梳毛纺、绒线生产等毛纺加工系统的介绍，精梳毛纺包括精纺毛条制造、精纺前纺、精纺后纺等三个部分。重点介绍毛纺各工序的目的、设备、工艺原则及质量要求。

本书可用于高等院校纺织类的专业课教材，也可供纺织企业有关人员参考。

本书由盐城工学院教材出版基金资助，由盐城工学院纺织服装学院教师编写，编写人员共同参与本书的策划和编写大纲的确定，全书最后由季萍修改定稿。具体分工为：第一章毛纺原料及产品——王春霞、季萍；第二章羊毛初步加工——季萍、王春霞；第三章精纺毛条制造——季萍、陆振乾；第四章精纺前纺——季萍、陆振乾；第五章精纺后纺——季萍、宋晓蕾；第六章粗梳毛纺——季萍、宋晓蕾；第七章绒线生产——季萍、王春霞。

除了上述执笔人员外，南通大学季涛为本书编辑提供了宝贵的资料和指导性建议，盐城工学院纺织服装学院林洪芹、刘丽、马志鹏、吕景春、王玮玲、张伟、贾高鹏、刘国亮、崔红、高大伟、郭岭岭等提供了有关资料和建议，袁淑军、吕立斌、毕红军、宋孝浜、秦卫兵等对本书提供了不少宝贵意见，在此一并致以谢意。

限于编者水平有限，本书内容可能有不够确切、完整之处，恳请读者指正。书中参考了其他教材和专业资料，在此谨表示感谢。

编著者
2017 年 9 月

课程设置指导

课程名称：毛纺工艺与设备

适用专业：纺织工程专业

总学时：32

理论教学时数：32

课程性质：本课程为纺织工程本科专业的专业选修课。它与天然纤维初加工化学、纺织材料学、纺纱工程、染整技术等课程有密切的关系。

课程目的：

1. 掌握毛纺原料、毛纺产品及毛纺纺纱系统。

2. 掌握羊毛初步加工、精梳毛纺、粗梳毛纺及绒线生产中各工序的目的、设备、工艺原则及质量要求。

课程教学的基本要求：

教学环节包括理论教学、作业和期末考核。通过各教学环节，使学生掌握毛纺工艺与设备的基本知识，提高学生分析问题、解决问题的能力。

1. 理论教学：32学时。教师按教学目的与要求进行授课，对教学的重点和难点进行充分研究，并运用一定的多媒体手段辅助教学。

2. 作业：每个章节教学完成后布置作业，作业尽量系统反映该章的知识点，要求学生按时完成作业，老师及时批改和讲评。

3. 考核：该课程是考查课程，期末考核形式为大作业或小论文，评分标准为：平时（出勤、课堂、作业）30%~40%，期末60%~70%。

教学学时分配

章　数	讲授内容	学时分配
第一章	毛纺原料及产品	4
第二章	羊毛初步加工	4
第三章	精纺毛条制造	6
第四章	精纺前纺	5
第五章	精纺后纺	5
第六章	粗梳毛纺	6
第七章	绒线生产	2
合计		32

目录

第一章　毛纺原料及产品

本章知识点

1. 羊毛纤维的分类、形态结构、物理及力学性能。
2. 用于毛纺生产的特种动物纤维、化学纤维、其他动植物纤维及回用原料的性能。
3. 精梳毛纺产品、粗梳毛纺产品及绒线的分类。
4. 呢绒、毛毯、长毛绒及绒线的品名编号。
5. 精梳毛纺系统、粗梳毛纺系统及半精梳毛纺系统。

用于毛纺生产的主要是羊毛纤维，还有特种动物纤维、化学纤维、其他动植物纤维及回用原料，生产中要根据产品用途、加工系统等进行原料的选择，才能做到优毛优用，提高效率。

毛纺产品分为精纺毛织物和粗纺毛织物两大类，这两类产品分别在精梳毛纺系统和粗梳毛纺系统上进行生产，毛纺生产有“多品种、少批量”的特点，为便于生产和交易，对毛纺产品要进行系统的分类和命名。

第一节　毛纺原料

毛纺常用原料按其来源可分为天然纤维和化学纤维两大类，毛纺常用原料见表1-1。

一、羊毛纤维

（一）羊毛纤维的分类

羊毛的品种很多，主要有以下几种分类方法。

1. 按羊种分类

（1）土种毛。我国原有羊种所生产的羊毛称为土种毛，由于羊种、产地和饲养条件不同，土种毛的品质有很大的差异。

（2）改良毛。引进的优良羊种（或国内已改良好的优良羊种）与土种羊杂交培育成为改良羊种所生产的羊毛，改良毛因羊种代数不同，质量也不相同，一般代数越高，质量越好。

（3）外毛。常用的外毛有澳毛、南美毛、新西兰毛和南非毛等。

2. 按羊毛产地分类 全世界有名的羊种有三百多种。我国绵羊的主要品种有新疆改良细羊毛、青海改良半细羊毛、蒙古毛、寒羊毛、同羊毛、湖羊毛、滩羊毛、藏羊毛、哈萨克羊毛等九大品种。

表1-1 毛纺常用原料

天然纤维	动物纤维	兽毛纤维：绵羊毛、特种动物纤维
		丝纤维：桑蚕丝、柞蚕丝和木薯蚕丝等
	植物纤维	种子纤维：棉花和木棉等
		韧皮纤维：苎麻、亚麻、黄麻、罗布麻、大麻和荨麻等
		叶脉纤维：剑麻、蕉麻、菠萝麻和香蕉茎纤维等
		果实纤维：椰子纤维等
		竹原纤维
	矿物纤维	石棉纤维等
化学纤维	再生纤维	纤维素纤维：粘胶纤维、富强纤维、强力粘胶纤维、铜氨纤维、竹浆纤维、莱赛尔纤维、莫代尔纤维、Vilaft 纤维、Richcel 纤维和 Formotex 纤维等
		纤维素脂纤维：二醋酯纤维、三醋酯纤维等
		蛋白质纤维：牛奶蛋白纤维、大豆蛋白纤维、花生蛋白纤维和玉米蛋白纤维等
	合成纤维	锦纶（聚酰胺纤维）、涤纶（聚对苯二甲酸乙二酯纤维或聚酯纤维）、腈纶（聚丙烯腈纤维）、氯纶（聚氯乙烯纤维）、氨纶（聚氨基甲酸酯纤维）、丙纶（聚丙烯纤维）、维纶（聚乙烯醇缩醛纤维）、芳纶（芳香族聚酰胺纤维）、芳砜纶（聚苯砜对二苯二甲酯胺纤维）等
	无机纤维	玻璃纤维、陶瓷纤维、金属纤维、碳纤维等

3. 按羊毛组织结构分类

（1）细绒毛。毛纤维由鳞片层及皮质层组成，无髓质层，鳞片密度较大，纤维直径在30μm以下，卷曲多，光泽柔和。

（2）粗绒毛。直径较细绒毛粗，在30~52.5μm之间，一般无髓质层，卷曲较细绒毛少。

（3）粗毛。有连续髓质层，直径在52.5~75μm之间，外形粗长，卷曲很少，光泽强。

（4）发毛。有髓质层，直径大于75μm，纤维粗长，无卷曲，在毛丛中常形成毛辫。

（5）腔毛。髓腔长达25mm以上、宽为纤维直径三分之一的羊毛称为腔毛。

粗毛、发毛和腔毛统称为粗腔毛。

（6）两型毛。有显著的粗细不匀，兼有绒毛和粗毛的特征，有断续髓质层的羊毛称为两型毛。

（7）死毛。除鳞片层外，几乎全是髓质层的羊毛称为死毛。其髓质层色呆白，纤维脆弱易断，无纺织价值。

4. 按纤维类型分类

（1）同质毛。同一毛被上的羊毛都属同一类型的毛纤维称为同质毛。同质毛又根据细度不同分为以下几种。

①细毛。品质支数为60支及以上的羊毛（平均直径在25μm以下），称为细毛。

②半细毛。品质支数在46～58支（平均直径在25.1～37μm）之间的羊毛，称为半细毛。

③粗长毛。品质支数在46支以下（平均直径在67μm以上）、长度在100mm以上的羊毛，称为粗长毛。

（2）异质毛。同一毛被上的羊毛不属于同一类型的毛纤维，同时含有细毛、两型毛、粗毛、死毛等，称为异质毛。

5. 按剪毛季节分类　土种毛一年剪两次，分别为春毛和秋毛。

（1）春毛。春季剪的羊毛为春毛。春毛生长时间较长，经过冬季，纤维较长，底绒较厚，经寒风侵蚀，毛尖较粗糙，含土杂也较多，净毛率较低。

（2）秋毛。秋季剪的羊毛称为秋毛。春季剪毛后到秋季，羊毛生长时间短，纤维较短，夏季水草丰盛，羊只营养好，细度比较均匀，羊毛洁净，光泽好，但夏季光照强颜色较黄。

改良毛每年剪一次，一般不分春秋毛。有些地方夏季还剪一次毛，称为伏毛，伏毛纤维短，品质差。

（二）羊毛纤维的形态结构

羊毛覆盖在羊皮的表面，呈簇状密集在一起。在每一小簇毛中，有一根直径较粗、毛囊较深的导向毛，其他较细的羊毛围绕着导向毛生长，形成毛丛。毛丛中的纤维形态相同，长度、细度接近，生长密度大，又有较多的汗脂使纤维相互粘连，形成上、下基本一致的形状，从外部看毛丛整齐，这样的羊毛品质较好。毛丛中粗细混杂，外观呈扭结辫状的羊毛品质较差。

羊毛是由包覆在外部的鳞片层、组成羊毛实体的皮质层、位于毛干中心不透明的髓质层三部分组成，髓质层只存在于粗羊毛中，细羊毛中没有。图1－1为细羊毛结构图。

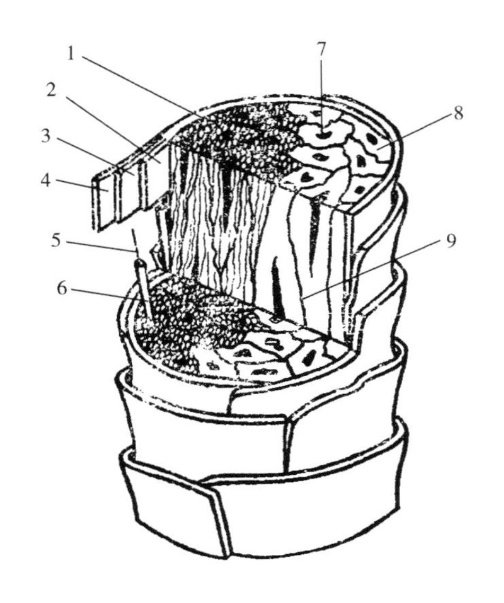

图1－1　细羊毛结构图

1—正皮质　2—内表皮层　3—次外表皮层　4—鳞片外表皮层　5—基原纤　6—原纤　7—细胞核残余　8—偏皮质　9—细胞膜和胞间物质

1. 鳞片层　鳞片层是纤维的外壳，由片状角朊细胞组成，薄而透明，是表面细胞经过变形后失去细胞组织（原生质）而形成的角状薄片。鳞片在毛干外覆盖形状可分为环状覆盖、瓦状覆盖、龟裂状覆盖。

细羊毛多呈环状覆盖，羊毛细、重叠多，光泽柔和，照射在细羊毛纤维的光线被不均匀的反射回来，呈“漫反射现象”，反射光散乱，所以光泽柔和暗淡。粗羊毛多呈瓦状或龟裂状覆盖，瓦状覆盖相互重叠覆盖较小，龟裂状覆盖鳞片之间相接不重叠，表面呈不规则网纹。这两类的鳞片面积较大、光滑，光线照射其上能被较均匀的反射，所以粗毛光泽比细毛明亮。

2. 皮质层 皮质层在鳞片层的里面，是羊毛的主体部分，也是决定羊毛物理化学性质的基本物质，主要决定羊毛的强力、弹性、伸长、吸湿等性质。

3. 髓质层 髓质层是有髓毛的中腔，由松散的、不规则形状的角朊细胞所组成，细胞间充满空气，连接不牢固。含髓质层多的羊毛强度、弹性、伸长等性能下降，脆而易折断，不易染色，纺纱价值低。

（三）羊毛纤维的物理性能及力学性能

1. 羊毛纤维的细度 纤维的细度表示它的粗细程度，细度是确定纤维品质和使用价值的一个重要指标。细度可用截面积表示，但测量麻烦，常用间接指标来表示，一般有公制支数和特数两种。羊毛通常用品质支数表示其细度特征，一般称×支毛。

品质支数是毛纺织生产活动中长期沿用下来的一个指标。一定的品质支数，反映羊毛的细度在某一直径范围内。在早期（18 世纪），羊毛的品质是用感观法评定的，根据当时纺纱设备、纺纱技术水平及毛纱品质要求，把各种细度的羊毛实际可能纺得的支数称品质支数。随着科学技术的发展，纺纱方法的改进，对纺织品品质要求的不断提高和纤维性能研究工作的进展，羊毛品质支数已逐渐失去它原来的意义。现在羊毛的品质支数仅表示直径在某一范围内的羊毛细度，不过在毛纺产品的交易、原毛的分级及毛纺工艺的制订中仍以品质支数作为重要依据。

羊毛纤维的细度对纱线和毛纺产品的品质影响很大。同一粗细的毛纱，所用的羊毛越细，毛纱截面中的纤维根数越多，纱线的断裂强度越好。一般精纺毛纱截面内应保持 30～40 根羊毛纤维，粗纺毛纱截面内应保持 120～134 根羊毛纤维，如果纤维根数过少，会增加断头率，影响纱的条干，但羊毛过细，纺纱时较易产生疵点，成本增加。羊毛品质支数和平均直径的关系见表 1－2。

表 1－2 羊毛品质支数和平均直径的关系

品质支数	平均直径（μm）	一般可纺毛纱线密度［tex（公支）］
70	18.1～20.0	15.6（64 以上）
66	20.1～21.5	16.7～19.2（52～60）
64	21.6～23.0	19.2～22.2（45～52）
60	23.1～25.0	19.2～22.2（45～52）
58	25.1～27.0	22.2～27.8（36～45）
56	27.1～29.0	29.4～31.3（32～34）
50	29.1～31.0	31.3～35.7（28～32）
48	31.1～34.0	
46	34.1～37.0	
44	37.1～40.0	
40	40.1～43.0	
36	43.1～55.0	
32	55.1～67.0	

2. 羊毛纤维的长度　羊毛纤维由于自然卷曲的存在，它的长度可分为自然卷曲长度和伸直后长度。自然卷曲长度为毛丛长度，它是毛丛两端间的垂直距离，以毫米（mm）或厘米（cm）表示。我国主要羊种的毛丛长度见表1－3。毛丛长度在牧业和羊毛交易时，常作为分等定价的依据。伸直长度常作为纺纱时选毛和配毛的重要技术条件。

表1－3　我国主要羊种的毛丛长度

羊毛种类	毛丛长度（cm）	羊毛种类	毛丛长度（cm）
新疆改良细羊毛	7.5～9.0	内蒙古细羊毛	5.5～7.0
新疆细羊毛	5.5～7.5	山东细羊毛	5.5～7.0
东北改良细羊毛	7.5～9.0	河南细羊毛	5.0～6.0
东北细羊毛	6.5～8.0		

羊毛长度在工艺上的重要性仅次于细度，它不仅影响毛纺产品和纱线的品质，还影响纺纱加工系统和工艺参数的选择。羊毛长度越长，可纺支数和毛纱强力越高，断头率越低。在毛纺工艺中，3cm以下的短纤维含量是影响条干的一个重要因素。

3. 羊毛纤维的卷曲度　羊毛纤维沿其长度方向，存在着自然的周期性弯曲。一般以1cm的卷曲数来表示羊毛卷曲的程度，称为卷曲度。卷曲度和卷曲的形状与羊毛的品种、细度有关，同时也随着羊毛生长部位而不同。

卷曲是羊毛的重要工艺特性之一。羊毛卷曲排列越整齐，毛被越容易形成紧密的毛丛结构，更能预防外来杂质和气候等影响，羊毛的品质越好。羊毛卷曲对毛纺工艺和成品的品质有较大的影响，卷曲少的羊毛，成网、成条比较困难，落毛多。卷曲度和卷曲的形态与毛纱的柔软性及弹性等有关，正常卷曲的纤维纺制的毛纱表面光洁，多用于精纺，有些呈空间卷曲形态，如螺旋形弯曲的羊毛，缩绒性差，成品手感松散，质量较差。

4. 羊毛纤维的吸湿性　羊毛纤维在空气中吸收水分，并有长时期保持一定数量水分子的现象，称为羊毛的吸湿。羊毛大分子上的极性基团如羧基（—COOH）、氨基（$—NH_2$）等都是亲水基团，与水分子结合的能力较大，所以吸湿性很强。羊毛吸收30%的水分子后，羊毛纤维的表面仍感觉到不潮湿。羊毛纤维除了直接吸收水分子外，还有表面的吸附作用，吸附的水分可以超过羊毛自身重量的好几倍，这种吸水现象一般称为附着水。还有极少量的水分子可以进入羊毛的结晶区，成为结晶水的一部分。吸湿性能的指标主要有回潮率、含水率、标准大气下的回潮率、公定回潮率等。

羊毛的重量是随着回潮率的变化而变化的。在交易和生产中要折算到公定回潮率下的标准重量。各种纤维及制品的公定回潮率见表1－4。

（1）羊毛纤维的吸湿性对羊毛外形变化的影响。羊毛吸湿对羊毛外形变化的影响主要为羊毛吸湿后羊毛的体积增大，其中羊毛横截面积的增加大于纤维径向的增长。羊毛在不同的大气条件下，纤维的直径是不相等的，测量羊毛细度时温度为（20±3）℃、相对湿度为（65±5）%。

表 1-4　各种纤维及制品公定回潮率

纤维种类	公定回潮率（%）	纤维种类	公定回潮率（%）
洗净毛（同质）	16	毛条（干）	18.25
洗净毛（异质）	15	毛条（油）	19
炭化毛	16	毛纱（精梳）	16
兔毛	15	毛纱（粗梳）	15
粘胶纤维	13	内销绒线	10
维纶	5	外销绒线	15
绵纶	4.5	针织绒	15
腈纶	2	呢绒织品	14
涤纶	0.4	毡、工业呢	14
丙纶	0	长毛绒（羊毛）	16
氯纶	0	驼绒（羊毛）	14
山羊绒	15		

（2）羊毛纤维的吸湿性对羊毛力学性能的影响。羊毛纤维的强度是随着回潮率的增加而下降的，羊毛的伸长变形却随回潮率的增加而增加，羊毛纤维的表面摩擦系数随着回潮率增加而变大，在湿润状态下的羊毛摩擦效应比干羊毛大得多。羊毛的回潮率过小，在纺纱加工中易产生静电而出现羊毛缠绕在机件上，甚至难于梳理和牵伸。羊毛纤维吸湿后，由于水分子进入羊毛的内部，使羊毛小分子链间的内部联结力减小，同时会削弱盐式键间的吸引力，羊毛吸湿后不可避免地会改变羊毛纤维的力学性能和降低抗伸能力。

（3）羊毛纤维的吸湿性对羊毛热学和电学性质的影响。空气中的水分子被羊毛纤维大分子上的极性基团吸引，使羊毛纤维的分子动能降低，产生能量的转换，纤维的吸湿过程也是放热的过程。羊毛的吸湿放热性质会影响羊毛储存，储存处潮湿、通风不良，可使羊毛发霉，甚至引起自燃。

羊毛在干燥时的电阻比较大，摩擦产生静电后不易消除。由于水分子是良好的导电体，羊毛吸湿后电阻会下降，导电性增强，静电易于消除，所以生产中需要对羊毛进行加油给湿。

5. 羊毛纤维的密度　羊毛纤维的密度指纤维所占体积中的单位重量。密度的单位用 g/cm^3 表示。纤维的密度小，可使产品重量轻且蓬松暖和。

6. 羊毛纤维的拉伸性质　在外力作用下使羊毛纤维断裂时所需的力称为羊毛纤维的强度，简称强力。其单位用 cN 表示，也有用克力表示。

影响羊毛纤维强度的因素主要有细度和温湿度。同质毛在相同的条件下，纤维越粗，强力越大；纤维吸湿越多，强力越低，断裂伸长越大。

7. 羊毛纤维的缩绒性　羊毛在热水、缩剂和机械力的作用下，会产生缩绒现象，使羊毛紧密结合成毡状体，这种现象称为羊毛的缩绒性。粗纺呢绒、毛毯和毛毡等产品，都是利用羊毛具有缩绒的特性加工的。如粗纺呢绒通过缩绒，可使织物紧密、绒面丰满、手感柔软，并使织物达到一定的单位重量，以增加织物的耐用性和保暖性。

羊毛表面的鳞片是羊毛产生缩绒性的重要原因。当羊毛互相接触时，在外力的作用下，羊毛相互交叉移动，锯齿形的鳞片相互啮合，加上纤维自然卷曲的作用，纤维相互纠缠，使羊毛紧缩毡合。羊毛缩绒性能的大小和羊毛的品种有密切的关系，一般细羊毛比粗羊毛容易产生毡缩。

影响羊毛缩绒性的因素主要有温度、缩绒时间和缩剂。温度是羊毛缩绒的重要工艺条件，缩绒的程度是随温度上升而提高。羊毛缩绒的紧密度是随缩绒时间的增加而增加，即缩绒时间越长，体积越小。缩剂的作用主要是增加羊毛的缩绒效果，不同的缩剂有不同的缩绒效果和缩绒手感。

8. 羊毛纤维的电学性质 洁净的干羊毛是电的不良导体，具有较大的比电阻。在羊毛加工过程中，羊毛与金属以及羊毛与羊毛之间，不断地产生摩擦，引起羊毛的带电现象，造成加工困难，甚至引起火灾等事故。在羊毛中加入一定量的和毛油或提高车间的相对湿度，可以增加羊毛的导电性。

9. 羊毛纤维的色泽和光泽 羊毛洗净后的自然色泽应呈白色或乳白色。在许多羊毛中夹杂着少量有色羊毛，色毛的形成主要是由于皮质细胞上含有天然色素，这些色素可以存在于整根纤维，也可存在于某些部分，这与绵羊的遗传基因有关。

羊毛光泽是指羊毛纤维表面反射光强弱的一种物理性质。羊毛的光泽与绵羊的品种，特别是羊毛纤维的鳞片形状有着直接关系。若鳞片平坦，表面光滑，反光就强，羊毛的光泽也就好。

（四）羊毛纤维的化学性能

羊毛角朊是由多种 α 氨基酸缩合而成的链状大分子。羊毛角朊经水解作用，被分解成各种不同的氨基酸。氨基酸分子中含有氨基（$—NH_2$）和羧基（—COOH），羧基在水溶液中能电离出 H^+ 而显酸性，氨基和酸（H^+）结合显示碱性，所以角朊是一个两性化合物。

1. 水的作用 羊毛角朊不溶解于冷水，将羊毛纤维浸于低温水中，由于水分子进入纤维内部，使纤维发生膨化，长度增加 0～1%，直径增加 15%～17%，体积约增加 10%，纤维的强度稍有下降，断裂伸长增加，但干燥后即可复原。羊毛在甘油或无水酒精中（室温）不起变化。当水温提高到 80～110℃时，羊毛角朊开始水解；如水温超过 110℃，羊毛就会被破坏；加热到 200℃时，几乎全部溶解，这种现象在热水中比在水蒸气中更为激烈。

2. 热的作用 羊毛纤维在 100～105℃的温度下烘干时，由于纤维失去水分变得粗糙，而强度及弹性受到损失。干燥的羊毛纤维再置于潮湿空气中，将迅速重新吸收水分而恢复其柔软性和强度。但是长时间在 100～105℃或更高温度下加热，会引起羊毛纤维的破坏，并放出 H_2S 和 NH_3。因此，羊毛纤维在燃烧时，有焦臭气味。

3. 日光的作用 羊毛纤维受到持久的日光照射，能引起性质的变化，特别是减少纤维尖端的鳞片，使纤维尖端变得粗硬。日光照射还能使羊毛角朊中的胱氨酸分解，羊毛受到损伤，纤维容易膨化和溶解，并降低对染料的亲和力。

4. 酸的作用 羊毛角朊对无机酸稀溶液的作用有一定的稳定性，在一般情况下，弱酸或低浓度的强酸对羊毛纤维无显著的破坏作用，而高浓度的强酸在高温下，就有显著的破坏作用，其破坏程度与溶液的 pH 有关。当 pH <4 时，就开始有较明显的破坏；当 pH <3 时，破坏作用更明显。

5. 碱的作用 碱对羊毛纤维的作用剧烈而又复杂。可破坏角朊主键和支键的某些氨基酸，尤其是破坏胱氨酸使其分裂形成新键，在 pH 大于 10 时，羊毛受损伤较重。羊毛受到碱损伤后，纤维颜色发黄，强度下降，手感粗糙。

6. 氧化剂的作用 氧化剂对羊毛纤维的影响比较显著，其损伤程度取决于氧化剂溶液的浓度、温度及 pH。氧化剂的水溶液使角朊中的胱氨酸键水解并继续氧化，其中的二硫化物基团（—S—S—）不能使其恢复原状，使羊毛纤维强度下降、重量损失、手感发糙、缺乏弹性，但氧化剂浓度不高时，对羊毛损伤较少，可以用来漂白羊毛。

7. 还原剂的作用 还原剂的作用类似氧化剂，主要破坏角朊的胱氨酸键，其破坏程度与还原剂溶液的 pH 密切相关。如 pH 大于 10 时，纤维膨胀，胱氨酸键中的二硫化物基团受到破坏，羊毛纤维受到损伤。

8. 卤素的作用 卤素对羊毛有特殊的影响，能使羊毛纤维变粗糙并发黄，增强光泽失去其缩绒性，增加染色时的上染速率。

二、特种动物纤维

特种动物纤维泛指除了绵羊毛以外的，可供纺织加工使用的其他动物的毛发纤维，主要包括山羊、毛兔、牦牛、骆驼、羊驼、骆马、原驼、库必那驼和秘鲁羊等动物所产的毛或绒。由于这些原料的产量与绵羊毛相比较数量少得多，所以有的称其为“稀有动物纤维”。

我国毛纺工业常用的特种动物纤维主要有山羊绒、兔毛、牦牛绒（毛）、驼绒（毛）和马海毛等种类。

（一）山羊绒

山羊绒在国际市场上也被称为“开司米”，是绒肉兼用的绒山羊所产的纤维，经一系列加工，去除杂质和粗毛以后所得到的细绒毛，平均细度大多在 14 ~ 15μm。纤维手感柔软、滑糯、光泽好，所加工的产品美观、高雅、柔软、舒适。山羊绒被誉为“纤维之王”和“软黄金”。

中国是世界上产山羊绒最多的国家，约占世界山羊绒总产量的 60%，其次是蒙古、伊朗、阿富汗等国。此外，印度、巴基斯坦和土耳其等国也有少量生产。我国山羊绒除产量最高外，质量也居首位。

山羊绒有白绒、紫绒、青绒和红绒之分，其中白绒和紫绒最多。山羊绒由较发达的皮质层和较薄的鳞片层组成，鳞片呈方形，以环状围绕毛干一周。每个鳞片的上缘紧贴于毛干，翘角小，鳞片边缘棱脊较薄且光滑。山羊绒的细度和长度随羊种、生长地区和饲养条件等不同而不同，内蒙古地区山羊绒较细，直径多在 13.5 ~ 16μm；西北、华北地区平均直径为

13.5～16μm；东北地区特别是盖县山羊较粗，一般直径为16～17μm。另外白绒较粗，紫绒较细。原绒中绒的长度多在35～60mm，优良品种达到60mm以上。分梳绒的平均长度在35～45mm，其中白绒较长，青绒次之，紫绒长度较短。

山羊绒由于鳞片结构不同，其摩擦系数较小、手感柔软、光滑，光泽好，但抱合力较差。山羊绒的质量比电阻比羊毛略高，密度比羊毛略大，保暖性优于羊毛，吸湿性略高于羊毛，但吸湿规律与羊毛一样。其他如缩绒性、强力、伸长等性能与细羊毛基本相同。

（二）兔毛

纺织用兔毛主要是安哥拉种长毛兔毛。世界长毛兔的主要品种有德国安哥拉兔、法国安哥拉兔、英国安哥拉兔、日本长毛兔和中国长毛兔等。中国长毛兔主要由英系、法系安哥拉兔与江浙一带的白兔杂交培育而成。我国是世界兔毛生产大国，产量占世界总产量90%以上，主要分布在山东、浙江、江苏、安徽和河南等省。

兔毛纤维的鳞片数量多，表面整齐、光洁、反光力强，鳞片稍端紧密包覆，张角小，兔毛纤维的髓质层发达，无论是细绒毛、两型毛、粗毛几乎均有发达的髓腔，其中充满空气，所以兔毛纤维蓬松、洁白、轻盈、滑爽、保暖性好。兔毛纤维的平均直径在13μm左右，但离散系数较大（45%～55%），其中细兔毛直径为5～30μm，粗毛为30～100μm。兔毛长度分自然长度和伸直长度，三个月采一次的自然长度为30～55mm，最长可达90mm。兔毛纤维的卷曲少、波峰浅，摩擦因数小，因而抱合力差、易掉毛。兔毛的吸湿、放湿速率大于羊毛，密度小，保暖性好，质量比电阻大，加工时静电现象严重，飞毛和落毛多。

（三）牦牛绒（毛）

牦牛是高山草原上的特有牛种，主要生长在亚洲几个国家海拔3000m以上的高寒地区，中国青海、西藏、四川、甘肃、新疆、云南等地分布的牦牛头数占世界总头数的90%以上。牦牛生长在高寒地区，全身长有长而丰厚的被毛，贴身长有绒毛以御寒，从牦牛身上抓剪的绒和毛，经分梳去除粗毛、杂质后，得到牦牛绒。

牦牛绒的鳞片呈环状，贴附较紧、翘起程度不明显，皮质层呈双边结构，有天然卷曲、抱合力较好，75%为无髓毛。牦牛绒的直径多集中在12～35μm之间，平均直径为18μm左右，分梳界限为35μm，细度离散较大。绒的长度为25～40mm，两型毛的长度为60～70mm，粗长毛的长度为90～100mm，分梳后的绒长度差异较大。卷曲数虽然较少，但卷曲率、卷曲弹性率较大。密度略大于羊毛，保温率略小于羊毛，摩擦性能和缩绒性好。吸湿性初期略大于羊毛，后期略低于羊毛，平衡回潮率和含水率小于羊毛。因而牦牛绒手感柔软、滑糯、弹性好、不易毡缩、织物不起球，是高档毛纺原料。

（四）驼绒（毛）

纺织用驼绒主要是双峰驼（北方驼）的绒和毛中分梳出来的绒毛。世界驼绒主要分布在中亚细亚的荒漠及半荒漠地带，我国驼绒主要分布在内蒙古、新疆、甘肃、青海、宁夏等地，年产原绒占世界总产量的20%。驼绒也分白绒、杏黄绒、棕色绒三种，白绒质量最佳，但产量少。驼绒的鳞片较稀，几乎无重叠或不完全重叠，且紧贴于毛干不翘起。鳞片薄、表面光滑、棱背低且圆钝。驼绒不仅在品种、地区之间细度差异较大，而且同一根纤维上、中、下细度差异大。绒的直径一般在14～40μm之间，平均直径为20μm左右；粗毛直径为50μm以上，最粗可达200μm。二者之间为两型毛。驼绒的长度较长，一般为40～135mm，粗毛为100～200mm。驼绒的摩擦性能和缩绒性远小于羊毛，质量比电阻大于羊毛（$1.00\times10^{11}\Omega\cdot g/cm^2$），沸水收缩率远大于羊毛，强力、断裂伸长、弹性模量、断裂功等均大于羊毛。因而驼绒产品不缩绒、蓬松、保暖性好。

（五）马海毛

马海毛是安哥拉种山羊毛，具有蚕丝般光泽。目前世界马海毛产量很少，主要分布在南非、美国、土耳其等地区。我国于20世纪80年代在陕北、山西、内蒙古、宁夏等地区开始安哥拉山羊的培育工作。

马海毛的鳞片长，相当于羊毛鳞片的2倍，几乎不重叠，鳞片边缘完整，紧贴于毛干。纤维表面光滑，对光的反射强，摩擦性能小，产品不易毡缩，耐磨性好，具有丝一般的悦目光泽。马海毛的细度差异相当大，与羊的年龄、遗传因素、营养状况和季节等有关。周岁羔毛较细，一般直径为21～30μm，成年毛细度比羔毛大30%～35%。马海毛的长度较长，一年剪两次毛时，平均长度为97～168mm；一年剪一次毛时，则长度为200～300mm。马海毛的强度和断裂伸长比羊毛大，质量比电阻值大，且半衰期比羊毛长，卷曲性能差，因而纤维抱合力差，静电现象严重，加工比较困难。

（六）驼羊毛

驼羊称骆马，属骆驼族，生活在南美秘鲁、玻利维亚、智利等地。有骆马、阿尔派卡、维口纳及干纳柯等四个纯种。其绒毛可达到山羊绒的细度和马海毛的光泽，因产量稀少，极为名贵。而且维口纳目前还只有野生驼羊，数量很少，是四种中品质最好的。阿尔派卡是驼羊毛中最主要的一种，毛质柔软且长，有白色、灰色、黑色和褐色，光泽介于马海毛和驼毛之间，也属混合毛类型。绒毛直径在15～20μm之间，刚毛纤维粗而少。绒毛长度80～120mm，刚毛可达300mm。绒毛无髓，但刚毛有髓。

三、化学纤维

化学纤维包括人造纤维和合成纤维两大类。毛纺生产中使用的化学纤维主要有粘胶纤维、天丝、大豆纤维、涤纶、腈纶、锦纶以及新型水溶性维纶等。

（一）人造纤维

毛纺生产中应用较多的人造纤维是毛型粘胶纤维，天丝纤维及大豆蛋白纤维等新型纤维也有应用。

粘胶纤维的成本低，原料资源丰富，吸湿性能好，容易染色，但湿强力低，弹性和耐磨性差。在精纺呢绒中与合成纤维混纺，能改善织物的吸湿性能，在粗纺呢绒中与羊毛混纺，能节约成本，纺制人造毛毯，色泽鲜艳、美观。

天丝纤维是一种对生态环境无污染的新型纤维素纤维，强力比棉和粘胶纤维高得多，近似于涤纶，弹性适中，触感柔和，悬垂性好，有抖动飘逸感及丝一般的光泽，吸湿性好。

大豆蛋白纤维属于再生植物蛋白纤维类，是以榨过油的大豆豆粕为原料，利用生物工程技术，提取出豆粕中的球蛋白，通过添加功能性助剂，与腈基、羟基等高聚物接枝、共聚、共混，制成一定浓度的蛋白质纺丝液，改变蛋白质空间结构，经湿法纺丝而成。大豆蛋白纤维有着羊绒般的柔软手感，蚕丝般的柔和光泽，棉的保暖性和良好的亲肤性等优良性能，还有明显的抑菌功能。

（二）合成纤维

合成纤维的种类很多，当前应用于毛纺工业中的合成纤维主要是涤纶、腈纶、锦纶、维纶、氨纶和氯纶等。

1. 涤纶　涤纶为聚酯纤维，其特点是弹性好，强力和耐磨性好。织物耐穿，易洗易干，保形性好，洗后不折皱，热定形后不变形，在精纺呢绒中多用它生产毛涤产品，适合于外衣织物。

2. 腈纶　腈纶为聚丙烯腈纤维，其特点是有卷曲、柔软、保暖性及弹性均好，很像羊毛。它的强度比羊毛高，密度比羊毛小，适宜生产毛毯、绒线和长毛绒等产品。

3. 锦纶　锦纶为聚酰胺纤维，其特点是强力高、耐磨性好、耐疲劳性好，它的密度小，生产中多与其他纤维混纺，以增加强力和耐磨，提高织物耐穿耐用的性能。在精纺呢、粗纺呢和绒线等产品中都可以混用。但由于锦纶无缩绒性，在粗纺呢绒中混用量不宜太大。

4. 丙纶　丙纶为聚丙烯纤维，其特点是密度小，强度、伸长、初始模量、耐磨性均较高，与涤纶相近，回潮率低，具有独特的芯吸作用，对酸、碱的抵抗性较强，耐热性和耐光性较差。

5. 维纶　维纶为对聚乙烯醇缩甲醛纤维，其主要特点是吸湿性好，在标准条件下的吸湿率为4.5%～5%，在几大合成纤维品种中名列第一。又由于导热性能差，因而保暖性好，常称为“合成棉花”。其缺点是染色性差，这是由于纤维有“皮层”结构和经过缩醛化的原因，而其中又不含腈纶中的可染色的磺酸基团，所以不易染色。在毛纺生产中主要应用水溶性的维纶，用来纺细特纱，具体化做法是把水溶性维纶作为中间纤维与其他纤维混纺，纺织加工后溶去水溶性维纶，则可得到较细的毛纱。

6. 氨纶　氨纶为聚氨酯弹性纤维，具有类似橡胶丝那样高伸长性和回弹力。氨纶均以长丝形式与毛纱并合成包芯纱或包缠纱，做成弹力纱。

7. 氯纶　氯纶为聚氯乙烯纤维，其特点是耐光性、保暖性及化学稳定性好，电绝缘性强，几乎不吸湿，染色性和耐热性差。氯纶具有难燃性，离开火焰自行熄灭。

随着化学纤维的不断开发，芳纶、高强高模聚乙烯纤维、高强高模聚乙烯醇纤维、碳纤维、玻璃纤维、金属纤维、抗静电纤维等高性能纤维被运用到毛纺产品上，丰富了毛纺产品的品种和质量。

四、其他动植物纤维及回用原料

（一）其他动植物纤维

毛纺原料以羊毛及化学纤维为主，但也使用棉、麻、丝等动植物纤维来扩大毛纺原料资源不足的问题。

1. 棉花 棉纤维吸湿性强、抗静电性、抗起球性及耐热性均很好，有很好的强力和稳定性，耐磨性一般，缺点主要是纤维的膨松度差，易起皱、不免烫。

2. 麻 麻的种类很多，用于毛纺的一般是苎麻与亚麻两种，麻纤维强力大，弹力好，光泽强，易于导热，做夏季衣料最为适宜，在精梳毛纺中用其长纤维与羊毛混纺，制织夏令适用的毛精纺产品，粗短纤维则用于制织粗纺产品。

3. 蚕丝 蚕丝主要是由丝素和丝胶组成，还含有少量的蜡质、脂肪和矿物质等。丝素占74%左右，不溶于水。丝胶占22%左右，包围于丝素的周围，能溶于水，在热水中更易溶解。蚕丝具有明亮的光泽、平滑柔软的手感、良好的吸湿性、轻盈的外观，缺点主要是不耐光，易起皱、不免烫。

（二）回用原料

1. 生产回用毛 在毛纺生产过程中产生的落毛下脚，经整理后可在另一批或另一品种中使用的毛，称为生产回用毛。

2. 旧织物回用毛 旧织物回用毛是从破旧的呢绒、针织品和缝纫中裁剪下来的各种毛料织物碎片，经机械加工开松成单纤维后再回用的原料。这一类纤维大多受过较大的机械损伤和化学损伤，品质较差，多与好原料混合使用或纺较粗的纱线，以生产粗纺呢绒或毡制品。

第二节　毛纺产品及毛纺纺纱系统

一、毛纺产品

毛纺产品用途不同，使用的原料不同，采用的加工工艺也不同。毛纺加工系统主要分为粗梳毛纺系统和精梳毛纺系统，毛纺产品主要分为精梳毛纺产品和粗梳毛纺产品。

绒线是用毛纤维或毛型化学纤维纺制而成的，通常用于手工编织或针织成衣，用精纺纺纱系统加工的精梳绒线是精梳毛纺产品中的一类，用粗纺纺纱系统加工的粗纺绒线是粗梳毛纺产品的一类，绒线还可以用半精梳纺纱系统加工。绒线分类的方法很多，除了按纺纱系统分类外，还可以按原料类别、合股特数和外观形态等进行分类，本节中将绒线的分类单独列出。

（一）毛纺产品的分类

1. 精梳毛纺产品的分类 精梳毛纺系统的产品有精纺呢绒、绒线（含针织绒线）和长毛绒等。

（1）精纺呢绒。精纺呢绒包括哔叽、华达呢、啥味呢、花呢、凡立丁、女式呢、直贡呢、马裤呢等。各类产品根据使用的原料、纱线的粗细、织物组织、整理方式等的不同而具有不同的风格。精纺呢绒各大类产品风格见表1－5。这些产品的共同特点为：纱线较细，织物密度较大，为了保证织物强力，并获得所需要的效果，多为股线织物，也有一些为单纱织

表1-5　精纺呢绒各大类产品风格

名称	产品风格及品质要求	分类	线密度	经纬密度	重量范围	常用组织	染色方法
哔叽	呢面光洁平整，光泽柔和，纹路清晰，紧密适中，悬垂性好	按原料分为全毛哔叽、毛混纺哔叽、纯毛型化纤哔叽三类。按呢面分为光面哔叽和毛面哔叽	范围较广，一般为12.5tex×2～33.3tex×2（30/2～80/2公支），使用的纱线多为股纱，也有用股纱作经、单纱作纬，甚至经纬全部用单纱的		薄哔叽：193g/m^2以下；中厚哔叽：194～315g/m^2；厚哔叽：315g/m^2以上	$\frac{2}{2}$斜纹组织（也有用$\frac{2}{1}$组织，称单面哔叽）	通常为匹染，也可用条染，以素色藏青最为普遍，也有灰色、蓝色、咖啡色、驼色等，混色也占一定比例
啥味呢	光面啥味呢呢面光洁平整，纹路清晰；毛面啥味呢经缩绒工艺，有轻绒面、重绒面和全绒面等。轻绒面绒毛轻微，织纹略有隐蔽；重绒面绒毛密集，织纹模糊；全绒面绒毛毡缩，织纹难以看到	按原料分为全毛和混纺之分。按呢面分为光面和毛面之分，按外观又有素色、混色、条子、格子之分	14.7tex×2～31.3tex×2（32/2～68/2公支）	经纱密度比纬纱密度大10%～20%	80～320g/m^2	$\frac{2}{2}$斜纹组织，以右斜纹为正面，斜纹倾角为50°左右	常为条染混色品种。以中浅灰、混色黑、混色蓝居多，此外还有咖啡色、绿灰色、蓝灰色、深蓝色、米灰色等，要求混色均匀
华达呢	呢面光洁平整，纹路清晰细密，贡子挺直饱满，光泽自然柔和，色泽滋润纯净，无陈旧感。条干均匀，手感滑糯、活络、丰满，有身骨和弹性	按原料分为全毛和混纺之分。按所用纱线有经纬均用股纱的，有用单纱的，有用股纱作经、单纱作纬的，其中经纬均用股纱的较为普遍。按织纹分为双面（$\frac{2}{2}$）、单面（$\frac{2}{1}$）、缎背（加强缎纹的一种）几种，均为右斜纹，角度为63°左右。按外观效果分为素色、混色、条子等。按衣着用途分为男装华达呢和女装华达呢	12.5tex×2～33.3tex×2（30/2～80/2公支）	经密显著大于纬密，经纬密度的比值为0.51～0.57，斜纹纹道的距离较窄，贡子突出	200～300g/m^2	双面（$\frac{2}{2}$）、单面（$\frac{2}{1}$）、缎背（加强缎纹的一种）等	多为匹染，有时为了达到更丰富的色彩和更高的色牢度要求，采用条染

续表

名称	产品风格及品质要求	分类	线密度	经纬密度	重量范围	常用组织	染色方法
凡立丁	条干均匀，织纹清晰，光洁平整，手感柔软、滑爽、活络，有弹性，透气性好，色泽鲜明匀净，骠光足，抗皱性能好，无鸡皮皱，无雨丝痕，边道平直	按原料分为全毛和混纺，混纺又分为毛粘凡立丁、毛涤凡立丁、毛粘涤凡立丁、毛粘锦凡立丁等。按染色方式分为匹染产品和条染产品	15.4tex×2～20.8tex×2（48/2～65/2公支）	不易过大，一般为（22～30）根/cm×（20～28）根/cm	124～248g/m^2	平纹	匹染、条染
派力司	光洁平整，不起毛，光泽自然柔和，颜色新鲜，无陈旧感，灰色忌带黄绿色光	有全毛和混纺之分，混纺派力司主要是毛涤派力司、毛粘派力司、毛腈派力司等，混纺比例一般为羊毛50%～60%，化学纤维40%～50%	经纱用股线，线密度在14.3tex×2～16.7tex×2（60/2～70/2公支）之间；纬纱用单纱，线密度为22.2tex×1～25tex×1（40/1～45/1公支）；也有经纬均采用股线的	经纬密度为（25～30）根/cm×（20～26）根/cm	127～170g/m^2	平纹	条染
贡呢	贡路清晰，呢面平整，纱线条干均匀，有身骨，有弹性，手感活络，光泽自然明亮，光线反射好，色泽纯正，边道整齐	按原料分为全毛贡呢和混纺贡呢之分。混纺贡呢主要有羊毛和粘胶纤维或涤纶混纺。按呢面纹路倾斜角不同分为直贡呢（75°以上）、横贡呢（15°左右）、斜贡呢（45°～50°左右）之分，其中以直贡呢较多	14.3tex×2～20tex×2（50/2～70/2公支）	经纬密度较大	235～350g/m^2，如纱的线密度小或经纬均用单纱时，其重量会更轻	缎纹组织、缎纹变化组织或急斜纹组织，其中以五枚加强缎纹为主	匹染、条染

续表

名称	产品风格及品质要求	分类	线密度	经纬密度	重量范围	常用组织	染色方法
马裤呢	质地厚实坚挺，纹路清晰，有身骨，耐磨性好，呢面光洁，纱线条干均匀	按原料分为纯毛和混纺之分：混纺多用粘胶纤维、涤纶、锦纶、腈纶等与毛混，按外观分为混色的和花并纱织成的。按纱线分为全用精纺纱织制的，也有用精纺纱作经、粗纺纱作纬的	16.7tex×2～31.3tex×2（32/2～60/2 公支）	用单纱作纬纱时，线密度在25～28 tex（36～41 公支），经密较大，通常大于纬密的两倍，即经密 42～65 根/cm，纬密 21～30 根/cm	军用马裤呢厚重，$400g/m^2$ 以上；民用马裤呢则稍轻，$280g/m^2$ 以上	急斜纹	匹染、条染
驼丝锦	呢面平整，织纹细致，光泽滋润，手感柔软、紧密，弹性好	按原料分为纯毛和混纺之分；按染色方式分为匹染和条染之分，其中条染又分为经纬异色、花并纱和混色、素色几种；按织纹不同分为一般驼丝锦格形驼丝锦和条形驼丝锦；按所用纱线不同分为精纺驼丝锦、粗纺驼丝锦和精粗纺纱交织的驼丝锦	12.5tex×2～16.7tex×2（60/2～80/2 公支）	40 根/cm ～ 28 根/cm	$220～333g/m^2$	缎纹类组织，如四枚纬面缎纹、五枚经面缎纹以及其他缎纹变化组织	匹染、条染
巧克丁	呢面干净，织纹清晰、顺直。不起毛，光泽自然柔和，色泽纯正，手感活络，光滑不糙，有身骨，有弹性，抗皱性能好，不松不板，纱线条干均匀、洁净，无雨丝痕，边道平直	分为全毛和混纺，混纺品种中羊毛占 60% ～80%，化纤占 20% ～40%	15.4tex×2～20tex×2（50/2～65/2 公支）；也有纬纱用单纱的，纱线密度在 22.2tex×1～33.3tex×1（30/1～45/1 公支）之间	经密×纬密为（40～50）根/cm×（25～35）根/cm	$267～333g/m^2$	采用急斜纹组织	有匹染产品和条染产品，颜色多为蓝、军绿、灰色等中深色，以素色为主，也有花纱、混色等

续表

名称	产品风格及品质要求	分类	线密度	经纬密度	重量范围	常用组织	染色方法
女衣呢	呢面有光洁平整的，也有绒面的或带枪毛的						匹染、条染，还有利用网印、拔染印、防染印、转移印、烂花印、缩绒印等印花工艺
花呢	花呢分两类：一类呢面光洁，采用光洁整理，织纹清晰，光洁滋润，手感偏于紧密挺括；另一类呢面有绒毛，采用缩绒整理，织纹随缩绒程度的轻重而渐趋隐蔽，光泽柔和，手感偏于丰满柔糯	按重量分类，在 $195g/m^2$ 以下的称“薄花呢”，在 $195g/m^2$ ~ $315\ g/m^2$ 的称“中厚花呢”，在 $315g/m^2$ 以上的称“厚花呢”。按原料分为纯毛、毛混纺，纯化纤					

物。织物表面光洁，纹路清晰。精纺毛织品较轻薄，单位重量较轻，大部分为 130 ~ 140g/m²。精梳毛纱表面光洁、浮毛少；精梳毛纱对原料要求较高，多为同质毛，品质支数要求在 60 支以上，长度要求在 60mm 以上，长度和细度的均匀度好。

（2）精纺绒线。绒线的共同特点是手感丰满柔软，有身骨，纱的捻度较小，同时要求弹性和光泽好，条干均匀圆胖，外观光洁，颜色鲜艳，强力好，耐磨性高。精纺绒线又称精梳绒线，对原料的要求是长度及整齐度要好，是用平均长度在 75mm 以上的羊毛或毛型化纤经精梳毛纺系统加工而成。精纺绒线用纱中纤维平行伸直度要好，短纤维含量要少，弹性光泽要好，并根据不同线密度，选择不同的细度。为了使绒线手感柔软，又有身骨，同一线密度可选择不同细度的纤维，如腈纶膨体绒线可选用 3.3dtex、6.6dtex 或更高特的腈纶。

（3）长毛绒。长毛绒产品绒毛经久挺立，不倒塌，受外力后回复快，绒毛丰满。其对原料的要求是刚度大，回弹力好，光泽好，一般选择三、四级毛。

2. 粗梳毛纺产品的分类 粗梳毛纺系统的产品有粗纺呢绒类、毛毯、地毯、工业用呢以及少量的粗纺绒线。

（1）粗纺呢绒及毛毯。粗纺呢绒主要有麦尔登、大衣呢、制服呢、学生呢、海军呢、劳动呢、大众呢、法兰绒、海力斯、女式呢和花呢等，各类产品根据使用的原料、纱线的粗细、织物组织、整理方式等不同而具有不同的风格，粗纺呢绒各大类产品风格见表 1-6。毛毯主要有提花毛毯、素毯、道毯、格毯和印花毯等。这些产品的共同特点为：纱线较粗，一般多在 50tex 以上（20 公支以下），多数为单纱织造，织物较厚重，大部分产品经缩绒处理，表面覆盖一层毛茸，一般不显织纹。粗纺毛织物手感丰满柔软，保暖性好。纱线毛茸性好，手感柔软，富有弹性。粗梳毛纱对原料的要求较低，30mm 以上的羊毛均可纺制，粗毛、细毛、精梳短毛、各种下脚毛、再生毛都可搭配使用。对于毛毯中表面具有水波纹的提花毯，则要求原料长度、白度、光泽要好。粗纺毛织品使用的化纤多为 3 ~ 6dtex，长度为 50 ~ 70mm。

（2）工业用呢。工业用呢主要有造纸毛毯，滤气呢、过滤呢、滤碱呢、石棉瓦毯以及银幕呢等。不同的产品对原料要求也不相同，但都要求含草刺少。为了增加强力，可掺入 10% ~ 30% 的 5.5 ~ 6.6dtex 锦纶。

（3）地毯纱。地毯纱用于织制地毯，使用的原料多为三级、四级毛。

（4）粗纺绒线。粗纺绒线又称粗梳绒线，是用平均长度在 55mm 左右的羊毛或毛型化纤经粗梳毛纺系统加工而成。粗纺纱线的特点是比较粗 [一般为 41.7 ~ 500tex（2 ~ 24 公支）]，纱线中纤维排列没有精梳毛纱那样伸直平行，纱线表面有毛茸。粗纺绒线用纱中纤维平行伸直度差，且含有大量短纤维，所以强度较低。粗纺绒线的原料以羊毛和化纤为主，并大量使用山羊绒、驼绒、兔毛和精梳短毛。

3. 绒线的分类

（1）按纺纱系统分类。绒线分为精纺绒线、粗纺绒线及半精纺绒线。

（2）按原料类别分类。绒线分为全毛绒线、毛混纺绒线和纯化纤绒线三大类。纯毛绒线

表 1－6　粗纺呢绒各大类产品风格

名称	产品风格及品质要求	分类	常用线密度	重量范围	常用组织	原料
麦尔登	不起毛，品质要求呢面丰满、细洁、平整、不露底，身骨紧密而挺实，富有弹性，手感光泽好，耐磨、耐起球	按原料分为纯毛麦尔登和混纺麦尔登；按成品的单位质量分为薄地麦尔登和厚地麦尔登；按织纹组织分为平纹麦尔登、斜纹麦尔登、变化组织麦尔登；按染色方法分为毛染麦尔登和匹染麦尔登	62.5～100tex（10～16 公支）	450～490g/m^2	平纹、斜纹、变化组织	纯毛产品原料配比常采用品质支数60～64 支羊毛或一级改良毛 80% 以上、精梳短毛 20% 以下。混纺产品采用品质支数 60～64 支或一级毛 50%～70%、精梳短毛 20% 以下、粘胶纤维及合成纤维 20%～30% 混纺
海军呢	不起毛或轻起毛，品质要求质地紧密实，弹性较好，手摸不板不糙，呢面较细洁匀净，基本不露底，耐起球，光泽自然	纯毛、混纺	83～125tex（8～12 公支）	390～500g/m^2	斜纹	纯毛海军呢的原料配比为品质支数58 支羊毛或二级以上毛 70%、精梳短毛 30%。混纺海军呢采用品质支数 58 支羊毛或二级以上毛 50%、精梳短毛20%～30%、粘胶纤维 20%～30%
制服呢	不起毛或轻起毛，品质要求呢面较匀净平整，无明显露纹或半露纹，不易发毛起球，质地较紧密，手感不糙硬	纯毛、混纺	111.1～166.7tex（6～9 公支）	400～520g/m^2	斜纹	纯毛制服呢常采用的原料配比为：三、四级毛 70% 以上，精梳短毛 30% 以内。混纺制服呢的原料构成为：三、四级毛 40% 以上，精梳短毛 30% 以下，粘胶纤维 30% 左右
学生呢	品质要求呢面细洁、平整均匀，基本不露底，质地紧密有弹性，手感柔软。呢面外观风格近似麦尔登	纯毛、混纺	83.3～125tex（8～12 公支）	400～520g/m^2	斜纹或破斜纹	常用原料配比为品质支数 60 支羊毛或二级以上羊毛 20%～40%，精梳短毛或再生毛 30%～50%，粘胶纤维 20%～30% 混纺

续表

名称	产品风格及品质要求	分类	常用线密度	重量范围	常用组织	原料
顺毛大衣呢	织物表面有浓密的绒毛覆盖，平整均匀，绒毛向一方倒伏，定形好，不脱毛，手感顺滑柔软，不松烂，膘光足	长顺毛大衣呢、短顺毛大衣呢	71.4～250tex（4～14公支）	380～780g/m²	斜纹或破斜纹、五枚二飞纬面缎纹及六枚变则缎纹	纯毛产品原料配比为品质支数48～64支羊毛或一至四级毛80%以上，精梳短毛20%以下。混纺产品则用品质支数48～64支或一至四级毛40%以上，精梳短毛20%以下。粘胶纤维或腈纶40%以下
立绒大衣呢	绒毛密立平齐、丰满匀净，手感柔软丰厚，有弹性，不松烂，光泽柔和	纯毛立绒大衣呢、混纺立绒大衣呢	71.4～166.7tex（6～14公支）	420～780g/m²	五枚二飞纬面缎纹、斜纹、破斜纹	立绒大衣呢纯毛及混纺的常用原料配比与顺毛大衣呢相同
银枪大衣呢	风格及质地与立绒大衣呢相同	纯毛银枪大衣呢及混纺银枪大衣呢	71.4～166.7tex（6～14公支）	420～780g/m²	五枚二飞纬面缎纹、斜纹、破斜纹	与立绒大衣呢相同，所不同的是在原料配比中加入5%～10%的马海毛
平厚大衣呢	呢面平整、匀净、不露底，手感丰满、不板硬，不起球		83.3～250tex（4～12公支）	430～700g/m²	单层采用斜纹或破斜纹，双层采用纬二重组织	高档的以使用一级以上羊毛为主，中档的以使用二至三级羊毛为主；低档的以使用三至四级羊毛为主，每档中均可掺入适量的精梳短毛、再生毛、化纤
拷花大衣呢	风格分立绒与顺毛两种。立绒型要求绒毛纹路清晰均匀，有立体感，手感丰满，有弹性。顺毛型要求绒毛均匀、密顺整齐，纹路隐晦而不模糊，手感丰厚，有弹性		62.5～125tex（8～16公支）	580～840g/m²	单层组织的底布常用平纹、斜纹或缎纹。二重组织的底布常用平纹或斜纹。双层组织底布的表层或里层可用平纹或斜纹	原料配比常用品质支数为58～64支羊毛或一至二级羊毛及少量羊绒

续表

名称	产品风格及品质要求	分类	常用线密度	重量范围	常用组织	原料
花式大衣呢	花式纹面大衣呢：纹面或呢面均匀，色泽谐调，花纹清晰，手感不糙硬，有弹性。花式绒面大衣呢：绒面丰满平整，绒毛整齐，手感柔软，不松烂	纹面花式大衣呢、绒面花式大衣呢	62.5～500tex（2～16 公支）	360～600g/m^2	斜纹、平纹、纬二重、双层、小花纹等	纯毛花式大衣呢一般采用品质支数为48～64 支羊毛或一至三级毛 50% 以上，精梳短毛在 50% 以下。混纺花式大衣呢一般采用品质支数为 48～64 支羊毛或一至四级毛 20% 以上，精梳短毛在 50% 以下，粘胶纤维在 30% 以上
法兰绒	呢面丰满、细洁平整，混色均匀，色泽大方不起球，手感柔软，有弹性	按生产工艺分为精纺法兰绒（啥味呢）、精经粗纬法兰绒（棉经毛纬）、粗纺法兰绒和弹力法兰绒；按花型颜色分为素色、花式条格、印花及经纬异色交织的鸳鸯色法兰绒等	62.5～125tex（8～16 公支）	250～400g/m^2	平纹、斜纹、斜纹	纯毛产品多用品质支数 60～64 支羊毛或二级以上羊毛 60%、精梳短毛 40%。混纺产品多用品质支数 60～64 支或二级以上羊毛 50%、精梳短毛 20%、粘胶纤维 30%，为了增加弹性和强力，也可加少量的锦纶或涤纶
女式呢	平素女式呢要求呢面细洁平整、不露底或微露底纹，手感柔软，不松烂。立绒女式呢要求呢面丰满匀净，绒毛密立平齐、不露底，手感丰满，有弹性。顺毛女式呢要求绒毛平整均匀，绒毛向一方倒伏，手感柔软润滑，骠光足。松结构女式呢要求花纹清晰，色泽鲜艳，质地轻盈，松而不烂	纯毛、混纺	18.8～125tex（8～17 公支）	180～420g/m^2	平纹、斜纹、破斜纹、小花纹及各种变化组织等	纯毛女式呢常用原料配比为品质支数 58～64 支羊毛或一至二级羊毛 50%、精梳短毛 50%。混纺女式呢常用原料为品质支数 58～60 支或一至二级羊毛 20%～50%、精梳短毛 10%～50%，合纤 40% 以下

续表

名称	产品风格及品质要求	分类	常用线密度	重量范围	常用组织	原料
粗花呢		纹面花呢、呢面花呢及绒面花呢	71.4～200tex（5～14公支）	250～420g/m²	平纹、$\frac{2}{2}$斜纹或$\frac{2}{2}$破斜纹、$\frac{3}{3}$斜纹以及各种变化组织、联合组织、绉组织、网型组织、平纹表里换层、经纬双层组织等	纯毛产品高档采用品质支数60～64支羊毛或一级羊毛60%、精梳短毛40%；中档采用品质支数56～60支或二级羊毛60%、精梳短毛40%；低档采用三至四级羊毛70%，精梳短毛30%。混纺产品则在以上配比基础上加入20%～30%的粘胶纤维或合纤等
火姆司本	呢面彩点饱满，散布均匀，花纹清晰，质地紧密，身骨厚实		100～200tex（5～10公支）	250～400g/m²	平纹	毛粒的原料一般采用品质支数64～66支精梳短毛，粒子搓成后，再染成所需的各种颜色备用。粒子毛的使用比例一般为10%左右
海力斯	身骨挺实有弹性	素色海力斯、花色海力斯	125～250tex（4～8公支）	300～470g/m²	斜纹及破斜纹	纯毛海力斯常用原料配比为三至四级毛70%以上、中立或粗支短毛30%以下。混纺产品常用原料配比为三至四级毛40%以上、中支或粗支短毛30%以下及化纤30%～50%

由100%羊毛纺成，毛混纺绒线由羊毛和化纤按一定比例搭配混纺而成，大多采用羊毛与腈纶、羊毛与粘胶纤维混纺，毛混纺绒线可取毛纤维与化纤之长，补两者之短，在绒线生产中占较大的比例。纯化纤绒线全部采用化学纤维纺制而成。腈纶俗称合成羊毛，纯化纤绒线以纯腈纶为原料者居多，如膨体绒线等。

（3）按绒线用途分类。绒线可分为编结绒线、针织绒线和花式绒线三类。

①编结绒线。编结绒线又称手编绒线，一般由手工编结而成，也可以用针密较稀的横机进行针织。凡绒线的股数为两股以上，或股数虽为两股但合股细度为166.7tex以上（6公支以下）者也属编结绒线。

②针织绒线。针织绒线习惯上又称开司米，不论单股或双股，其纱线细度一般较高，精纺针织绒线多在50tex以下（20公支以上），粗纺针织绒线多在62.5tex（16公支）左右。针织绒线有的为单股，专供针织机加工用。

③花式绒线。用各种普通纱（毛纱或棉纱）做纱芯，采用特殊的加工方法将装饰纱、加固纱包在芯纱外面纺成的带有圈形、珠形、羽毛、结子等的绒线，通称为花式绒线。这类绒线绝大部分都供羊毛衫厂加工成衣用。

（4）按股线细度分类。绒线按股线细度可分为粗绒线、细绒线两类。

①粗绒线。合股后线密度为400tex及以上（2.5公支及以下）的绒线称为粗绒线，一般为四合股产品。粗绒线按所用羊毛的品质，又可分为高粗绒线和中粗绒线，高粗绒线用品质支数为56支及以上的羊毛或二级及以上改良毛纺制而成；中粗绒线用56支以下的改良羊毛纺制而成。

②细绒线。合股后线密度为166.7tex以上、400tex以下（6～2.51公支）的绒线称为细绒线，一般为四合股产品。

（二）毛纺产品的品名编号

1. 呢绒、毛毯的品名编号 呢绒、毛毯的品名编号采用五位数表示。第一位表示原料和工艺，0为纯纺粗纺；1为化学纤维和毛混纺粗纺；2为纯毛精纺；3为化学纤维和毛混纺精纺；4为纯化学纤维精纺；6为毛毯；7为纯化学纤维粗纺。第二位表示大类：1为精纺哔叽；粗纺麦尔登，毛毯为素色棉经毛纬；2为精纺华达呢，粗纺大衣呢，毛毯为素色毛经毛纬；3为精纺中厚花呢，粗纺制服呢，毛毯为棉经毛纬道毯；4为精纺中粗花呢，粗纺海力斯，毛毯为毛经毛纬道毯；5为精纺凡立丁、派力斯，粗纺女式呢，毛毯为棉经毛纬提花毡；6为精纺女衣呢，粗纺法兰绒，毛毯为印花毯；7为精纺贡呢，粗纺粗花呢，毛毯为格子毯；8为精纺薄花呢，粗纺大众呢，毛毯为特殊加工毯如簇绒毯；9为其他精纺产品（如旗纱），其他粗纺产品（如劳动呢等）。

对于呢绒，第三～第五位都是序号，由生产厂按不同规格和生产顺序编号。

对于毛毯，第三位表示原料：0～3为纯毛，4～6为毛和化学纤维混纺，7～9为纯化学纤维；第四、第五位为序号。

精纺呢绒产品编号见表1－7。毛毯产品编号见表1－8。

表1-7　精纺呢绒产品编号

品种		品类			备注
		纯毛	混纺	纯化纤	
1.	哔叽类	21001～21500	31001～31500	41001～41500	1. 凡立丁类：如派力司 2. 贡呢类：如直贡呢、横贡呢、马裤呢、巧克丁、驼丝锦等
	啥味呢类	21501～21999	31501～31999	41501～41999	
2. 华大呢类		22001～22999	32001～32999	42001～42999	
3. 中厚花呢类		23001～24999	33001～34999	43001～44999	
4. 凡立丁类		25001～25999	35001～35999	45001～45999	
5. 女式呢类		26001～26999	36001～36999	46001～46999	
6. 贡呢类		27001～27999	37001～37999	47001～47999	
7. 薄型花呢类		28001～29500	38001～39500	48001～49500	
8. 其他类		29501～29999	39501～39999	49501～49999	

注 1. 混纺产品系指羊毛与化纤混纺或交织，如毛涤纶等。纯化纤产品指一种化纤或多种不同类型化纤的纯纺、混纺或交织的，如粘纤锦纶、粘纤涤纶等产品。

2. 若规格多，五位编号不够使用，可于编号后用括弧加“2”字，如纯毛哔叽已生产999个规格，即编号已由21001编到21999，即可由21001（2）重新开始，如21002（2）、21003（2）……如果（2）字又用到999个规格，可用（3）字顺序下去。

3. 一个品种如果有几个不同花型，可在品号后加一横线及花型的拖号如21001-2、21001-3、21001-(2)、21001(2)-3等。以此类推。

4. 精纺花呢平方米重195g（码重9英两）及以上时，属于中厚型类；以下的属于薄型类。

5. 全毛旗纱88001～88999，混纺旗纱89001～89999。

表1-8　毛毯产品编号

序号	产品类别	纯毛	混纺	纯化纤
1	素毯（棉×毛）	610××～613××	614××～616××	617××～619××
2	素毯（毛×毛）	620××～623××	624××～626××	627××～629××
3	道毯（棉×毛）	630××～633××	634××～636××	637××～639××
4	道毯（毛×毛）	640××～643××	644××～646××	647××～649××
5	提花毯（棉×毛）	650××～653××	654××～656××	657××～659××
6	印花毯	670××～673××	674××～676××	677××～679××
7	格子毯	680××～683××	684××～686××	687××～689××
8	特殊加工毯	690××～693××	694××～696××	697××～699××

2. 长毛绒的品名编号　长毛绒产品编号见表1-9。

表1-9　长毛绒产品编号

类别	纯毛	混纺	化纤
服装用长毛绒	△5101	△5141	△5171
衣里用长毛绒	△5201	△5241	△5271

续表

类别	纯毛	混纺	化纤
工业用长毛绒	△5301	△5341	△5371
家具用长毛绒	△5401	△5441	△5471

注 第一位数字△表示生产厂代号，第二位数字 5 表示长毛绒产品，第三位数字表示用途：1 表示服装用，2 表示衣里用，3 表示工业用，4 表示家居用；第四位数字表示原料性质：0 表示纯毛，4 表示混纺，7 表示化纤，第五位数字表示产品顺序编号。

3. 绒线的品名编号

（1）绒线的品名编号。绒线的品号用四位数字表示。第一位数字表示产品类别，即产品分类代号，第二位数字表示产品使用的原料，第三位数字表示单纱名义支数，一般编结粗绒线的成品单纱名义公制支数都在 10 公支以下（即 100tex 以上），所以品号的第三、第四位数字是一个省去了小数点的小数，如 45 表示 4.5 公支，56 表示 5.6 公支等；编结细绒线及针织绒线，品号的第三、第四位数字直接表示成品单纱的名义公制支数。

除四股粗绒线和细绒线以及两股针织绒线外，其他股数的绒线均应在产品编号后加斜线表明，如 221/3 表示三股腈纶绒线。

绒线产品分类代号见表 1－10，绒线原料类别代号见表 1－11。

表 1－10　绒线产品分类代号

产品类别	代号	备注
精纺绒线	0	通常可省略
粗纺绒线	1	
精纺针织绒线	2	
粗纺针织绒线	3	
试制品	5	
花式绒线	H	

表 1－11　绒线原料类别代号

原料类别	代号	说明
山羊绒、山羊绒与其他纤维混纺	0	原料类别均以汉语拼音首位字母表示，加在原料类别前面，以含量多少为序： M——羊毛 Q——腈纶 J——锦纶 D——涤纶 B——丙纶 L——氯纶 N——粘胶纤维
异质毛	1	
同质毛	2	
同质毛与粘胶纤维混纺	3	
国毛与外毛混纺	4	
异质毛与粘胶纤维混纺	5	
同质毛与合成纤维混纺	6	
异质毛与合成纤维混纺	7	
纯腈纶	8	
其他（如合成纤维混纺）	9	

（2）绒线的命名。绒线产品的全称由品号、原料类别名称、产品特征名称以及产品类别名称（按股数、特数分类）组合而成。对于混纺产品，原料类别组合名称，一般动物纤维在前，但若一种原料超过50%时，则比例大的原料名称在前。绒线的分类、编号、命名举例见表1－12。

表1－12　绒线的分类、编号、命名举例

原料类别	纺纱系统	单纱名义支数	股数	全称
48支同质毛100%	精梳	7.5	4	275纯毛中粗绒线
改良一级国毛100%	精梳	8.5	4	185纯毛高粗绒线
48支同质毛与腈纶混纺	精梳	7.5	4	675毛腈混纺粗绒线
48支同质毛与粘胶纤维混纺	精梳	6.8	4	368毛粘混纺粗绒线
60支同质毛100%	精梳	19	4	219纯毛细绒线
64支同质毛100%	精梳	36	2	2236纯毛针织绒线
3旦腈维膨体纱100%	精梳	31	2	2831腈纶膨体针织绒线
64支同质毛与0.56tex（5旦）腈纶混纺	精梳	26	2	2626毛腈混纺针织绒线
改良一级毛与0.56tex（5旦）腈纶混纺	精梳	6	3	716/3毛腈混纺三股细绒线
山羊绒及其混纺	粗梳	16	1	3016/1山羊绒针织绒线

二、毛纺纺纱系统

（一）精梳毛纺系统

精梳毛纺产品经过的工序较多，在工艺上经过精梳去除短纤维，条子用牵伸法抽长拉细，其工艺流程为：羊毛初步加工→毛条制造→前纺工程→后纺工程。

对生产精纺毛织品用的低特纱，特别是混色纱，在毛条制造和前纺工程之间还需增加条染及复精梳工序。

1. 羊毛初步加工　从绵羊身上剪下来的毛纤维中因夹有各种不同的杂质，不能直接用于毛纺织生产，这种羊毛称为原毛。原毛中含杂的种类一般可分为两大类。生理夹杂物，包括羊毛脂羊汗和羊只排泄物如粪、尿等；生活环境夹杂物，包括草刺、茎叶、砂土以及其他寄生虫、细菌等。羊毛初步加工的任务，就是对不同质量的原毛先进行区分，再采用一系列机械与化学的方法，除去原毛中的各种杂质，使其成为符合毛纺生产要求的比较纯净的羊毛纤维。羊毛初步的工艺流程为：选毛→洗毛（开、洗、烘联合机等）。

（1）选毛是根据产品质量要求，对不同质量的原毛进行分选，做到优毛优用。开毛是利用机械方法将羊毛松解，除去其中大量的砂土杂质，给洗毛创造有利条件。

（2）洗毛是利用机械与化学相结合的方法，去除羊毛脂汗及黏附的杂质。烘毛是用热空气烘燥羊毛，除去洗净毛中过多的水分使其达到回潮率的要求，以满足生产中对洗净毛储存或连续生产的要求。

2. 毛条制造　在精梳毛纺工程中，将洗净毛或化学纤维加工成精梳毛条的过程，称为毛条制造工程。毛条制造工程的任务是根据精梳毛纱的品质要求，将洗净毛按照不同的原料比例进行搭配，混合加油，然后进行梳理，除去纤维中的细小杂质，草刺及短纤维等，使其分离成单纤维状态，并使纤维排列平顺紧密，最后制成具有一定重量的均匀的精梳毛条。毛条制造的工艺流程为：配毛及和毛加油→梳毛→头针→二针→［复洗→复洗针梳］→三针→精梳→四针→末针。

配毛是合理利用羊毛，充分发挥混料中各种纤维的性能，提高产品质量，扩大原料来源，降低生产成本。和毛是通过和毛机对混料进行开松，进一步清除部分杂质，并将所选配的原料充分地混合在一起。加油是在混料中加入一定量的和毛油乳化液，羊毛纤维在后道加工中要经受反复梳理和牵伸，既要克服自身间的摩擦力，还要承受其他机件施加的摩擦力、压缩力、张力等，加入和毛油可减少摩擦，使纤维具有较好的柔软性和韧性，在受力时不易被摩擦而产生静电，从而减少飞毛，防止毛网破裂，降低断头率，提高制成率和毛纱质量。

3. 前纺工程 毛条制造所生产的精梳毛条，其单位重量一般为 17 ~ 20g/m，而供细纱机使用的粗纱重量一般在 0.3 ~ 0.6g/m。因此，需要经过几道前纺机器先将毛条纺成符合要求的粗纱。由于精梳毛条中纤维排列还不够平顺，毛条均匀度差，不同品质、不同颜色的纤维混合还不够充分，毛条质量不能适应细纱的要求，因此精梳毛条需经前纺工程的进一步加工。前纺工程的任务是将精梳毛条牵伸和并合，使纤维进一步平行顺直，使不同品质、不同颜色的纤维充分地均匀混合，制成一定重量、一定强力和均匀度的符合细纱生产要求的粗纱。

有些精梳毛条还要经过染色工序，而染过色的毛条又需经过复洗、复精梳及混条等工序，这类工序统称为条染复精梳，介于毛条制造与前纺之间，所以又把条染复精梳称作前纺准备。

（1）前纺准备（条染复精梳）。条染是对精梳毛条或化纤条进行染色，条子在染色后还要经过并合、牵伸、梳理等过程，混色均匀程度、原料混合均匀程度、成纱的条干均匀度、强力和弹性都有所提高。在后整理工序中，条染产品缩率较小，并使成品保持一定的身骨。经过条染的成品织物呢面平整，光泽柔和，色光一致，纹路清晰，手感或滑爽或丰糯，有身骨，弹性足，强力高。但条染复精梳工艺流程较长，使用设备和耗用人工较多，原料消耗也有增加，所以产品成本较高，管理也比较复杂，条染复精梳工艺流程为：松球→毛球装筒→染色→脱水→复洗→混条→头针→二针→三针→复精梳→四针→末针。

从松球至脱水工序属条染部分，从混条至末针属复精梳部分，所以条染复精梳设备由条染设备、复洗设备、复精梳设备三部分组成。为了保证条染质量，毛条在染色之前要先经松球机绕成松毛球；染后毛球要在复洗机上洗去浮色；毛条进入精梳机前要先经混条机和几道针梳机，以进行混色和变重；复精梳后一般还要经过两道针梳机，以改善精梳毛条的短周期不匀，提高条染复精梳毛条的质量。

（2）前纺。前纺所有机台的基本作用归纳起来主要有牵伸、并合、加捻和卷绕，其中牵伸是最主要的作用。精梳毛条是在若干前纺机台上被抽长拉细成粗纱的，这个过程就是牵伸。前纺工程中的针梳机除了有牵伸作用外，还有梳理作用及并合作用，通过并合一方面可以把纺出纱条的均匀度提高，另一方面还可以获得混合作用。对于不同成分、不同颜色的原料，并合是提高产品质量的有力措施，与成纱质量的关系很大。有的设备还采用自调匀整装置来使纱条均匀，减少并合数和缩短工艺流程。在纱条逐渐变细的过程中，由于纤维根数的逐渐减少和纤维伸直平行程度的提高，纤维之间的抱合力越来越小。要使纱条具有一定的强力，在粗纱工序中，可以采取不同的方法加捻，如假捻、搓捻或真捻。经过牵伸和加捻的纱条，绕成一定的卷装，以便于搬运和后工序的使用，这一过程称为卷装。卷绕只起连贯前后工序的作用，不是主要作用，但卷绕不合理，往往造成张力过大，引起大量断头，影响产品质量。卷绕的形式很多，在前纺中常用的有成球、条筒、纱管等。前纺工程还有一些辅助作用，如加油、储存等。其工艺流程为：混条→头针→二针→三针→末针→粗纱。

4. 后纺工程 后纺工程的任务是将前纺加工出来的粗纱制成一定线密度（支数）、一定捻度的细纱，并将其合股加捻（用于单纱织造的毛纱不需合股加捻）制成股线，最后卷绕成织造工序所要求的筒子纱。后纺工程的工艺流程根据毛纱特性和所使用的设备类型而制订。

采用普通捻线机的后纺工艺流程为：细纱→并线→捻线→蒸纱→络筒。

如果生产细特纱、高捻度的细纱，细纱也需要蒸纱，其工艺流程为：细纱→蒸纱→并纱→捻线→蒸纱→络筒。

倍捻机的卷绕形式为筒子，为了清除纱疵在并线前进行一次单纱络筒，其工艺流程为：细纱→络筒→并线→蒸纱→倍捻。

细纱是将粗纱加工成具有一定线密度（支数）、一定捻度、条干均匀的细纱。并线是将两根或两根以上的单纱合并在一起，确保股线中每根单纱的张力均匀一致，并经过清纱器去除飞毛和杂质，使毛纱更加光洁。捻线是将并线后的合股毛纱加以一定的捻度，使得合股后的股线达到表面光洁、质地坚牢、柔软挺括和富有弹性的要求。蒸纱是将合股加捻度后的股线进行汽蒸，以消除加捻后纱中纤维的应力和静电，稳定捻回，防止形成小辫子纱。有时对捻度较大的单纱也进行蒸纱，以提高毛纱的质量。络筒是将合股加捻后的纱管重新卷绕成大容量的筒子，以满足存放、整经和织造的需要，同时络筒也有清纱的作用。

（二）粗梳毛纺系统

粗梳毛纺用的含草较多的原料以及精梳短毛等，在羊毛初步加工中，还要经过炭化工序。炭化是利用化学及机械的方法，除去洗净毛中包含的植物性杂质，使梳理和纺纱过程得以顺利进行，并确保产品质量。粗梳毛纺在工艺上不经过精梳，毛网用分割法变细。粗纺梳毛机包括自动喂毛机、梳理机、过桥机、成条机。自动喂毛机将混料定量喂入，梳理机对块状和束状纤维进行充分混合梳理，将其松解成单纤维，过桥机经过纵向折叠和横向折叠，使纤维得到进一步混合，成条机利用皮带将毛网切割成若干个小毛带（粗纱）。小毛带经过粗纺细纱工序制得粗纺细纱，粗梳毛纺工艺流程较短，过程为：选毛→洗毛（开、洗、烘联合机等）→炭化→配毛及和毛加油→粗纺梳毛→粗纺细纱→络筒。

（三）半精梳毛纺系统

精梳毛纺系统工艺流程长，用来加工 25 ~ 50tex 毛纱性价比不高，若用半精梳系统较为合适。半精梳毛纺系统与精梳毛纺系统不同的是不经过精梳工序，与粗梳毛纺系统不同的是经过针梳机。原料经初步加工后，经梳毛机、针梳机梳理成毛条后，再经精纺工艺纺制成纱。特点是省去精梳工序，提高劳动生产率、产品制成率，产品成本降低，效益提高；经过针梳工序，纤维的平行顺直度提高，强力提高。其工艺流程为：选毛→洗毛（开、洗、烘联合机等）→炭化→配毛及和毛加油→梳毛→2～3 道针梳→粗纱→细纱→并线→捻线→蒸纱→络筒。

习题

1. 解释下列概念。

土种毛、改良毛、细绒毛、粗绒毛、粗毛、发毛、腔毛、两型毛、死毛、同质毛、异质毛、细毛、半细毛、粗长毛、春毛、秋毛、鳞片层、皮质层、髓质层。

2. 毛纺常用原料按其来源如何分类？
3. 简述羊毛纤维的形态结构。
4. 为什么粗毛光泽比细毛明亮？
5. 简述羊毛纤维细度的表示方法及对纺纱工艺的影响。
6. 简述羊毛纤维长度的表示方法及对纺纱工艺的影响。
7. 简述羊毛纤维卷曲度的表示方法及对纺纱工艺的影响。
8. 简述羊毛纤维吸湿性的表示方法及对羊毛性能的影响。
9. 简述羊毛纤维的缩绒性，影响羊毛缩绒性的因素有哪些？
10. 毛纺生产中为什么要在羊毛中加入一定量的和毛油？
11. 说明羊毛纤维的化学性能。
12. 毛纺中常用的特种动物纤维有哪些？
13. 毛纺中常用的化学纤维有哪些？
14. 说明精梳毛纺产品的分类。
15. 说明粗梳毛纺产品的分类。
16. 说明绒线的分类。
17. 说明呢绒、毛毯的品名编号。
18. 说明毛毯的品名编号。
19. 说明长毛绒的品名编号。
20. 说明绒线的品名编号及命名。
21. 详细说明精梳毛纺的工艺流程。
22. 详细说明粗梳毛纺的工艺流程。
23. 简述半精梳毛纺系统的特点。

第二章　羊毛初步加工

本章知识点

1. 选毛的目的、要求、依据及质量要求。
2. 洗毛的目的、原理、设备、工艺及质量指标。
3. 炭化的目的、原理、设备、工艺及质量指标。

羊毛初步加工包括选毛、开毛、洗毛、烘毛和炭化等工序。羊毛初步加工是整个毛纺生产中的起始工序。加工质量的好坏，直接关系后道各工序能否顺利进行和半成品及成品的质量好坏，必须给予充分的重视。

第一节　选毛

一、选毛的目的

羊毛的品质随绵羊品种和产区的不同有着很大差异，就是在同一只羊身上，由于羊毛生长部位的不同，羊毛的品质也各不相同。图2－1为绵羊各部位羊毛品质分布图。表2－1为各部位羊毛品质情况。

将同一只羊身上的毛剪下成一完整的毛被，通常称为套毛。国产细羊毛、改良毛的套毛上各部分羊毛的质量优劣次序一般是：肩、背、体侧、腹、臀等部位，图2－2为国产套毛质量局部图。

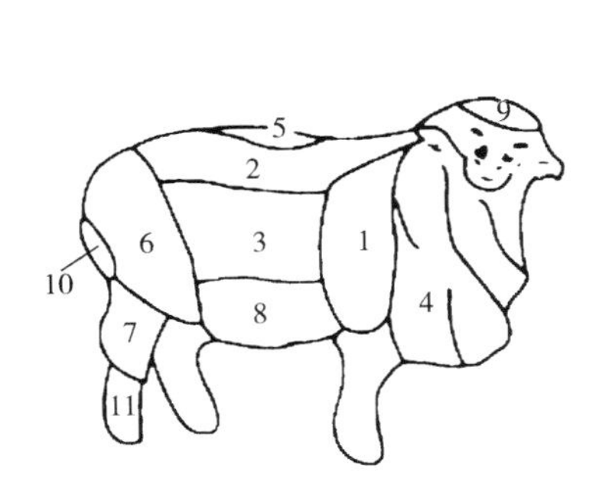

图2－1　绵羊各部位羊毛品质分布图

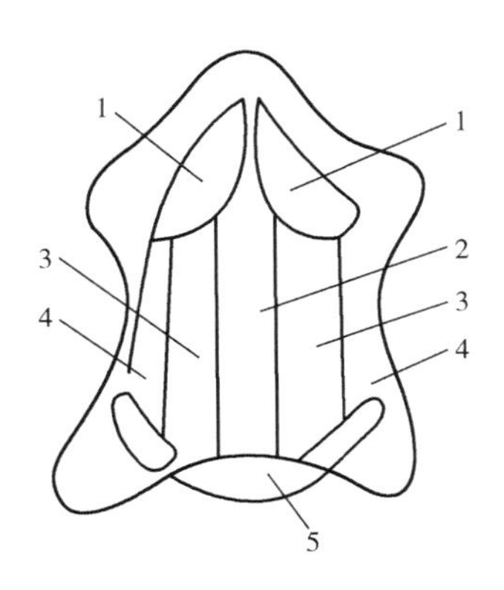

图2－2　国产套毛质量局部图

1—肩部　2—背部　3—体侧　4—腹部　5—臀部

表 2-1 各部位羊毛品质情况

羊毛部位		羊毛品质情况
代号	名称	
1	肩部毛	全身最好的毛，细而长，生长密度大，鉴定羊毛品质常以这部分为标准
2	背部毛	毛较粗，品质一般
3	体侧毛	毛的质量与肩部毛近似，油杂略多
4	颈部毛	油杂少，纤维长，结辫，有粗毛
5	脊毛	松散，有粗腔毛
6	胯部毛	较粗，有粗腔毛，有草刺，有缠结
7	上腿毛	毛短，草刺较多
8	腹部毛	细而短，柔软，毛丛不整齐，近前腿部毛质较好
9	顶盖毛	含油少，草杂多，毛短质次
10	臀部毛	带尿渍粪块，毛脏，油杂重
11	胫部毛	全是发毛和死毛

选毛的目的是合理使用羊毛，在保证并提高产品质量的同时，贯彻优毛优用的原则，尽可能降低原料成本，选毛是根据工艺要求和工业用毛分支、分级标准的文字说明、实物标样，将原毛分支、分级，剔除各种类型的疵点毛，并除去部分砂土等杂质，选毛也叫羊毛分级。

二、选毛的要求

（一）对选毛工的要求

对选毛工的要求主要有以下几点。

（1）有敏锐的目光，能准确和迅速辨别羊毛品质（如细度、长度、卷曲、油汗和色泽等）的差异。

（2）有灵敏的触觉，能用手察觉羊毛的柔软度。

（3）熟悉套毛上各部位羊毛的品质情况。

（4）熟悉羊毛品质与产品的关系，能够按企业生产和国家分级标准分选羊毛。

（二）对选毛场所的要求

1. 选毛台 选毛台是分选羊毛用的操作台，台面装有带网孔的铁丝网，使选毛过程中抖出的砂土、羊粪等杂质从网孔中漏下。

2. 采光 采光应以天然光为主，日光不宜直射，通常从上部和侧面采偏东的北光，以达到采光均匀、无刺眼光的要求。

3. 温湿度 选毛场所冬季温度不低于 11℃，夏季温度不超过 32℃。空气的相对湿度应以尘土不飞扬，有利于除杂为宜。

4. 空气 原毛中含有大量的尘土，在选毛时选毛台周围空气中的粉尘浓度会影响工人的身体健康。选毛场所应通风良好，选毛车间常采用抽气的方式，将选毛台附近的含尘空气抽入除尘装置内进行除尘，然后回用或排出室外。除尘设备有干式、湿式和干湿结合式三类，目前多采用干式除尘。

（1）干式除尘设备。干式除尘设备有旋风除尘器、布袋滤尘器和尘塔三种形式。原毛尘杂粘有油脂，易使布袋网孔堵塞，布袋滤尘不适用于原毛除尘。尘塔排尘易污染大气环境，且排尘效率低，目前已不再使用。目前使用较多的是旋风除尘器。图 2－3 为旋风式除尘器示意图。

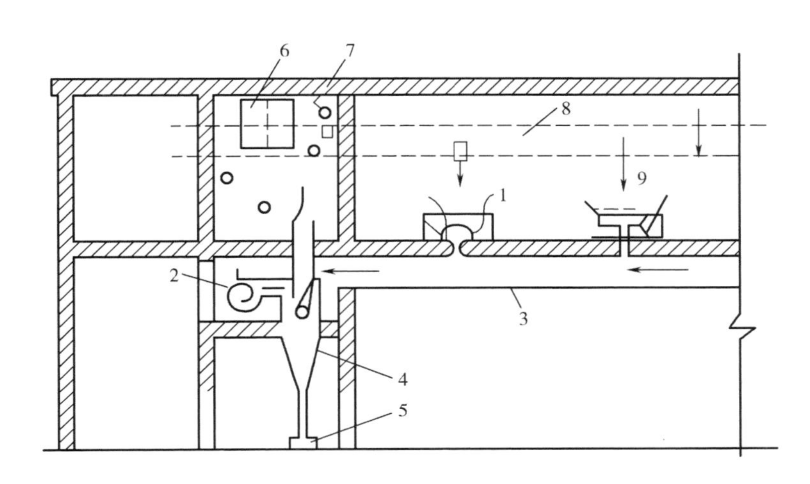

图 2－3　旋风式除尘器示意图

1—捡毛台　2—风机　3—管道　4—旋风除尘器　5—集尘箱　6—排尘箱　7—加热器　8—回风道　9—出风口

在选毛过程中，抖搂出来的较大尘杂直接由选毛台的铁丝网孔（或竹篦子间隙）落入尘斗，由人工定时清除。而较小的尘杂在风机风力作用下由管道进入旋风除尘器，经过旋风除尘后，稍大的杂质在重力的作用下落入集尘箱。微小的尘杂随空气由旋风除尘上部管道排出，夏季直接从尘窗排出，冬季则经加热过滤后由回风道的送风口送入选毛车间回用。单纯采用旋风式除尘器，除尘不够彻底，回风中仍含有一定的粉尘，但这种除尘设备费用低。

（2）湿式除尘设备。图 2－4 为湿式除尘设备示意图。

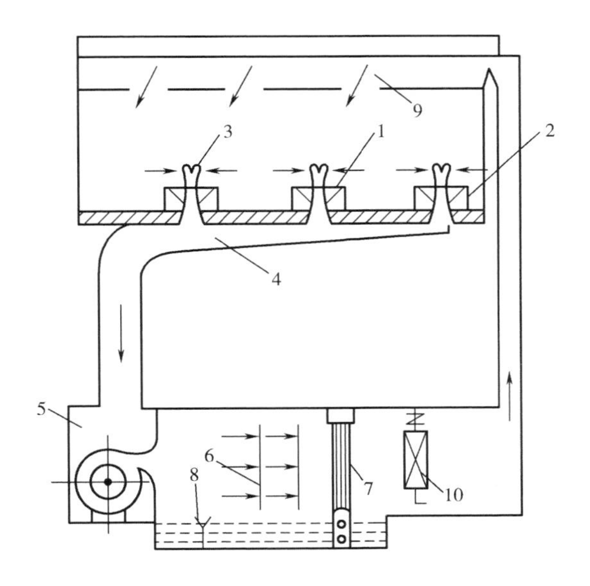

图 2－4　湿式除尘设备示意图

1—捡毛台　2—尘斗　3—吸风罩

4—风道　5—风机　6—喷水嘴　7—挡水板

8—排污阀　9—出风口　10—加热器

在选毛过程中，抖搂出来的较大尘杂直接由选毛台上的铁丝网孔（或竹篦子间隙）落入尘斗，由人工定时清除，微小尘杂借助风机的风力被选毛台上方的吸尘罩吸走，也有从选毛台下方吸走的。前者称上吸式，后者称下吸式。被吸走的尘杂经管道进入沉降风道，稍大的尘粒沉降在风道内，被定时清除。微尘则随空气进入洗涤室，经洗涤除尘后，净化空气，经过挡水板，由管道经送风口送入选毛车间回用。冬季可经加热器后再送回选毛车间。含尘空气经喷淋，尘杂由水滴带入水池，逐步沉积于池底，由排污阀排出。

（3）干湿结合式除尘设备。图 2－5 为干湿结合式除尘设备示意图，这种除尘设备为布袋干过滤与喷射洗涤结合的压入式两极净化装置。

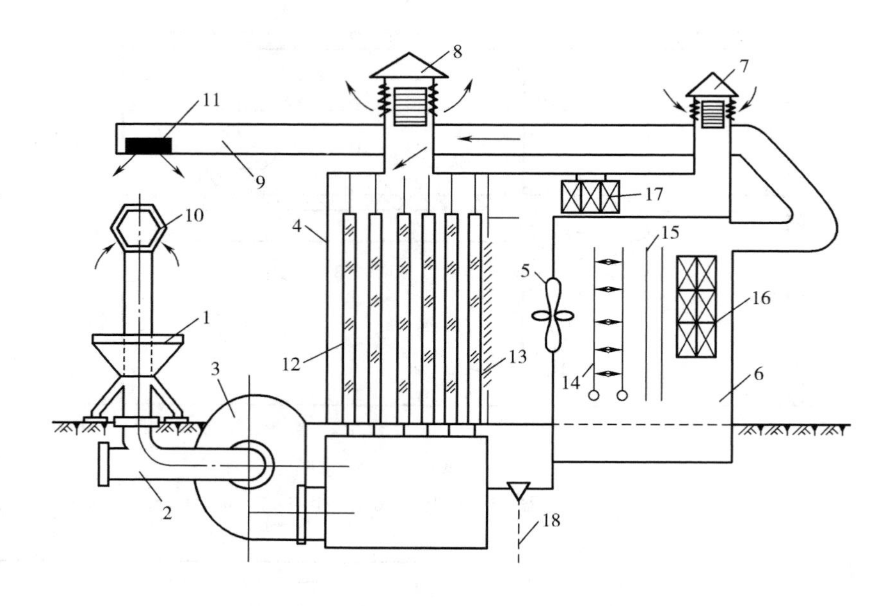

图 2－5　干湿结合式除尘设备示意图

1—选毛台　2—地下尘道　3—排风　4—干过滤室　5—轴流风机　6—洗涤室　7—进风塔
8—排尘塔　9—送风管道　10—吸尘口　11—百叶出风口　12—过滤布袋　13—回风金属活动窗
14—喷射口　15—挡水板　16—再热器　17—预热器　18—下水道

选毛过程中抖散出的尘杂，借风机的风力作用由上吸尘罩吸走，经管道进入地下尘室。其中较大的尘粒沉降在尘室底部，微小尘杂则随空气经布袋过滤，大部分尘杂被滤布捕集进入尘室。经过滤后的空气，含有少量的微尘，夏季直接从尘塔排出室外，新鲜空气则由进风塔吸入洗涤室，经冷却去湿后送入车间。在冬季或春秋季，含尘空气先经布袋过滤，再经洗涤室净化后，送回车间，同时从室外补充一部分新鲜空气。干湿结合式除尘用于选毛车间效果较好，除尘后的空气含尘量符合国家卫生标准，但二级除尘系统的压力损失大。

三、选毛的依据

（一）国产细毛及其改良毛的分支分级

国产细毛及其改良毛可分支数毛和级数毛两类。支数毛属同质毛，按品质支数分 70 支、66 支、64 支、60 支四档；级数毛属基本同质毛或异质毛，按粗腔毛率分为一级、二级、三级、四级甲、四级乙、五级，共六档。

改良支数毛和改良级数毛都按物理指标和外观形态两个项目进行分支分级。其具体考核项目和标准有所不同。

1. 支数毛

（1）支数毛的物理指标见表2－2。

表2－2　支数毛的物理指标

品质支数	平均直径（μm）	细度离散系数（%）	粗腔毛率（%）	油汗部分占毛丛的比例
70	18.1～20.0	不大于24	不大于0.05	不小于2/3
66	20.1～21.5	不大于25	不大于0.10	不小于2/3
64	21.6～23.0	不大于27	不大于0.20	不小于1/2
60	23.1～25.0	不大于29	不大于0.30	不小于1/2

（2）外观形态要求。

①70支。主要由细绒毛组成，外观形态整齐，毛丛结构紧密，呈平顶状，油汗光泽良好，手感柔软，卷曲明显、均匀，细度均匀度良好。

②66支。要求同70支。

③64支。由细绒毛组成，稍有粗绒毛。毛丛结构较紧密，基本呈平顶，油汗光泽较好，外观形态较整齐，手感柔软稍有弹性，卷曲明显，细度均匀度一般。

④60支。由细绒毛组成，稍有粗绒毛，外观形态一般，毛丛结构松散，有小毛嘴，油汗光泽一般，卷曲稍大，细度均匀度较差。

2. 级数毛

（1）级数毛的物理指标见表2－3。

表2－3　级数毛的物理指标

级别		平均细度（μm）	粗腔毛率（%）
一级		不大于24.0	不大于1.0
二级		不大于25.0	不大于2.0
三级		不大于26.0	不大于3.5
四级	甲	不大于28.0	不大于5.0
	乙	不大于30.0	不大于7.0
五级		大于30.0	大于7.0

（2）外观形态要求。

①一级。属基本同质毛。由细绒毛和少量粗绒毛或少量两型毛组成，卷曲大或不明显。

②二级。由绒毛和两型毛组成，有少量的粗毛和腔毛，卷曲不明显或带小毛辫。

③三级。由绒毛和两型毛组成，粗毛明显，腔毛稍多，带有细长毛辫。

④四级甲。由绒毛和两型毛组成，粗毛较多，腔毛明显或带粗长毛辫。

⑤四级乙。由绒毛和两型毛组成，粗毛多或带粗长毛辫。

⑥五级。凡四级乙下限以外而非疵点毛的正常毛，均属五级毛。

（二）土种毛的分级

土种毛均为异质毛，按级别来区分，多分为二级～五级。分级的主要依据是考虑纤维的细度及细度均匀度。具体分级时凭眼看手摸，根据底绒的含量、毛辫的长短、粗死毛的含量等内容区分。我国土种毛二级毛规定为细度均匀，底绒好，毛辫小，粗死毛含量少；三级毛规定为毛稍粗，毛辫略粗长，粗死毛含量较多；四级毛规定为毛较粗，底绒差，毛辫粗长，死毛含量较多；五级多为粗死毛，不能单独使用。有时根据产品的需要，也将土种毛分为二级和三级混合级或三级和四级混合级。

四、选毛的质量要求

1. 混级率的规定 非本级（支）毛混入本级（支）内，称为混级（支）。非本级（支）毛占本级（支）毛重量的百分率，称为混级（支）率。精梳毛纺与粗梳毛纺（混支率）允许范围也有不同，选拣羊毛的混级率要求见表2－4。

表2－4 选捡羊毛的混级率要求

原料	混级差别情况	允许含量（%）
粗纺用毛	上一级混入	不大于8
	下一级混入	不大于8
	上一级和下一级混入之和	不大于8
	下二级混入	不允许
精纺用毛	支、级上一档混入	不大于4
	支、级下一档混入	不大于3
	支、级上一档和下一档混入之和	不大于4
	支、级上二档混入	不允许

2. 混疵率的规定 疵点毛重量占被检验毛重量的百分比，称为混疵率。一般规定，外毛混疵率不超过0.4%；国毛混疵率不超过0.6%。疵点毛选拣要求见表2－5。

表2－5 疵点毛选拣要求

名称	内容	要求
草刺毛	含有果刺或草刺的毛	剔除
印记毛	毛束尖上染有做标记的沥青或其他颜色	剔除
毡块毛	类似毛毡，手扯不松散	剔除

续表

名称	内容	要求
黄残毛	颜色深黄或略呈深黄色	剔除
霉烂毛	受热受湿，强力稍损，手扯即碎	剔除
疥癣毛	毛根有皮屑，纤维受损伤	剔除
花毛	白羊毛中夹有并非沾染的有色羊毛	剔除
粪蛋毛	黏结粪块的毛，无法分开	剔除
弱节毛	一束毛中，在上、中、下任何一部位有明显瘦细节段，一扯即断的	不超过0.1%
边肷毛	碎毛或套毛腹、腿、股等部位的毛	不超过0.2%
重剪（二剪）毛	长度不足30mm的短毛	不超过0.2%

第二节　洗毛

一、洗毛的目的

洗毛的目的是利用机械和化学作用去除原毛中羊毛脂、汗、砂土、草刺和羊粪等杂质，从而获得洁白、松散、柔软、富有弹性的洗净毛。

二、洗毛的原理

（一）羊毛脂、羊汗、土杂的组成与理化性质

1. 羊毛脂　羊毛脂是羊脂肪腺的分泌物，它随着羊毛的生长不断黏附在羊毛的表面。一般的动植物油脂都是甘油和脂肪酸的混合物，但羊毛脂中并不含甘油，所以它的正确名称应为“羊毛蜡”，但习惯上仍称为羊毛脂。羊毛脂是高级脂肪酸和高级一元醇及其酯类的复杂混合物，其中高级脂肪酸类占羊毛脂总量的45%～55%，高级一元醇类化合物占羊毛脂总量的45%～55%。

羊毛脂的主要性质如下。

（1）羊毛脂中脂肪酸具有羧基，一元醇中具有羟基，它们都是亲水的，所以具有可溶性。但是这两种物质的憎水部分，即长的碳氢链或复杂的环状结构在分子结构中占优势，决定了羊毛脂并不能溶于水，只能溶于憎水的非极性溶剂中，如苯、四氯化碳、乙醚、乙烷等。

（2）羊毛脂中的高级脂肪酸遇碱能起皂化作用，生成肥皂溶于水中。但是高级一元醇遇碱不能皂化，所以洗毛时单纯用碱不能将羊毛脂洗净，必须用洗剂，采用乳化的方法才能去除羊毛脂。

（3）羊毛脂的颜色为浅黄色至褐色，熔点为37～45℃，在常温下羊毛脂为黏稠状物质，洗毛温度应高于羊毛脂的熔点。

（4）羊毛脂比水轻，相对密度为0.94～0.97g/cm^3。

2. 羊汗 羊汗是羊皮肤中汗腺的分泌物，它的含量随羊的品种、年龄等而不同，一般细毛含汗量低，粗毛含汗量高。

羊汗的主要成分有碳酸钾（75%～85%）、硫酸钾（3%～5%）、氯化钾（3%～5%）、硫酸钠（3%～5%）、有机物质（3%～5%）、不溶性物质（铁、锰等）（3%～5%）等。

羊汗易溶于水在洗毛时易除去。羊汗遇水以后生成氢氧化钾，可以皂化羊毛脂中的脂肪酸而生成肥皂，有利于洗毛。利用羊汗的溶解和积累进行洗毛的方法，叫做羊汗洗毛法。

（二）洗毛作用原理

羊毛上黏附的脂汗和土杂的性质各异，要去除这些物质，必须根据所含脂汗和土杂的性质，采取一系列物理和化学的方法，并通过机械的作用才能做到，洗毛是很复杂的过程。

由于羊汗可以溶于水，并且可以与较易皂化的部分脂肪酸起皂化作用，生成钾皂溶于水，洗毛时所加的碳酸钠也可以皂化部分脂肪酸并溶于水中。洗毛时利用碱与油脂的化学变化，可以去掉部分羊毛脂，部分土杂也随之进入水中。但是洗毛时单纯靠碱与油脂的化学变化是不够的，因为一方面去杂不净（对不能起皂化作用的醇及一些高级脂肪酸去不掉），另一方面，即使已进入洗液中的土杂，也还有可能再黏附在羊毛上。因此，必须采用洗剂，利用物理方法和机械的作用，才能达到洗净羊毛的目的。

1. 原毛的去污过程 图2－6为羊毛去污的动态过程图。

图2－6 羊毛去污的动态过程图

要将羊毛上的脂汗和土杂等去除，首先要破坏污垢与羊毛的结合力，降低或削弱它们之间的引力。因此，去污过程的第一阶段是首先润湿羊毛，使洗液渗透到污垢与羊毛之间联系较弱的地方，降低它们之间的结合力。第二阶段是污垢与羊毛表面脱离，并转移到洗液中去，这主要是由于洗液的存在，降低了油脂、土杂与羊毛间的黏附力，并通过机械作用实现的。第三阶段是转移到洗液中的油脂、土杂，稳定地悬浮在洗液中而不再回到羊毛上去，防止羊毛再沾污，这主要是由于洗剂溶液具有乳化、分散、增溶、起泡沫等作用。

2. 洗剂的洗涤作用

（1）羊毛的润湿。洗涤过程的第一阶段是使洗液浸透毛块，用“洗液—羊毛”的界面代替“空气—羊毛”的界面，这就是润湿阶段，润湿是羊毛去污的先决条件。

（2）油污的剥离与土杂的去除。在羊毛润湿的同时发生化学变化，羊毛上能溶于水的物质即溶于水中。由于润湿的结果，羊毛发生膨胀（横向膨胀18%～20%，长度方向膨胀1%～2%），表面发生龟裂现象，洗液进入污垢与羊毛连接的缝隙中，使原来平铺的油污层分裂。

污毛在洗液中，洗液的表面张力降低，油污对羊毛的附着张力减小。当油污完全被洗液取代时，油污才易成为球状从羊毛上脱落下来，此种现象称为剥离。

在洗涤过程中，碱与羊毛脂所起的化学反应可深入到油脂的内部，加上羊毛的膨胀，使羊毛表面出现很多缝隙，洗剂分子乘隙而入，好像打了分子楔一样，称为“分子楔效应”，再加上机械的作用，使油污得以从羊毛上去除。

固体污物（主要指砂土）自羊毛表面脱离的情况与油污相似，也是因为洗液表面张力的降低，大大降低了尘土与羊毛的黏附张力，并在机械或水流的作用下，使砂土比较容易地剥离下来。

（3）油污和尘土在洗液中的悬浮稳定（乳化与分散作用）。羊毛上的油污和尘土被洗剂溶液从羊毛上剥离，并在机械作用下，成为很小的微粒，要使这些微粒不再聚合，防止再沾污羊毛，必须在微粒表面形成保护膜，洗剂溶液恰恰具有这种特性。

（4）增溶作用。在洗液中，表面活性剂除了以分子状态存在外，还有相当一部分分子，其憎水的一端彼此聚集在一起，形成了较大的凝聚体，这种凝聚体叫作胶束。这种具有分子状态（也有离子状态）及胶束状态的溶液，称为半胶体溶液。

油类物质是不溶于水的，但是在加入表面活性剂并达到临界胶束浓度时，胶束能把油溶解在自己的憎水部分中，这种因胶束存在而使物质在溶液中溶解度增加的现象，称为增溶作用。

增溶作用对于去除油脂污垢有着重要意义。许多不溶于水的物质，不论是液体或固体，都可以不同程度地溶解在洗剂溶液的胶束中。

（5）泡沫作用。泡沫在洗涤中的作用主要是携污，污垢质点沾在泡沫上就浮到洗液表面，泡沫的存在可在一定程度上提高去污力。

3. 机械作用 洗毛过程中的机械作用是保证洗毛质量的重要条件。在耙式洗毛机中，机械作用主要表现在浸润器和洗毛耙对羊毛的浸渍与推动、压水辊对羊毛的挤压、水流对羊毛的冲击等。机械作用有利于去除油污，但要防止引起羊毛的毡缩。

（三）洗毛用水及助剂的性质与作用

洗毛用水及助剂在选用时应该充分注意其性能。

1. 洗毛用水 在用皂碱洗毛时，采用硬水消耗洗剂多，而且肥皂与水中的钙、镁离子形成钙、镁皂会黏附于羊毛上，影响洗毛质量。在用合成洗涤剂洗毛时，虽然洗剂有一定的耐硬水性，但在洗毛过程中消耗洗剂较多。所以洗毛用软水为宜。

2. 洗毛用助剂 常用的洗毛助剂有纯碱（Na_2CO_3）、中性盐（NaCl、Na_2SO_4）、硫酸铵。

三、洗毛的设备

（一）洗毛设备的工作过程

洗毛设备是一个联合机组，图 2-7 为 LB023 型洗毛联合机工作过程示意图。

羊毛洗涤工艺过程为：已分选过的羊毛喂入 B034-100 型喂毛机，为了保证喂毛均匀，下水平帘分成两段：第一段为间歇运动，第二段为连续运动，这样可防止羊毛对斜角钉帘压力过大，保证喂毛均匀。均毛帘 2 将过量的羊毛打回毛斗，剥毛罗拉将角钉帘上的羊毛剥下喂入 B044-10 型开毛机 3 内，羊毛在这里受到三个角钉锡林的打击，尘杂由漏底落下。经过开松的羊毛通过尘笼 4（这里可吸走一部分细小的尘土）及喂毛机 5 进入 B052-100 型洗毛

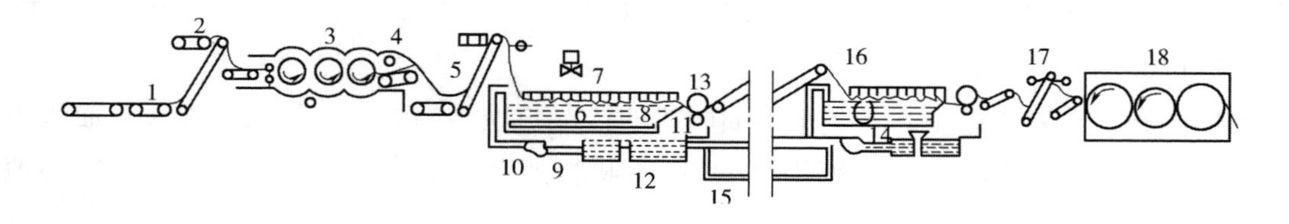

图 2－7　LB023 型洗毛联合机工作过程示意图

1、5—B034－100 型喂毛机　2—均毛帘　3—B044－100 型开毛机　4—尘笼　6—B052－100 型洗毛槽（5 个）　7—曲轴式耙架　8—自动翻泥机　9—气动排泥阀　10—循环泵　11—辅助槽　12—溢水管　13—轧辊　14—手动排泥阀　15—回水系统　16—自动温控系统　17—喂毛机　18—R456 型圆网烘干机

机的第一槽，一般第一槽不加洗剂，称为浸润槽，在此槽中去除原毛中大部分溶于水的物质如土杂等。羊毛在洗槽中的前进运动是由曲轴式耙架 7 来实现的，经过第一槽洗涤后的羊毛。通过轧辊 13 轧去过多的水分后进入第二洗毛槽，这样经过第二、第三（这两个槽有洗洗剂，称为洗涤槽）、第四、第五槽（这两个槽盛清水，称为清洗槽）连续的作用，即成为洗净的羊毛。然后通过喂毛机 17，进入 R456 型圆网烘干机 18 中，在烘干机中用热空气做载体除去过多的水分，使羊毛达到规定的回潮率。

（二）洗毛设备的组成及作用

1. B034－100 型喂毛机　喂毛机由水平帘、角钉斜帘、角钉均毛帘和剥毛辊组成，其中水平帘、角钉斜帘和机侧的墙板组成毛箱。喂毛机的作用是均匀喂入羊毛。其工作原理如图 2－7 所示。

2. B044－100 型开毛机　图 2－8 为 B044－100 型三锡林开毛机工作过程示意图。本机由喂毛罗拉、铲刀、三锡林、输毛帘、尘格和输土帘组成。开毛机的作用是在洗毛之前对原毛进行开松除杂，在减少纤维损伤的前提下，尽量除去羊毛中的土杂，减轻洗毛的负担。

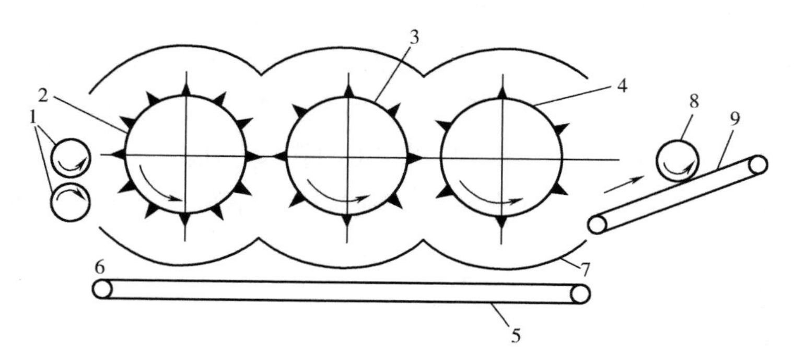

图 2－8　B044－100 型三锡林开毛机工作过程示意图

1—喂毛罗拉　2—第一开毛锡林　3—第二开毛锡林　4—第三开毛锡林　5—输土帘　6—铲刀　7—尘格　8—尘笼　9—输毛帘

B044－100 型三锡林开毛机的工作过程为：由喂毛机送出的羊毛喂给开毛机的喂毛罗拉 1，为防止下罗拉绕毛，其下方装一铲刀 6，随时将绕在罗拉上的羊毛铲去。羊毛在喂毛罗拉的握持下，接受第一开毛锡林 2 上角钉较为强烈的打击和开松（属于握持状态下的打击作

用)。初步开松的毛块一方面随第一开毛锡林回转产生的气流向前，接受第二开毛锡林3的开松，另一方面在第一开毛锡林回转离心力的作用下甩向尘格7，受到撞击而抖落一部分杂质。在两锡林之间，毛块在自由状态下接受打击。同理，毛块继续接受第二开毛锡林3和第三开毛锡林4的作用，然后甩向尘笼8，其中细小的杂质通过尘笼表面网孔经尘笼内两侧由风扇吸走，松散的毛块由输毛帘9输出，通过喂毛机进入洗毛机。开毛机开松过程中落下的土杂由输土帘5输出，或用地坑式吸风排杂装置，使尘杂由管道从地下送往尘室，前者适用于潮湿地区，后者适用于干燥地区。

3. B052－100型洗毛机　B052－100型洗毛机有五节槽。每节槽主要由洗毛槽、辅助槽、洗毛耙、出毛耙、轧辊、回流水泵和自动控温等部件组成，第一槽和第二槽的槽底还有翻斗式自动排泥机构。洗毛的作用是采用一系列物理化学的方法，伴随机械的作用去除羊毛上黏附的脂汗和土杂。图2－9为B052－100型耙式洗毛机结构示意图。

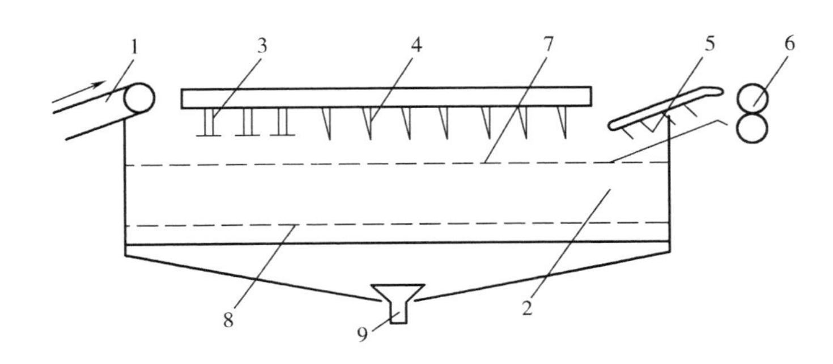

图2－9　B052－100型耙式洗毛机结构示意图
1—喂毛帘　2—洗毛槽　3—浸润器　4—洗毛耙　5—出毛耙
6—轧辊　7—假槽底　8—自动排泥管　9—泄泥管

开松后的原毛由喂毛机送入第一洗毛槽2，该槽为浸渍槽，盛满50℃左右的热水，原毛先经浸润器3压入热水中浸润，然后被洗毛耙4推着缓慢向前边洗边浸，接着被出毛耙5耙出洗毛槽，送入一对轧辊6，轧出毛中所含的大部分水分，最后被送入第二槽再洗。污水经带孔的假槽底7流入槽底，其中泥沙杂质沉淀而落入下面的自动排泥管8中，由泄泥管9排出机外。经沉淀的洗液和由轧辊轧出的洗液经边槽由水泵打入洗毛槽内回用。其他几个槽的结构和工作情况与第一槽基本相同，三至五槽没有自动排泥机构。

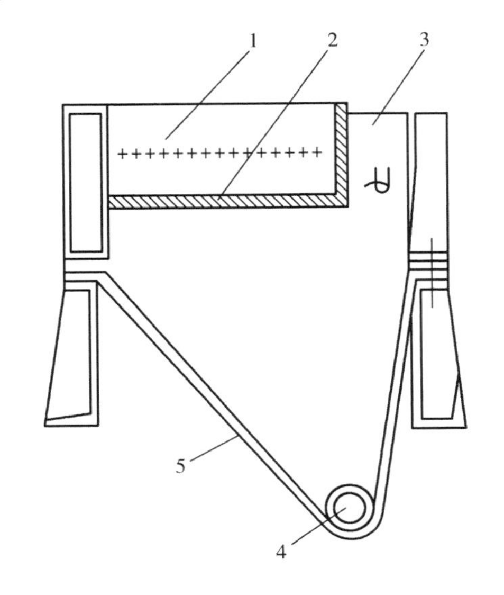

图2－10　B052－100型洗毛机的洗毛槽断面示意图
1—喷水孔　2—假底　3—边槽　4—斜底　5—排泥管

图2－10为B052－100型洗毛机的洗毛槽断面示意图。洗毛槽采用的是带边槽3的

斜底式，槽底设有可翻转的排泥管5，洗槽和边槽间用固定的网眼板（称为假底2）隔开，作用是托住羊毛不让其下沉，使泥砂杂质通过网眼落入槽底。洗毛槽采用斜底4是便于泥砂杂质向排泥管集中。由于洗槽深，水容量大，能保证假底上部洗毛槽内的水较清洁。洗毛槽尾端有一排带小孔的喷水管，清水或循环洗液由此处喷入洗槽。槽前端槽底倾斜向上，便于羊毛出槽。

图2－11为B052－100型洗毛机的曲轴式耙架示意图。其采用曲轴式，共分三组，分别位于洗槽左、中、右方。每组耙架在曲轴上相差120°，曲轴回转时，一组处于上部位置，一组处于中间位置，一组在洗槽中推动羊毛前进，三组耙架相互平衡，运转平稳。

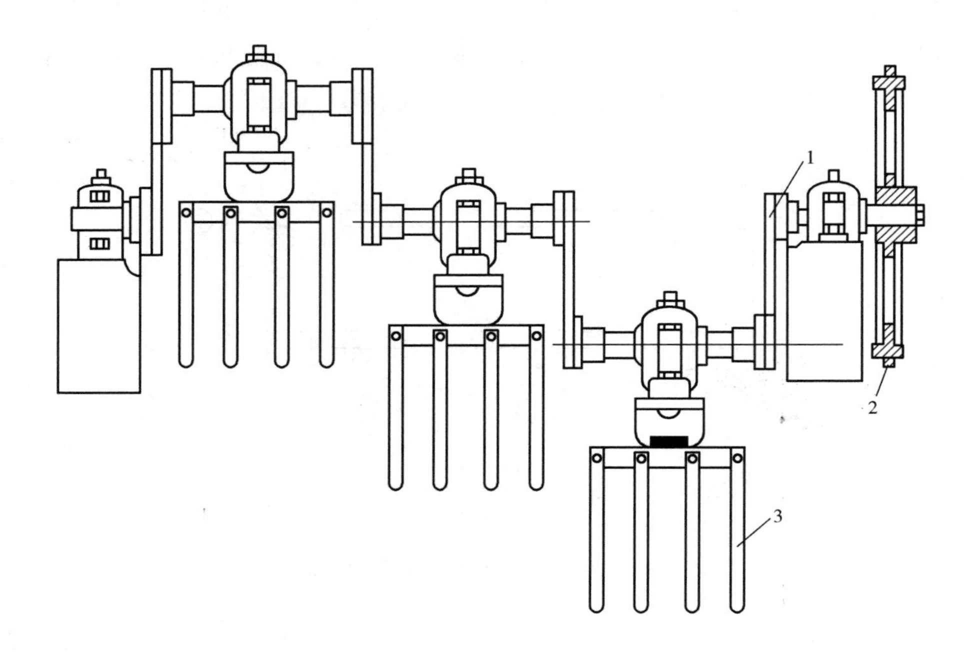

图2－11　B052－100型洗毛机的曲轴式耙架示意图

1—曲轴　2—传动链条　3—耙架

为了保持洗液的清洁、延长换水周期，B052－100型洗毛机槽底设有能自动翻转的排泥管。

图2－12为自动翻转空心管示意图。在洗毛槽底部装有两段空心管（中间用轴连接），每段空心管的上半部有两排缺口，中部装有蒸汽管，蒸汽管上有两排小孔，蒸汽通过时空心管得到清洁。在洗毛机正常运转时，空心管的缺口朝上，洗毛液的泥沙进入缺口，沉积在空心管中。当需要排泥时，依靠装在洗毛机一侧的小电动机经过减速，传动空心管转动，使缺口向下，倒出污泥。然后蒸汽管喷出蒸汽，清洁空心管。

4. R456型圆网烘干机　图2－13为R456型圆网烘干机示意图。采用吸入式圆网滚筒，借热空气烘干羊毛或其他纤维，烘毛的作用是在不损伤羊毛纤维品质的前提下，采用最快、最经济的干燥方法，使羊毛含水降低到符合生产要求的水平。

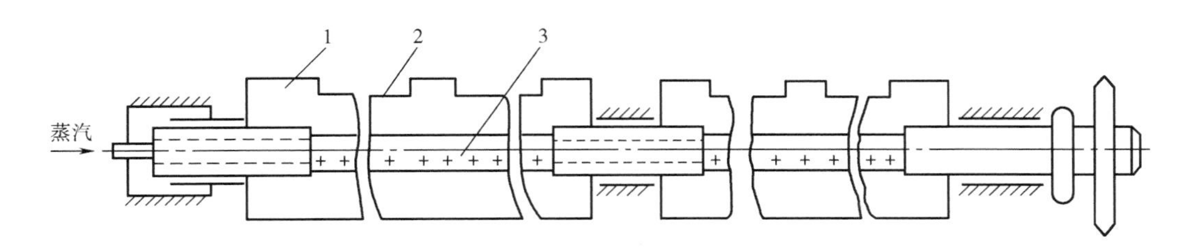

图 2－12　自动翻转空心管示意图

1—空心管　2—空心管缺口　3—蒸汽管

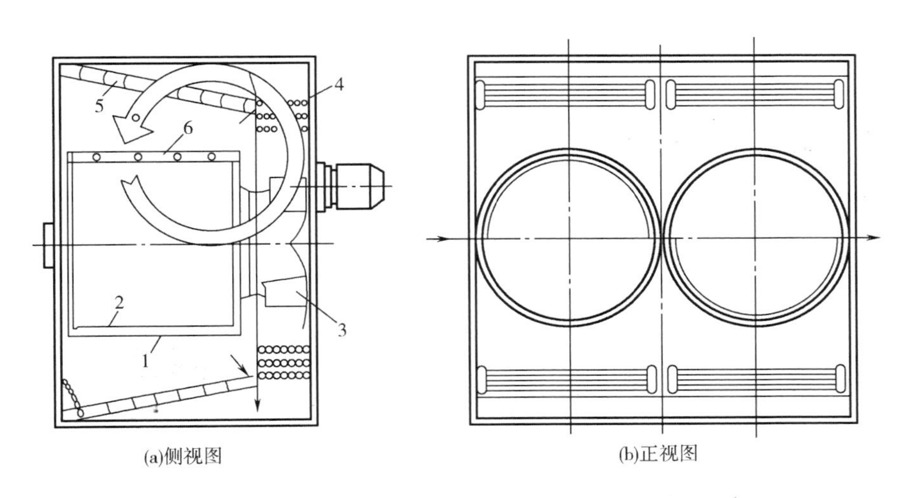

图 2－13　R456 型圆网烘干机示意图

1—圆网滚筒　2—密封板　3—风机　4—加热器　5—导流板　6—羊毛层

R456 型圆网烘干机的烘房横向分主室和侧室两个部分，用隔板隔开。主室中有圆网滚筒 1，圆网半内壁有密封板 2 和导流板 5；侧室内装有离心风机 3 和加热器 4。风机给每只圆网滚筒配备一台，共有三只圆网滚筒，其直径为 1400mm，表面密布孔径为 3mm 的小孔 44 万个，在风机 3 的压力作用下，将圆网滚筒内的潮湿空气抽出，而圆网滚筒外较干燥的热空气克服羊毛的阻力，通过圆网滚筒上的小孔进入圆网内。被抽出的空气经加热器加热后，借导流板再次吹向羊毛层 6，进入圆网滚筒内。这样反复循环使羊毛中的水分就被汽化。一小部分热空气由于排气风机的作用，向前一只圆网滚筒前进，湿度逐渐加大，最后排出机外。圆网滚筒表面有一半是非工作面，靠内壁的密封板，使热空气不能进入圆网滚筒内。相邻两只圆网滚筒的密封板上下交错配置，当羊毛随同圆网滚筒回转到密封板的部位时，将因失去吸引力而脱落，立即被反方向回转的圆网滚筒吸附过去，从而完成毛层换向的烘干过程。导流板的作用是引导热风吹向圆网滚筒表面，并使热风沿毛层宽度方向均匀分布。

四、洗毛的工艺

洗毛前需测试原毛的指标，原毛指标主要有羊毛含油脂率、羊毛脂熔点、羊毛脂乳化力

（包括油脂氧化程度）、羊毛中砂土含量及钙镁物质含量等。几种常用原毛所含油脂和土杂情况见表2－6。

表2－6　几种常用原毛所含油脂和土杂情况

原毛名称	含油脂率（%）	油脂熔点（℃）	乳化力（%）	酸值（mg/g）	碘值（%）	皂化值（mg/g）	不皂化物（%）	砂土含量（%）	
								CaO	MgO
新疆细毛	7.5～12.5	41	41.6	13.92	24.42	104.2	30.77	0.34	0.0694
内蒙古改良毛	8～10	43	41.2	16.29	21.84	102.9	30.76	0.079	0.0309
东北改良毛	6.5～13.4	34.5	23	—	24.33	91.9	36.01	0.175	0.104
澳毛	12～15	43.5	35.8	19.24	16.13	106.9	34.01	0.15	0.0704

洗净毛质量的优劣不仅会影响加工工艺能否顺利进行（如能否除尽各种妨碍纺织加工的杂质，防止纤维损伤），还会影响产品质量的好坏和原材料的消耗量（如能否节约洗涤剂和助洗剂及水、电、汽等能源）。洗毛过程中一定要保持羊毛纤维固有的弹性、强度、色泽等优良特性，使洗净毛洁白、松散、手感不腻、不糙。根据原毛的含脂、汗、土杂量及其性质制订洗毛工艺。

（一）喂毛量

喂毛量的多少根据所洗的羊毛含杂量及性质而定，一般含杂量少而易于洗涤的及细度粗的羊毛喂毛量可大些，而含杂量多又难于洗涤的及细度细的羊毛喂毛量少些。在其他条件不变的情况下喂毛量少些，可使洗涤更充分些，但是喂毛量又和生产率密切相关，喂毛量过小，机器的生产率也低。

（二）开毛锡林转速

开毛锡林的速度、隔距、锡林上角钉形状、密度及植列方式等，均直接影响到开松效果。锡林转速愈高，打击羊毛和分离杂质的作用愈强，但也愈易损伤纤维，锡林转速也是随开松逐步深入而加大的，开松过程中要尽可能地减少纤维损伤。

（三）洗毛机的槽数与作用

常用耙式洗毛机有4～5槽。在洗毛中，一般细羊毛含脂及土杂较粗毛多，容易毡缩，可选用五槽洗毛机（一般第一槽可用作浸渍槽，第二、第三槽为洗涤槽，最后两槽为漂洗槽），作用较缓和，去除土杂也充分。而含脂及土杂少的粗毛则选用四槽洗毛机（一般，第一槽可用作浸渍槽，第二、第三槽为洗涤槽，第四槽为漂洗槽）。

浸渍槽主要是用清水润湿羊毛与杂质，洗除羊汗、大量砂土杂质及部分能与羊汗作用而除去的油脂。在该槽水中不加任何洗涤剂与助洗剂，仅将槽水升至一定温度即可。在加工含土杂多的羊毛时，浸渍槽尤为重要，它除去土杂的作用发挥的越充分，越能减轻洗涤槽的负担，能节约洗涤剂与助洗剂，提高洗净毛的质量。而对含土杂少，含油脂多的羊毛可以不采用浸渍槽，原毛可直接喂入洗涤槽，以提高除杂效果。

洗涤槽是去除油脂及与油脂黏附在一起的细小土杂的承担槽，不仅要求槽液有一定的温度，而且在槽液中要加洗涤剂和助洗剂，在洗毛时一般采用两槽。考虑到生产的实际情况，在第一只洗涤槽中因为羊毛脂成分中的游离脂肪酸能和碱发生作用而除去，生成的肥皂还可参加洗涤。因此该槽可多加些碱，少加些洗涤剂。第二只洗涤槽中则多加洗涤剂而少加碱，因为进入第二槽羊毛脂中剩下的不与碱起皂化作用的物质，要依靠洗涤剂的乳化作用才能去除。经过连续两槽的洗涤后，羊毛脂含量可达到洗净毛质量标准的要求。

漂洗槽是用清水漂洗从洗涤槽中出来的羊毛，将吸附在羊毛纤维上的洗涤剂、助洗剂及黏附在羊毛上的土杂等漂洗干净。为了提高漂洗效果，最后一只漂洗槽（若选用五槽洗毛机时最后两只漂洗槽）可使用活水，而且要保持槽水一定的温度。

五槽洗毛机各槽脂杂含量限度参考数据见表2－7。

表2－7　五槽洗毛机各槽脂杂含量限度参考数据

项目	第二槽	第三槽	第四槽
油脂含量限度（%）	3	1.5	0.5
砂土含量限度（%）	1	0.4	0.2

（四）洗涤剂的种类

在挑选洗涤剂的种类时，应从洗涤能力、洗毛成本、洗净毛质量和对羊毛纤维的损伤多方面综合考虑，择优选用。由于洗涤剂的种类不同，性能不一样，使用条件和洗涤效果均不相同。如羊毛在水和碱性溶液中带有负电荷，而在酸性溶液中则带正电荷。阴离子洗涤剂在水中电离后带有负电荷，因此阴离子洗涤剂只能在中性溶液或碱性溶液中使用。阳离子洗涤剂在水中电离后带有正电荷，阳离子洗涤剂则可在中性溶液或酸性溶液中使用。非离子洗涤剂在水中不电离，在酸性、碱性或中性浴中均可使用，并可和其他离子型洗涤剂混合使用。

从经济角度来看阴离子洗涤剂最便宜，其次是非离子和阳离子洗涤剂；从洗涤效果来看非离子洗涤剂则优于阴离子洗涤剂。阳离子洗涤剂对羊毛的吸附作用大，洗涤效果不好，价格又昂贵，在实际洗毛中不采用。

（五）洗涤剂的浓度

要从洗毛质量与经济效果两方面考虑，也就是说要在保证洗毛质量的前提下尽量节约洗涤剂的耗用量。

各种洗涤剂只有达到临界胶束浓度范围时，才能充分发挥去污作用，这时洗涤液的表面张力、界面张力低、洗涤剂的乳化作用强、乳化液的稳定性好。但考虑到洗涤过程中羊毛要吸收一定数量的洗涤剂、湿羊毛中的水分要带走洗涤剂及洗液的流失因素，实际洗液中洗涤剂的初始浓度要稍高于它的临界胶束浓度值。

随着洗涤的进行，洗液中乳化和悬浮物质逐渐积累，洗涤能力则会下降，为了维持洗液的一定洗涤能力，需要在洗毛过程中不断追加洗涤剂（包括助洗剂），追加量的大小仍以维持在临界胶束浓度范围之内为好。

（六）助洗剂的种类及浓度

在洗毛实践中常用的助洗剂有纯碱（Na_2CO_3）、元明粉（Na_2SO_4）和食盐（NaCl）等。

从洗毛中的助洗效果来看，元明粉比食盐好，但食盐比元明粉便宜。洗毛时通常用纯碱作为助洗剂，洗涤效果也好，但因羊毛纤维对碱比较敏感，使用浓度不当或洗液的温度偏高时则会使纤维损伤和颜色发黄等。常用洗涤剂和助洗剂使用浓度范围及使用温度见表2－8。

表2－8　常用洗涤剂和助洗剂使用浓度范围及使用温度

洗涤剂和助洗剂种类	最佳去油浓度（%）	使用温度（℃）
洗涤剂LS Na_2SO_4	0.07～0.08 0.03	60
肥皂 Na_2CO_3	0.1～0.4 0.1～0.3	60
洗涤剂601 Na_2SO_4	0.3～0.5 0.1～0.3	50～60

（七）洗涤剂和助洗剂的追加

洗槽换水后开始加入的洗涤剂和助洗剂称为初加料。在洗涤过程中为了弥补损失而继续加入的洗涤剂和助洗剂称为追加料。

追加的方法可分为间歇追加法（等分追加法）和连续追加法。间歇追加法（等分追加法）是按一定的时间，或按一定的喂毛量，或按一定的产量等量追加洗涤剂和助洗剂。追加时可在初洗槽（第一洗涤槽）中加碱或盐，在续洗槽（第二洗涤槽）中加皂或洗涤剂，也可以在两只洗涤槽中同时追加洗涤剂和助洗剂，视洗涤质量而定，后一种追加方法好些。

连续追加法按洗毛工艺确定的追加料总量，事先溶解在置于辅槽上方的加料箱内，按实际需要加完总量，在洗毛开始一定时间后（通常在投毛洗涤后1h）打开加料箱的阀门，控制好流量，在规定时间内（通常至换水前1h）将溶有洗涤剂和助洗剂的溶液加完。用连续追加的方法效果较好，洗净毛的含脂率比较稳定。图2－14为两种不同追加方法的效果图。

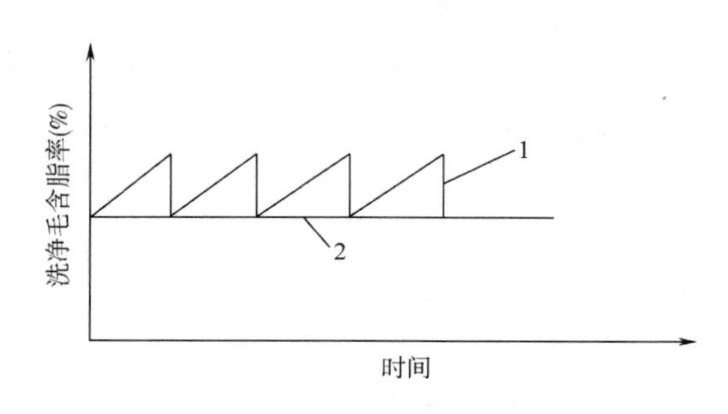

图2－14　两种不同追加方法的效果图
1—间隙追加　2—连续追加

（八）槽水温度的选用

槽水温度是洗毛工艺的重要因素之一，温度高低不仅影响杂质的去除、洗净毛的质量，还影响纤维的损伤和能源的消耗量。

提高槽水温度可以促使羊毛脂的迅速熔融，减少油污杂质与羊毛纤维的黏附力，有利于油污杂质从羊毛纤维上洗除。提高槽水温度可以降低洗液的表面张力及洗液与其他物质的界面张力，促使羊毛与杂质迅速润湿和向其内部渗透，可以加速杂质尽快地吸水溶胀和与羊毛纤维的分离。提高槽水温度可以加速洗涤剂的溶解，增强分子的热运动，有利于洗涤剂与助洗剂在槽水中扩散均匀，促使洗涤剂更好的发挥洗涤作用，提高洗涤效果和净毛质量。提高槽水温度可以加速化学反应的进行，是游离脂肪酸尽快和纯碱起皂化反应而生成肥皂，进而参与洗涤，加快油脂杂质的去除。适宜的槽水温度有利于羊毛的漂洗，使洗净毛具有一定的松散程度。

温度和羊毛纤维的化学损伤程度有着密切的关系，尤其是在碱性条件下更为显著。温度越高，洗涤中的羊毛化学损伤也越严重，纤维粘并越厉害，同时能耗大，车间温度也高，劳动保护条件差。

从除杂效果来看，温度稍高些有利，一般将羊毛脂的熔点作为确定洗毛槽水温度的参考依据，在碱性洗毛时槽水温度应稍高于羊毛脂的熔点，通常在50℃左右，若采用中性合成洗涤剂洗毛时（使用中性助洗剂），槽水温度可以略高些。在确定槽水温度时，还应考虑羊毛本身的情况，洗粗支羊毛时槽水温度可以高些，洗细支羊毛时槽水温度可以低些。对洗毛槽水温度的选用，通常有两种方法，一是高温洗毛（洗涤槽温度不超过60℃），另一是常温洗毛（洗涤槽温度在52℃左右）。

各槽温度一般是前几槽槽水温度渐升，而后几槽槽水温度渐降。这是因为浸渍槽内不加任何洗涤剂和助洗剂，温度过高时羊毛脂过于熔融而又不能去除，进入轧水辊时，由于油脂过多而产生打滑现象，轧水辊无法加压，轧水效果不良。同时温度高了以后羊毛鳞片张开，轧水时会将油脂、泥土压入鳞片间隙，反而造成以后洗涤的困难。洗涤槽槽水保持一定的温度则有利于杂质的去除。漂洗槽槽水保持适当的温度（比洗涤槽略低）可将洗涤槽中出来的羊毛漂洗干净，并保持一定的松散程度，若温度过低则会引起羊毛脂的凝固，难以漂洗干净，洗净毛含脂含杂偏高。洗毛时，适当提高第一槽槽水温度对洗涤含土杂多的羊毛极为有利，温度愈高，去除脂杂的效果愈好。

（九）洗涤时间

洗涤时间的长短与洗毛槽数、槽水温度及洗涤剂的浓度有关，洗涤时间的长短影响洗毛机的产量和质量。一般五槽洗毛机总的洗毛时间约为12min（从原毛喂入至洗净毛出机进烘房所需时间）；四槽洗毛机总的洗毛时间为8～12min，这样羊毛通过每一只洗槽所需的时间为2.5～3min。

（十）轧水辊压力

一般说来，从第一对轧水辊到最后一对轧水辊的压力是逐渐增加的。这是因为当第一只洗毛槽作浸渍槽使用时，在洗涤含油脂率较高的细支羊毛时，由于槽液温度较高，羊毛脂已熔融，若第一槽后轧水辊压力过大，羊毛会在轧水辊入口处打滑，进不了上、下轧水辊之间，因此往往将轧水辊的压力调至最小值。

（十一）烘干温度

烘干温度愈高，相对湿度愈低，则干燥速率愈高。但介质温度过高，对羊毛品质有影响。烘毛时，如羊毛湿度较大，可采用稍低的温度，一般为70～80℃；随着羊毛逐步干燥，可采用稍高的温度，一般为90～100℃，但不能太高，避免损伤羊毛品质。

五、洗毛的质量要求

（一）洗净毛的质量指标

洗净毛的质量指标有含土杂率、含毡并率、沥青点、洁白松散度、含油率、回潮率、含残碱率及含草杂率，见表2－9。

表2－9 洗净毛的质量指标

羊毛品种	国产细羊毛及改良毛				国产土种毛		外毛	
	支数毛		级数毛		二三级	四五级	16.7tex以下（60支以上）	17.2tex以上（58支以下）
等级	1	2	1	2	—	—	—	—
含土杂率（%）	≤3	≤4	≤3	≤4	≤4	≤6	≤0.6	≤0.6
含毡并率（%）	≤2	≤3	≤3	≤5	≤3	≤4	≤1	≤1
沥青点	不允许		不允许		—		—	
洁白松散度	比照标样							
含油率（%） 标准	1		1		1	1	0.8	0.8
含油率（%） 允许范围 精纺	0.4～1.0		0.4～1.0		0.4～1.5	0.4～1.5	0.4～1.2	0.4～1.2
含油率（%） 允许范围 粗纺	0.5～1.5		0.5～1.5					
回潮率（%） 标准	15		15		15	15	16	16
回潮率（%） 允许范围	10～18		10～18		8～15	8～15	9～16	9～16
含残碱率（%）	≤0.6		≤0.6		≤0.6	≤0.6	≤0.6	≤0.6
含草杂率（%）	—		—		≤1.5	≤2	≤0.7	≤0.5

（二）影响洗净毛质量的因素

影响洗净毛质量的因素主要有以下几种。

（1）洗净毛中含杂过多。由于原毛中含杂过多、开松不良、喂毛量偏大、洗涤剂浓度偏低、液温过低、槽液太脏等因素造成的。

（2）洗净毛中含脂过高。由于洗涤剂和助洗剂初加浓度不足、追加量不足、追加不及时、轧水辊轧水效率低、槽液温度过低、辅槽滤板上积毛时间过长等因素造成的。

（3）洗净毛手感粗糙。由于在碱性洗毛使用碱量偏多、槽液温度偏高、烘房温度太高等因素造成的。

（4）洗净毛毡并。由于槽液温度过高、洗毛耙齿不良或安装位置偏低造成羊毛与槽底摩擦、羊毛在喂毛箱及烘毛过程中翻滚过度、羊毛洗涤时间过长、轧水辊压力过大、保速装置失灵等因素造成的。

（5）形成污块毛。由于洗毛耙齿安装位置过高使槽底羊毛积聚过多，长时间在洗槽底部出不去，造成羊毛再沾污，并与槽底摩擦产生毡缩等因素造成的。

（6）洗净毛回潮率过高。由于毛层不松散、轧水辊压力不够、烘前羊毛含水过高、烘毛帘上毛层过厚、烘毛机内空气含湿量过高、风力不足、烘房内温度偏低等因素造成的。

第三节 炭化

一、炭化的目的

在羊毛中常常黏附着各种杂质，其数量和品种随产地与饲养方法的不同而不同。由于草杂种类的不同，它与羊毛联系状态也有区别，有的易于分离，经开毛、洗毛等加工之后，基本上可以去除；有的与羊毛紧密纠结在一起，不但开毛不能将它去除，就是梳毛时也不能除尽，这些与羊毛紧密黏结的草杂，大部分是带钩刺的草叶、草籽及麻丝。

炭化的目的是用化学方法在梳毛工序以前尽可能地将植物性杂质去除。炭化去草的优点是去草比较彻底，缺点是如工艺不当易伤纤维。

按炭化的对象不同进行分类，分为散毛炭化、毛条炭化、匹炭化、碎呢炭化。散毛炭化在粗梳毛纺中采用。毛条炭化在精梳毛纺中采用，常在毛条制造中进行。匹炭化用于织物炭化，但有一定的局限性，不适用于羊毛与纤维素的混纺和交织产品，不适用于浅色产品。碎呢炭化主要是在再生毛制造过程中去除羊毛和纤维素纤维混纺产品中的非羊毛纤维。

可用做炭化剂的化学药剂的品种很多，如硫酸（H_2SO_4）、盐酸（HCl）、三氯化铝（$AlCl_3$）、氯化镁（$MgCl_2$）、硫酸氢钠（$NaHSO_4$）等，但经常使用的是硫酸。按炭化剂使用的状态进行分类可分为湿炭化和干炭化。湿炭化是在硫酸的水溶液中进行的，湿炭化时也可以在硫酸溶液中加入一些炭化助剂，它是一种表面活性剂，可以促使草杂的破坏及保护羊毛纤维少受损伤。干炭化是盐酸加热产生氯化氢气体对羊毛、布匹及碎呢片进行炭化处理。

二、炭化的原理

炭化的原理是利用羊毛较耐酸而植物性杂质不耐酸的特点，将含草净毛在酸液中通过，然后经烘干和烘焙，草杂变为易碎的炭质，再经机械搓压打击，利用风力与羊毛分离。

（一）酸对植物性杂质的作用

植物性杂质就其本质来说是纤维素物质，纤维素是高分子化合物，其化学分子式为$(C_6H_{10}O_5)_n$。

炭化药剂种类很多，如硫酸、盐酸、三氯化铝、氯化镁、硫酸氢钠等，但就其使用效果来讲，用硫酸最好，而且一般都用稀硫酸。

稀硫酸经高温烘焙后水分蒸发、酸液变浓，可使植物性杂质大分子的甙键断裂，最终可以将植物性杂质脱水成炭，反应式为：

$$(C_6H_{10}O_5)_n \xrightarrow[-5nH_2O]{H_2SO_4} n \cdot 6C$$

实际上，炭化后草杂并非全都变成炭质，其中一部分草杂虽未完全炭化，经烘烤后变成易碎的物质，它们在机械作用下易于除掉。

（二）酸对羊毛的作用

羊毛蛋白质的结构要比纤维素复杂得多，因此酸对羊毛纤维的作用也比对纤维素复杂。在羊毛大分子侧链上存在酸性基与碱性基，多缩氨基酸中也有氨基和羧基，所以它既能和酸发生作用，又能和碱发生作用，羊毛是两性化合物。羊毛蛋白质中的酸性电离度比碱性的大，当向溶液中加入 H^+ 时，可抑制酸性基团的电离，在等电点区域内 H^+ 和 OH^- 离子都能被羊毛吸收，但不会损伤纤维。

当 pH <4 时，羊毛纤维开始从溶液中吸收 H^+ 离子，并和氨基结合，此时即使在低温条件下，也会破坏羊毛纤维，盐式键断裂增加，pH 继续降低，破坏作用越加显著。

当 pH =1 时，羊毛结合酸达到饱和，此时羊毛纤维中所含的酸量称为饱和吸酸量。酸与羊毛蛋白质中的氨基作用，从而破坏盐式键的结合，这一反应是可逆的。当羊毛纤维经水洗或中和以后，这一部分酸可以除掉，且不损伤羊毛纤维，所以饱和吸酸值是羊毛炭化加工中决定工艺条件的主要参考数据。

（三）炭化助剂

在羊毛炭化中加入炭化助剂可以保护纤维减少损伤，提高炭化效果。炭化助剂可以促进羊毛快速、均匀地被润湿，特别是使植物性杂质更好地润湿和渗透。还可以降低溶液的表面张力，提高轧水辊轧除酸水的效率，降低羊毛含酸水率。

由于炭化时采用的是酸类，所以炭化助剂必须对酸有高度的稳定性，尤其是在高温烘焙阶段不被酸类所分解。带有黄酸基的阴离子型表面活性剂，大多数非离子型和阳离子型表面活性剂都可作炭化用剂。

三、炭化的设备

散毛炭化常用的设备为 LBC061 型散毛炭化联合机。图 2 -15 为 LBC061 型散毛炭化联合机工作过程示意图。

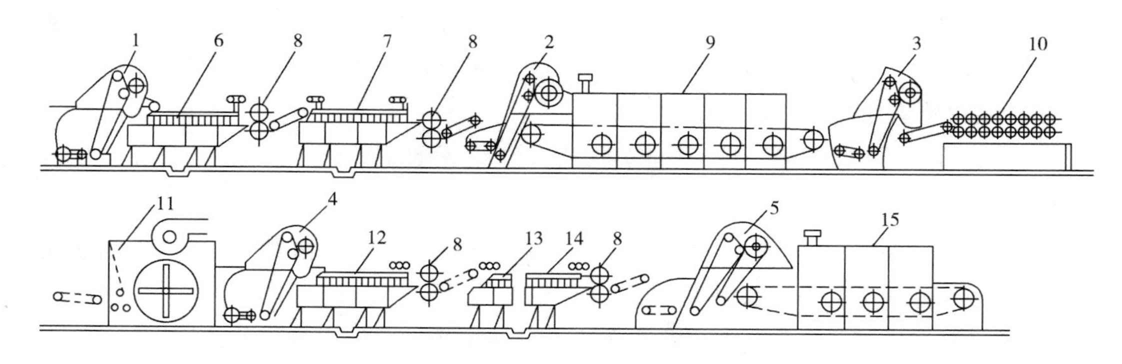

图 2 -15　LBC061 型散毛炭化联合机工作过程示意图

1、2、3、4、5—第一、二、三、四、五喂毛机　6、7—第一、二浸酸槽　8—轧辊　9—烘干焙烘机　10—压炭机　11—打炭机　12、13、14—第一、二、三中和槽　15—烘干机散毛炭化用硫酸作为炭化剂，让含草散毛在硫酸液中通过，再经烘干焙烘、炭化、除炭、中和、烘干等工序得到炭化散毛。

四、炭化的工艺

（一）浸酸

这是炭化的第一道工序，也是关键的工序，它是影响草杂炭化效果和羊毛纤维损伤的潜在因素，要求草杂尽量吸足酸、羊毛纤维尽量少吸酸。经酸处理后，羊毛纤维所含的酸包括表面附着酸和内部官能团结合酸两部分，而草杂一般不与酸产生化学结合，因此其含酸量主要为表面附着酸。

羊毛和草杂的这种含酸形式与其吸酸率大小有关，只要当物体的表面被润湿后，附着酸也就达到一定的数值，即使浸酸的时间再增加，附着酸量也不会有多大的改变，而化学结合酸则有一个作用过程，羊毛表面附着酸停留时间长了以后可以部分的转化为结合酸，这对减少羊毛含有的附着酸量和防止纤维损伤有一定的意义。影响羊毛和草杂吸酸程度的因素有以下几种。

1. 草杂类型　不同草杂的吸酸速率与吸酸量见表 2－10。

表 2－10　不同草杂的吸酸速率与吸酸量

草杂类型	浸酸时间（min）		
	3	5	10
松草团	4.02%	—	4.02%
螺丝草	2.52%	2.94%	3.19%
硬果壳	0.78%	0.83%	0.83%
麦壳草	2.11%	—	2.21%
64 支羊毛	5.64%	5.66%	6.05%

2. 酸液温度　酸液温度增加，羊毛的吸酸量增加，草杂的吸酸量基本不变，浸酸温度以室温为宜。

3. 酸液浓度　随着酸液的浓度增加，羊毛、草的吸酸量也都增加。

4. 浸酸时间　浸酸时间增加，羊毛的吸酸量逐渐增加，草杂的变化不大，很快达到饱和的程度，草杂一般 3min 左右吸足酸量，浸酸时间一般取 3～4min。

5. 炭化助剂　在酸液中加入炭化助剂以后，可以加快羊毛纤维和软草籽的吸酸速度。草杂吸酸速度快和吸酸量的增加对其炭化是有利的。而羊毛吸酸加快及含酸量增多会对纤维产生一定的损伤，但由于表面活性剂的存在，酸水的表面张力减小，轧酸时去除的酸水也增大，所以不会造成羊毛纤维的过大损伤。

在炭化设备中往往采用两只浸渍槽，第一只浸渍槽只加水（或加炭化助剂）以润湿羊毛；第二只浸渍槽才加入一定浓度的硫酸。

（二）脱酸

从浸酸槽中出来的羊毛含酸率太高，若直接烘干不仅会增加烘干机的工作负担，使羊毛烘不干，草杂不脆化，而且会严重损伤羊毛纤维，因此在进入烘干机之前，要尽量去除羊毛中过多的酸水量。

（三）烘干与焙烘

羊毛经脱酸后应立即进行炭化烘干，因为带酸的湿羊毛更易受到损伤。含酸的湿羊毛不能立即进行高温焙烘，由于水分的汽化是在表面上进行的，内部水分要向外渗出，借助于纤维间的毛细管作用，酸液也由内部通过此向外渗出，在羊毛表面积累，局部浓度过高，经高温烘烤，纤维被溶解，颜色发紫，强力损伤。所以在焙烘前先低温烘干，再进行高温焙烘。

（四）压炭与除炭

经高温焙烘后羊毛中草杂已变焦脆，应立即压碎和除去，否则草杂吸湿之后要恢复韧性，不易压碎，达不到除去草杂的目的。

1. 压炭 LB061 型联合炭化机的压炭机主要由 12 对沟槽罗拉组成；压力由压辊自重及弹簧加压产生。为了提高压炭效果，压辊工艺采取以下措施。

（1）压辊的速度逐渐增加，以使其间的毛层逐渐减薄，充分压碎草杂。

（2）压辊的加压逐渐增加，其压力大小通过调节加压杆的高度来实现，螺杆高度愈小，所加压力愈大。

（3）上下压辊表面线速度不一致，上压辊表面线速度慢，下压辊表面线速度快，以便将通过其间的草杂搓碎。

（4）各对压辊之间的隔距逐渐减小，以适应毛层逐渐减薄的趋向，确保压炭效果。隔距的大小要掌握恰当，过小会造成羊毛损伤严重。

2. 除炭 除杂是在螺旋除杂机上进行的，除杂机是由打手及其外的网状尘格组成，在使用过程中应防止网眼堵塞，影响除杂效果。气流与除杂的关系极大，为了有效地排除杂质，排尘风机宜保持一定的风量。

（五）中和

经除杂之后的羊毛含有一定量的硫酸，不设法及时去除，在氧气和日光的催化作用下，羊毛纤维会逐渐分解，强力下降，毛色发黄。含酸羊毛也不利于加工，还会腐蚀加工机件。中和除去羊毛中的硫酸的同时还可使羊毛的强力得以部分恢复。中和工序由洗酸、中和、洗碱三部分组成。

1. 洗酸（中和第一槽） 中和反应是放热反应，放热量过大会导致羊毛纤维的损伤，因此在中和之前，首先得用清水进行漂洗，约可去除羊毛含酸量的二分之一左右，这样既可防止中和产生过多的热量，又可以节约纯碱的耗用量，降低生产成本。

2. 中和（中和第二槽） 通常使用的中和剂是纯碱 Na_2CO_3，其用量取决于羊毛的含酸量。一般碱浓度为 0.1%（此时 pH 为 11 左右），为了维持工作液一定的中和能力，还需向中和槽中按时适量追加纯碱。纯碱与硫酸的作用的分两步进行：

$$2Na_2CO_3 + H_2SO_4 \longrightarrow 2NaHCO_3 + Na_2SO_4$$

$$2NaHCO_3 + H_2SO_4 \longrightarrow Na_2SO_4 + 2H_2CO_3$$

含酸羊毛进入中和槽遇到纯碱时，第一个反应很快发生，而反应中的生成物碳酸氢钠逐渐积累（溶液的 pH 降至 8 左右），第二个反应则逐渐增加，碳酸的生成量也逐渐增多。这时继续追加纯碱，将发生下列反应：

$$Na_2CO_3 + H_2CO_3 \longrightarrow 2NaHCO_3$$

由于硫酸和纯碱在中和槽中继续作用，工作液中碳酸氢钠逐渐积累，碳酸钠和碳酸氢钠混合液组成缓冲液，维持工作液的一定 pH 不变，即使在其中加入一些碱或加入一些酸，其混合液的 pH 均不会发生大的变化。混合液的浓度越高，缓冲的持续能力越强，不必过多地追加纯碱。中和槽中的工作液继续使用，仍有中和硫酸的能力，定时检查槽液的酸碱度，适量追加纯碱即可。中和时纯碱的耗用量为羊毛重量的 3.5% 左右。

对于一些细支羊毛因吸酸量较多，在中和槽内浸渍时间较短，中和作用不充分，仍可在第三槽中加氨水进行中和。氨水的扩散力极强，它能进入毛块的内部，减少羊毛中的结合酸量。氨水用量约为羊毛重量的 1%。

3. 洗碱　用清水漂洗，以除去其上剩余的碱液和盐类。羊毛中含碱会造成纤维的损伤，沾盐会影响手感，pH 最好维持在 6～7。处理后含酸量在 1% 以下，微量酸的存在不会对纤维带来较大的影响。

（六）烘干

及时烘干中和后的湿羊毛。炭化烘干机的产量比洗毛机要低，所以炭化烘干的时间要短（约 4min），温度较低，蒸汽压力为 11.77～14.7Pa 就可以达到干燥的目的。

五、炭化的质量要求

（一）炭化羊毛的质量指标

炭化羊毛要求手感蓬松、有弹性、强力损失小、毛质清洁有光泽、颜色洁白不泛黄。炭化羊毛的质量指标有含草杂率、含酸率、发并率、回潮率，见表 2－11。

表 2－11　炭化羊毛的质量指标

炭化毛类型	含草率（%）	含酸率（%）		回潮率（%）		结块发并率（%）	含油脂率（%）
		等级	标准	标准	范围		
16.7tex 以下（60 支以上）细支外毛	0.05	1	0.3～0.6	16	8～16	3	—
17.2tex 以上（58 支以下）粗支外毛	0.04	1	0.3～0.6	16	9～16	3	—
1～2 级国毛（包括支数毛）	0.07	1	0.3～0.6	15	8～15	3	—
3～5 级国毛	0.05	1	0.3～0.6	15	8～15	3	—
16.7tex 以下（60 支以上）精梳短毛	0.15	1	0.3～0.6	16	9～16	—	0.4～1.2
17.2tex 以上（58 支以下）精梳短毛	0.10	1	0.3～0.6	16	9～16	—	0.4～1.2
1～2 级国毛短毛（包括支数毛）	0.20	1	0.3～0.6	15	8～15	—	0.4～1.2
3～4 级国毛短毛	0.10	1	0.3～0.6	15	8～15	—	0.4～1.2

（二）影响炭化羊毛质量的因素

影响炭化羊毛质量的因素主要有以下几种。

（1）草屑过多。由焙烘后草杂炭化不良、炭化前开松不良、硫酸浓度偏低、羊毛在酸液中浸渍不透、烘焙不足、压炭除炭不良、皮辊压力不足、除尘不良等因素造成的。

（2）含酸过多。由洗酸不良、碱浓度不足、中和氨水浓度不足、羊毛在中和槽内浸渍不足等因素造成的。

（3）羊毛毡并、结条过多。由炭化前开松不良、轧酸后羊毛在烘房喂毛机内翻滚过度、除尘机尘笼中羊毛过多、除尘机尘笼角钉插入过深、造成挂毛等因素造成的。

（4）烘后羊毛回潮率不当。由烘干温度不当、轧辊效果不良等因素造成的。

习题

1. 解释下列概念。

套毛、支数毛、级数毛。

2. 简述羊毛初步包括哪些工序？简述各工序的目的。

3. 评价原毛所含油脂和土杂情况的指标有哪些？

4. 洗毛工艺参数包括哪些？各工艺参数如何选择？

5. LB023 型洗毛联合机包括哪些设备？简述 R456 型圆网烘干机的工作原理。

6. 洗净毛的质量指标主要有哪些？

7. 影响洗净毛质量的因素主要有哪些？

8. 散毛炭化的工艺过程包括哪些工序？简述各工序的目的。

9. 炭化羊毛的质量指标主要有哪些？

10. 影响洗净毛质量的因素主要有哪些？

第三章 精纺毛条制造

本章知识点

1. 梳条配毛的目的、工艺原则。
2. 和毛加油的目的、设备、工艺及质量要求。
3. 精纺梳毛的目的、设备、工艺及质量要求。
4. 针梳的目的、设备、工艺及质量要求。
5. 复洗的目的、设备、工艺。
6. 精梳的目的、设备、工艺及质量要求。

精梳毛纺产品的种类较多，根据不同产品的要求，使用不同种类的精梳毛条作为原料，精梳毛条一般分为纯毛条、化纤条和混梳条三大类，化纤条常有涤纶条、腈纶条、粘胶纤维条、粘涤条和粘锦条等，混梳条常有毛涤混梳条、毛涤粘三合一混梳条和毛粘锦三合一混梳条等。

如果采用化纤长丝束作原料进行制条，那么制条方法采用化纤直接制条法，即将长丝束按一定的长度范围切断或拉断，保持纤维的整齐排列，形成短纤维条子。

精纺毛条制造包括梳条配毛、和毛加油、精纺梳毛、针梳、复洗、精梳等工序。毛条的品质同纺纱工艺有直接的关系，应按照毛条质量标准的要求，控制毛条的品质，利于提高精梳毛纱的质量。

第一节 梳条配毛及和毛加油

在精梳毛纺工程中，原料的搭配有两种方式，一种是散毛搭配，即梳条配毛；另一种是毛条搭配，也称混条。

一、梳条配毛

（一）梳条配毛的目的

1. 稳定毛条质量 各批原料在数量和品质上有差异，如采用单一原料制条，会使同一品种中各批毛条质量不稳定，或者由于批量小而使翻批频繁，将不同品种的毛条进行合理搭配，可使原料品质保持稳定，扩大批量，减少翻批，提高效率，保证毛条质量的稳定。

2. 合理使用原料 使用单一原料，不一定能达到毛条质量的各项要求，按取长补短的原则，对各批原料进行选择搭配。

3. 降低生产成本 在保证毛条质量的前提下，合理搭配一些质量较次的原料，可充分利用原料，降低生产成本。

（二）梳条配毛的工艺原则

在配毛工艺设计中选择一批原料或两批品质相近的原料作为主体毛，再选择能弥补、改善和提高混合品质的其他纤维作为配合毛，这种方法叫主体配毛法。主体毛的选择一般以长度和细度作为主要条件。

1. 细度 梳条配毛时，细度的选择应注意以下问题。

（1）一般主体毛要占总搭配混料的70%以上，配合毛与主体毛的平均细度不宜相差过大，一般应控制在2μm以内。

（2）在后道加工过程中由于精梳落毛的去除会造成成品毛条变粗，散毛搭配后的平均细度应比成品毛条平均细度细0.5μm左右。

2. 长度 梳条配毛时，长度的选择应注意以下问题。

（1）毛丛长度超过95mm的细支毛不宜作为主体毛，过短的羊毛不能作为主体毛。当两种羊毛合并作为主体毛时，长度和细度应接近。

（2）配合毛选择毛丛较长的原料，并可掺用少量较短的毛，但总量不应超过30%。

（3）主体毛与配合毛之间的毛丛长度差异一般不超过20mm。对于质量差异不大、毛丛平均长度相差10mm以内的羊毛，可以不分主体毛和配合毛。

（4）经梳条后毛条的纤维平均长度有所增加，国产细支毛一般增加6～12mm。

3. 化学纤维的选用 制条中化学纤维的品种、混纺比例、细度及长度的选择是根据产品决定的。用于织制精纺织物选用较低特（旦）数的纤维，如选3.33dtex（3旦）、4.44dtex（4旦），长度选用76～102mm；用于制作精纺绒线可选用较高的特（旦）数，如细度选6.66dtex（6旦），长度选用113mm左右。

毛纺常用的化学短纤维的长度分布要求接近羊毛的长度分布，应选用几种长度或有一定长度分布的化学短纤维，细度的选用也不宜单一。但与羊毛混纺时，则可选用单一的长度和单一的细度，一般细度可比羊毛细2～3μm，长度可比羊毛平均长度长10～25mm。在使用化学纤维配毛时，应注意以下几个问题。

（1）同一种化学纤维，由于来源不同，性能可能有差异，在同一批毛条中，不要使用两个生产厂的化纤。

（2）化纤的性能因型号、批号、油剂变化可能有所不同，应注意了解化纤厂的原料和工艺有无变动，以便及时采取相应措施。

（3）化纤的有光与无光，定型与未定型等因素对成纱质量有影响，选配时要分开使用。

（4）使用有色化纤时应注意色差，以免在同一批成品毛条中造成色差。

（5）注意化纤的强力及疵点含量等。

4. 配毛中其他注意事项 配毛中其他注意事项主要有以下几点。

（1）原料性能差异较大的一般不宜拼用。

（2）成条后毛条中粗腔毛的含量虽有所减少，但配毛设计时仍按毛条品质要求加以选择，为了保持成条纤维长度均匀，应注意控制弱节毛的含量。

（3）配毛设计中使用草刺毛的数量，应根据设备的除草能力及草刺类型适当掌握。

（4）各组分原料的色泽、手感以较接近为宜，并要按成品毛条的用途分为染浅色用与染中深色用两大类进行配毛设计。

（5）半细毛支数低，强力高，因此在配毛设计时，其平均毛丛长度可不限于95mm，但要注意控制疵点毛（如弱节毛、粗腔毛及草杂等）的含量。

二、和毛加油

（一）和毛加油的目的

和毛是通过和毛机对混料进行开松，进一步清除部分杂质，并将所选配的原料充分地混合在一起。

羊毛纤维在后道加工中要经受反复梳理和牵伸，既要克服自身间的摩擦力，还要承受其他机件施加的摩擦力、压力、张力等。为了减少纤维损伤，在混料中加入一定量的和毛油，减少摩擦，使纤维具有较好的柔韧性，在受力时不易产生静电，减少飞毛，防止毛网破裂，降低断头率，提高制成率和毛纱质量。

和毛加油时应注意以下几点。

（1）为了减少纤维损伤，和毛机应采用较小的锡林速度，适当放大隔距，减少工作辊数。

（2）和毛机的喂毛要定时定量，混料要均匀地铺放在喂毛帘上，尽量使下机混料成分均匀一致。

（3）加油设备油压要稳定，油应呈雾状喷出，以保证混料加油均匀。

（4）加油量及加油后的回潮率必须根据原料不同和车间温湿度的变化严格掌握，以保证梳理工作顺利进行。

（二）和毛加油的设备

1. 和毛机 和毛机是和毛系统中对原料进行开松、混合并伴有除杂作用的设备，图3－1所示为B262型和毛机的工作原理示意图。

（1）和毛机的工作过程。和毛机主要由喂入部分、开松部分及输出部分组成。图3－1为B262型和毛机工作过程示意图。

①喂入部分。包括喂毛帘1、喂毛罗拉2和压毛辊3。可以在喂毛帘前安装自动喂毛机。原料由人工或自动喂毛机均匀铺放在喂毛帘上，随着喂毛帘的移动，原料被送入一对装有倾斜角钉的喂毛罗拉。

②开松部分。包括一个大锡林4、三个工作辊5和三个剥毛辊6。这些部件上都装有鸡嘴形角钉。大锡林抓取并携带喂毛罗拉喂入的原料，与工作辊、剥毛辊进行开松、混和。

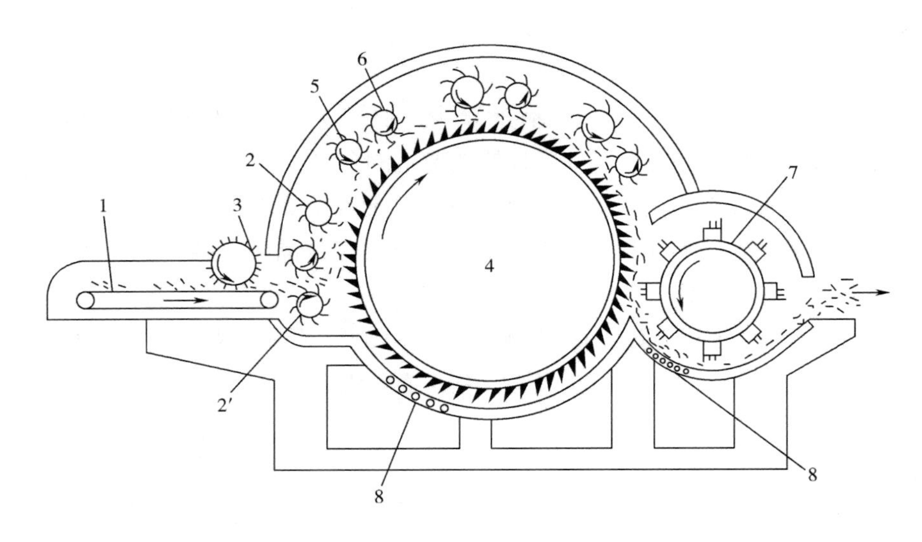

图 3－1　B262 型和毛机的工作原理示意图

1—喂毛帘　2、2′—喂毛罗拉　3—压毛辊　4—锡林　5—工作辊　6—剥毛辊　7—道夫　8—漏底

③输出部分。道夫 7 是输出部分的主要部件，其表面均匀分布、安装有八根木条，其中四根木条上装有交错排列的两排角钉，另外四根木条上装有一排角钉和一排皮条。道夫将开松后的原料输出机外。

（2）和毛机的工作分析。

①喂入机构。其主要作用是定时定量均匀地喂入原料，喂毛罗拉对原料有握持、撕扯作用，压毛辊对原料有一定的平整、压实作用。

②开松机构。大锡林回转速度为喂毛罗拉速度的 100 倍左右，用角钉将喂毛罗拉握持的原料撕开、扯松。撕扯力和打击力比较强烈，为防止损伤纤维，应合理选择隔距和速比。

锡林与工作辊之间发生的是钉齿握持状态下的扯松作用。工作辊针齿方向与其转向相反，当锡林钉齿携带的纤维团遇到低速回转的工作辊时，锡林与工作辊互相交叉的角钉对纤维进行撕扯和分配。每次分配中，工作辊抓取的纤维随辊转过 1/4 转后，即被剥毛辊剥下，转交给锡林，与后续的纤维汇合，进行下一步的处理。经过如此三次的循环撕扯和分配转移，原料不仅得到有效开松，而且还得到一定程度的混和。

③输出机构。道夫角钉略插入锡林针隙，便于抓取和分离锡林上的纤维束。由于道夫速度较高，间隔排列的四块皮条起到击打和刮取纤维的作用，还利用其产生的较大气流，将开松后的纤维输出机外。

2. 加油装置　为了均匀加油，一般加油装置均采用喷雾式，即通过喷嘴，将和毛油均匀喷洒在原料上。喷嘴在和毛系统中的安装位置可以有多种选择，有的在和毛机喂毛帘上配置一排喷嘴，有的将喷嘴装在和毛机出口处。

（三）和毛加油的工艺

1. 和毛加油的工艺流程　和毛工序应保证和毛机对混料有良好的开松作用，保证加油量、加抗静电剂量及和毛后回潮率达到规定要求。

（1）纯羊毛或一种化纤和毛。和毛（加油水或加抗静电剂）→装包或进梳毛毛仓。

（2）羊毛与化学纤维混梳。纯毛第一次和毛（加油水）
化纤第一次和毛（加抗静电剂）}混和第二次和毛→装包或进梳毛毛仓。

和毛加油后的原料一般需存放6h以上再使用。

2. 和毛油的配制工艺

（1）和毛油成分的确定。和毛油是由油、水、乳化剂混合而成的乳化液。由于混料所需的加油量很少，纯油难以均匀分布到混料各处。乳化液可以使油均匀扩散并均匀地分布在纤维的表面。乳化剂的作用就是防止油水分层，使油分散成无数细小的油滴均匀而又稳定地分布在水中。毛纺常用的油有植物油、矿物油及油酸等。

乳化剂的亲油亲水性能大小用亲油亲水平衡值（HLB值）表示。HLB值在3.5~6之间亲油，HLB值越小，亲油性越强；HLB值在8~18之间亲水，HLB值越大，亲水性越强。使用复合乳化剂的乳化效果较好，复合乳化剂的HLB值可用下式计算：

$$H_{\mathrm{F}} = \sum (E_{\mathrm{i}} \times P_{\mathrm{i}}) \qquad (3-1)$$

式中：H_{F}——复合乳化剂的HLB值；

E_{i}——某成分的HLB值；

P_{i}——该成分乳化剂占乳化剂总用量的百分比。

例：使用矿物油，乳化该油所需的HLB值为10.5左右，拟选用两种乳化剂，S-40（HLB值为6.7）和T-60（HLB值为14.9）。

解：若乳化剂S-40的用量为x，则T-60的用量为$1-x$。

混合乳化液HLB值$=6.7x+14.9(1-x)=10.5$

$x=54\%$，$1-x=46\%$

（2）加油量的确定。和毛油的用量以和毛油乳化液中纯油量占投料公定重量的百分比表示。加油量的多少，应根据原料性质、工艺要求、洗净毛本身含油率（含油率：指羊毛本身含油脂量占羊毛干重的百分比，一般为0.8%左右。）而定，在保证生产顺利进行的前提下，应尽量少用和毛油，因为和毛油在织物后整理过程中终将洗去，加油过多将会增加油脂及其他助剂的消耗。

（3）加水量的确定。和毛油乳化液中虽含有一定量的水（一般油水比为1∶2~1∶4），为了保证混料上机的回潮率，减小油的黏度、扩大油的面积，使油更均匀地分布在羊毛表面，应在和毛油乳化液中追加部分水量，使和毛油乳化液进一步稀释。

（4）油水量的计算举例。

例：投料1000kg羊毛，原料实际回潮率为14%，含油脂率为0.6%，要求上机回潮率为27%，含油脂率为2%，求该批混料需加油水量。

解：第一步：求和毛加油水过程中混料应有的回潮率。

①上梳毛机时含水率（和毛加油水后混料的含水率）：

$$\frac{27}{100+27} \times 100\% = 21.26\%$$

如经过二次和毛机，水分挥发量取 3%（一般第一次混和开松以 2% 计算，以后每次取 1%），则和毛过程中混料应用的含水率为：

$$21.26\% + 3\% = 24.26\%$$

②和毛加油过程中混料应有的回潮率：

$$\frac{24.26}{100 - 24.26} \times 100\% = 32\%$$

第二步：求羊毛回潮率达 32% 时所需加水量（和毛加油水过程中应加水量）。

①回潮率为 14% 时，羊毛含水率为：

$$\frac{14}{100 + 14} \times 100\% = 12.28\%$$

②回潮率为 14% 时，羊毛含水量为：

$$1000 \times 12.28\% = 122.8\ (\text{kg})$$

羊毛干重为：

$$1000 - 122.8 = 877.2\ (\text{kg})$$

③回潮率为 32% 时，877.2kg 羊毛应含水量：

$$877.2 \times 32\% = 280.7\ (\text{kg})$$

故羊毛还需加水量：

$$280.7 - 122.8 = 157\ (\text{kg})$$

第三步：求和毛油乳化液含油水量。

①羊毛还需加油量：

$$\frac{1000}{1 + 14\%} \times (2\% - 0.6\%) = 12.3\ (\text{kg})$$

②和毛油乳化液中含水量：

取油水比为 1∶4，则 12.3kg 油需加水量：

$$12.3 \times 4 = 49.2\ (\text{kg})$$

③和毛油乳化液重量：

$$12.3 + 49.2 = 61.5\ (\text{kg})$$

④追加水量：

由于 1000kg 羊毛回潮率达到 32% 时，还需加水 157.9kg，而制备和毛油乳化液需加水 49.2kg，所以还需追加水量为：

$$157.9 - 49.2 = 108.7\ (\text{kg})$$

（5）乳化液的配制。和毛油乳化液的配制必须依靠搅拌作用，搅拌的方法有机械搅拌法和超声波高频震荡法，常采用机械搅拌法。超声波高频震荡法的作用强、速度快、乳化充分，适用于实验室小容量乳化。图 3－2 为机械搅拌法配制和毛油的装置示意图。

无论采用何种搅拌方式，都须将相应的油、水和乳化剂按要求的比例混合，并搅拌至油水不再出现分层现象为止。

（6）乳化液稳定性的提高。判断乳化液的稳定性是测量静置条件下油、水分层时间的长短，即油相离析出来的时间长短。提高稳定性的措施主要有以下几种。

①选配合理的配方：每种油的本身都有各自的 HLB 值，而每种油对乳化剂 HLB 值的要求也不同。根据不同油所需要的 HLB 值去选择适当的乳化剂及其用量，求出几种乳化剂的配比，经过稳定性试验，调整混合乳化剂与油的比例。

②正确的操作程序及方法：避免油粒太大，避免油、水分层（油、水一旦分层后很难纠正）。

③正确掌握工艺参数：掌握制备时油、水的温度、搅拌的时间、乳化剂的用量等。

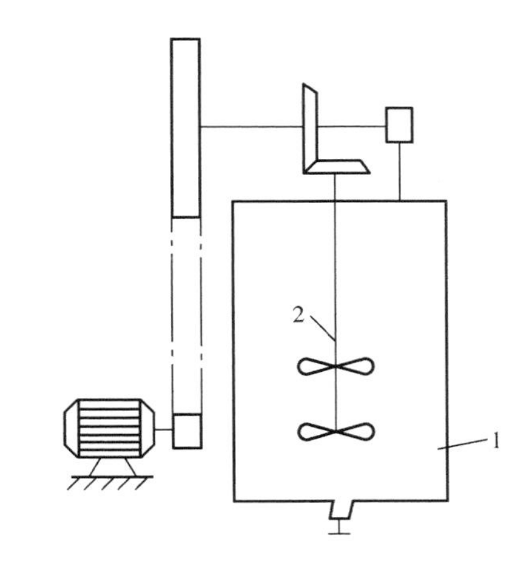

图 3－2　机械搅拌法配制和毛油的装置示意图

1—不锈钢圆桶　2—叶轮搅拌器

（7）抗静电剂的使用。化学纤维所需的抗静电剂多为表面活性剂，均具有吸湿、导电及柔软润滑等作用。表面活性剂之所以具有抗静电的能力，一方面是由于表面活性剂在纤维表面形成了一层易吸湿的薄膜，改善了纤维的导电性，使因摩擦而产生的静电能迅速减少或消失；另一方面是由于表面活性剂能降低纤维的摩擦系数，减少静电的产生，抗静电剂有阴离子型表面活性剂、阳离子型表面活性剂及两性离子型表面活性剂。由于不同的化学纤维表面摩擦系数、吸湿性等不相同而导致摩擦所产生的带电情况也不同，因此应选用不同的抗静电剂，以提高抗静电效果。

抗静电剂用于化学纤维与和毛油用于羊毛一样，均为纺纱时的暂时需要，在染整加工前均将被去除。抗静电剂的用量应在满足抗静电及柔软润滑要求的前提下越少越好，一般为相应纤维量的 0.5%～1%。

（四）和毛加油的质量要求

1. 质量要求　和毛加油质量指标主要有回潮率及均匀度。

（1）回潮率。回潮率不当，直接影响加工过程的正常进行。原料太湿，纤维粘缠而不易梳理、牵伸；原料太干，静电现象明显。

（2）均匀度。均匀度又包括混合均匀度、色泽均匀度、加油均匀度及开松均匀度。混合均匀度是指混料中各种纤维成分之间相互混合的均匀程度，混合不匀将导致产品各处性能的不匀；色泽不匀不但影响外观，严重时还会给加工带来困难；加油不匀导致混料不同部位之间纺纱性能的差异；开松均匀度是以上三种均匀度的保证，对于混料应防止其中的纤维缠结成束状。

2. 常见的质量问题及其产生原因　常见的质量问题及其产生原因主要有以下几种。

（1）回潮率偏低或偏高。由于油水率控制不当造成的。

（2）混合不匀。由于成分混合以及色泽的不匀、原料之间的松散程度相差太大、交叉铺层不当、截取不当等因素造成的。

（3）加油不匀。由于喷油装置不良导致喷油量不稳定、喂毛不均匀等因素造成的。

（4）纤维缠结成束状。由于经和毛机次数太多而使原料经管道输送次数增加进而导致风机叶片绕毛、叶片与机壳的间隙不当等因素造成的。

第二节　精纺梳毛

精纺毛织品用纱较细，表面光洁，纱条均匀度好，强力高，因此所选原料的品质要好。梳毛机加工力求使纤维平行顺直，尽量避免纤维方向紊乱，但对纤维间的混合均匀作用要求一般，因为纤维在以后的加工中，混合机会还很多。精纺梳毛机在加工过程中应注意以下两方面问题。

第一，减少纤维长度损伤。精纺对纤维长度要求较高，而梳毛机对纤维损伤最严重，要保证纤维少受损伤，保证纤维长度，保证梳毛机机械状态良好、工艺合理。采用大隔距、小速比和减小喂入负荷等措施来减少纤维损伤。

第二，增强除草效果。精纺原料一般不用散毛炭化方式去除植物性杂质，以免影响纤维弹性和品质，所以精纺梳毛机均设有较完备的除草装置。

一、精纺梳毛的目的

和毛后的原料仍是分散的小块、小束，混合作用也只是毛块间的混合。原料进一步的分梳和混合还要通过梳毛机来完成。精纺梳毛的目的如下。

（1）分梳。梳毛机对进机原料进行反复多次的开松、梳理，使原料由小块、小束状逐渐分解为单根纤维状态。

（2）除杂。随着原料的松解，纤维与杂质的缠结有所减弱，再借助其他措施使杂质和纤维分离而除去。

（3）混合。借原料松解和转移时纤维间位置的不断变化，使不同长度、不同细度、不同种类、不同色泽的纤维得到充分混合，并在毛网内均匀分布。

（4）成条。原料经梳毛机分梳、除杂和混合后，聚集成一根粗细、结构均匀，具有一定单位重量的连续条子，并制成一定的卷装（入筒或成球）。

二、精纺梳毛的设备

（一）精纺梳毛机的工作过程及工作分析

图 3－3 为 B272A 型精梳纺梳毛机工作过程示意图。

混料经自动喂毛机定时定量地喂入，落在喂毛帘上，由喂毛帘送入喂毛辊内。以较快速度运动的第一胸锡林对喂入混料有强烈的开松作用，第一胸锡林上的一对工作辊和剥毛辊对混料初步梳理，打草辊对混料进行除杂后由转移辊交给除草辊进行较彻底的除杂，然后由转移辊移交给第二胸锡林，进一步分梳除杂，再经过转移辊交给大锡林。大锡林上有五对工作辊和剥毛辊，混料在此处经受充分的梳理，然后被道夫截取，再由高速斩刀斩下并凝聚成条，

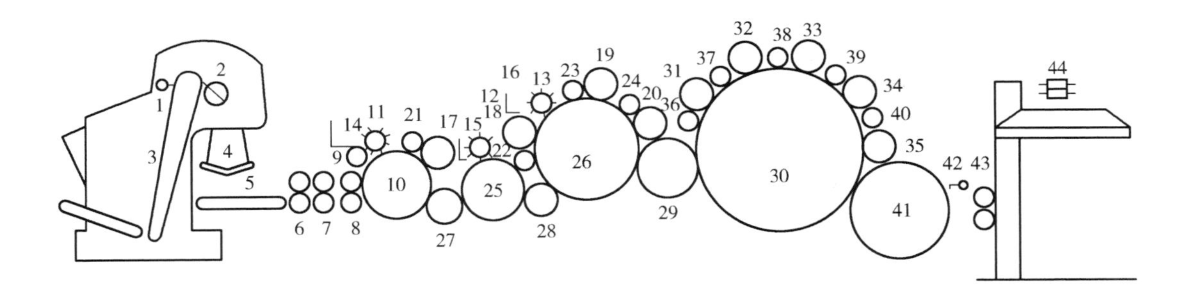

图 3－3 B272A 型精梳纺梳毛机工作过程示意图

1—均毛辊 2—剥毛辊 3—带毛斜帘 4—称毛斗 5—喂毛帘 6—后喂入罗拉 7—沟槽罗拉 8—前喂毛罗拉 9—毛刷辊 10—第一胸锡林 11、12、13—打草辊 14、15、16—接杂盘 17、18、19、20—胸锡林工作辊 21、22、23、24—胸锡林剥毛辊 25—除草辊（莫雷尔辊） 26—第二胸锡林 27、28、29—转移辊 30—大锡林 31、32、33、34、35—大锡林工作辊 36、37、38、39、40—大锡林剥毛辊 41—道夫 42—斩刀 43—出条罗拉 44—圈条压辊

最后由圈条器摆放在条筒内。

1. 喂毛部分 喂毛部分主要由斜帘、底帘、称毛斗、均毛辊、剥毛辊和喂入帘等机件组成，它的任务是在单位时间内把尽可能相等的喂毛量均匀地铺在喂毛帘上，喂毛部分的均毛机构采用拉耙式结构。在喂毛机斜帘顶端还装有永久性磁铁，以防金属块进入机内而损伤针布。

2. 预梳部分 预梳部分主要由喂毛辊、胸锡林、工作辊、剥毛辊、莫雷尔除草辊、打草辊及转移辊等机件组成。预梳部分担负着开松与除杂的主要任务，将大块的原料扯松成束状，并把纤维中的草屑、杂质、硬块等尽可能多地除去。

（1）开松作用。B272A 型精纺梳毛机使用三对喂毛辊，目的是增加对混料的握持力。前后两对喂毛辊上包有与回转方向相反的齿条，中间一对则带有较深的沟槽。后喂毛辊与沟槽辊之间的速比约 1∶6.9，使毛层减薄，纤维受到一定程度的松解与伸直；前喂毛辊与沟槽辊间的速比约 1∶2.6，以使毛层有所聚合，有利于喂毛辊对毛层的握持。前喂毛辊与第一胸锡林之间的速比约 1∶17，这样使混料受到了第一胸锡林较强的开松，这是第一阶段的开松过程。混料受到的分梳作用主要发生在第一胸锡林与其上的工作辊之间，以及第二胸锡林与其上的工作辊之间，这是开松的第二阶段。至此，混料基本上由块状变成束状了。

（2）除杂作用。混料中的草杂大都应在预梳时除去，一般采用除草辊和去草刀来完成。在第一胸锡林、除草辊和第二胸锡林上各配置一个去草刀辊，可将浮在其表面的杂质、草屑、硬块等除去。

此外，在喂毛辊上端还装有毛刷辊以防止喂毛辊表面绕毛，从而保持喂毛辊的握持能力。

3. 主梳理部分 主梳理部分主要由锡林、道夫、工作辊、剥毛辊等机件组成，它的作用是将经胸锡林机构开松后的束状纤维进一步分梳成单根纤维，然后经道夫的凝聚作用形成毛网。

梳毛机锡林、工作辊和剥毛辊构成的梳理区域称为梳理环。B272A 型精纺梳毛机上共有五个梳理环。道夫和锡林对混料具有梳理和凝聚双重作用。另外，在锡林和第二胸锡林之间还装有除杂机构，将锡林第一剥毛辊上抛落下来的杂质及时清除掉，以提高梳毛洁净度。

4. 输出部分 输出部分主要由斩刀、出条压辊和圈条器等机件组成，它的作用是将梳理好的纤维聚集起来，均匀地盘绕在毛条筒中，供后道工序使用。道夫上针布的针齿与斩刀上的齿尖方向相顺，两者间的剥取作用能将道夫上的混料剥下形成毛网，然后经圈条机构均匀地盘绕到毛条筒内。

（二）精纺梳毛机的梳理作用分析

混料从喂入到形成毛网输出，需经过开松、预梳理和梳理几个阶段，各阶段都是依靠各种直径不同的针辊包裹的针齿来完成。

在梳毛机上有若干个作回转运动的工艺部件，每两个互相接近的工艺部件（针辊）之间构成一个基本作用区，对混料进行加工。

针辊之间的针向关系有两种配置，一种是针向相对，另一种是针向相顺。针辊之间的转向有两种配置，一种是转向相同，另一种是转向相反。针辊本身的转向与其本身的针向有两种配置，一种是相同，另一种是相反。针辊表面速度之间的关系有三种（大于、等于、小于），根据针辊的针向、转向和表面速度之间的关系，两辊间的配置有 $C_2^1C_2^1C_2^1C_3^1=24$ 种。机件对纤维的主要作用有 4 种，即分梳作用、剥取作用、起出作用和给进作用。

1. 分梳作用 图 3－4 为分梳作用的针辊配置示意图。

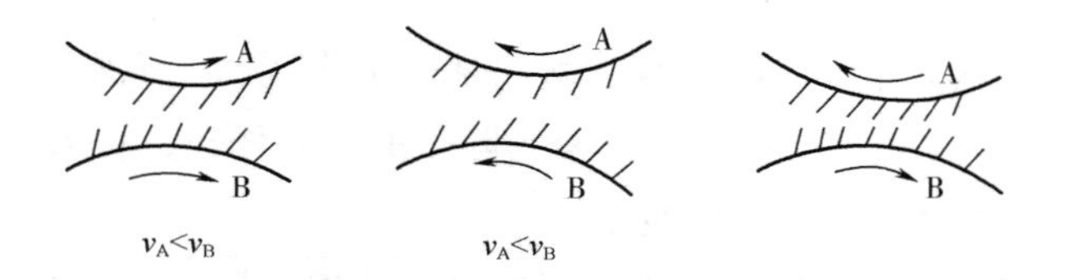

图 3－4 分梳作用的针辊配置示意图

针尖相对，针向与针辊相对运动方向相同，A、B 针面上的针齿都会握持住一部分纤维，当针面继续移动时，A 握持住的纤维受到 B 针齿的梳理，B 握持住的纤维受到 A 针齿的梳理，使纤维束分解并趋于平行伸直。这种作用称分梳作用。

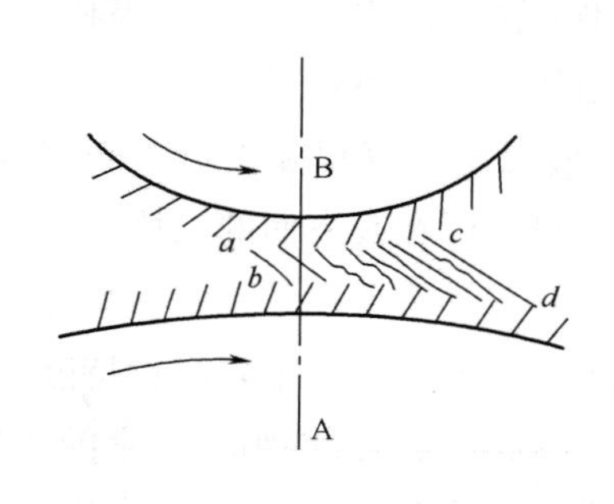

图 3－5 分梳作用区示意图

分梳作用是梳毛机中最主要的、最基本的作用。混料从块状到单纤维的加工过程，就是依靠各工作辊之间的分梳作用来完成的。梳毛机上对纤维产生分梳作用的工作区主要是在大锡林与工作辊、大锡林与道夫之间。图 3－5 为锡林 A 与工作辊 B 之间的分梳作用区的示意图，其中，$v_A>v_B$。

当锡林携带纤维层接近工作辊时，其纤维层首先在工作辊针面 a 点接触，这些纤维的另一端在锡林上的 b 点，$\overset{\frown}{ab}$线就是分梳作用区的开始边界。

当这两针面间的隔距小、毛层厚、工作辊的直径大时，这个边界开始得就早。挂在工作辊上的纤维不断受到锡林钢针的梳理作用。梳理力与工作辊钢针之间的夹角开始小于钢针的倾斜角；在与工作辊B的中心连线处，基本上等于钢针的倾斜角；超过中心连线后则大于倾斜角，并逐步增大。最后，纤维就由工作辊钢针上滑下，$\overset{\frown}{cd}$就是分梳作用区的边界。于是$\overset{\frown}{abcd}$构成了分梳作用区的纵向截面范围，而其横向长度等于毛层的宽度。

工作辊速度愈慢，$\overset{\frown}{ac}$一段弧愈长，工作辊上的纤维受锡林梳理的时间愈长。$\overset{\frown}{cd}$是作用区边界线的最大值，较短的纤维到这里前分梳作用就结束了。较短的纤维容易留在工作辊针面上。较长的纤维到$\overset{\frown}{cd}$线处，往往被锡林带走。

在分梳作用内，分梳过程大致可分为两个阶段。即分撕阶段和分劈阶段。分撕阶段就是对锡林带入的纤维在分梳作用区内把大纤维束撕成小纤维束，或把小纤维束分成更小的纤维束或单纤维。分劈阶段就是在分撕的基础上，使挂在工作辊上的那部分纤维，在由a到c的时间内，受到锡林钢针的梳理，并把纤维束沿纤维的轴向分劈成小纤维束、单纤维，重复作用后使之基本平行伸直。而挂在大锡林上的纤维会受工作辊钢针梳理，但因工作辊可以作用于纤维的针排数很少，所以这个作用是有限的，大量的梳理工作是靠锡林对工作辊所挂纤维的梳理来完成的。

大锡林只把部分纤维转移给工作辊，锡林针面上留下的纤维将随大锡林的转动带到其他工作辊分梳区继续梳理。大锡林上的纤维在与各工作辊分梳区的分梳过程中。参与各分梳区分梳的或被工作辊转移的纤维是随机性的，因此纤维在这些工作区分梳的同时，还能受到很好的混合作用。

2. 剥取作用　图3－6为剥取作用的针辊配置示意图。

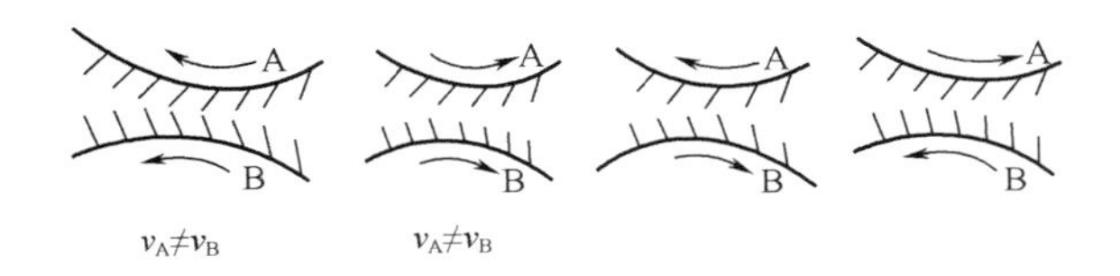

图3－6　剥取作用的针辊配置示意图

针尖相顺，针向与针辊相对运动方向相同的针面剥取针向与针辊相对运动方向相反的针面，这种将纤维从一个针面转移到另一个针面的作用称剥取作用。

剥取作用在梳毛机的许多区域都存在，主要发生在开毛辊与胸锡林之间，胸锡林、运输辊与大锡林之间，工作辊、剥毛辊与大锡林之间，道夫与斩刀之间。剥取作用除了能在以上部件之间转移毛层外，还使毛层逐渐减薄，同时也可对纤维起一定的松解、伸直以及排除草杂的作用。由于工艺部件的组合方式或运动方式的不同，剥取的方式也不一样。剥取的方式一般有同向剥取、反向剥取、斩刀对道夫的剥取。

（1）同向剥取。这种剥取形式包括胸锡林对开毛辊的剥取、运输辊对胸锡林的剥取、大锡林对运输辊及剥毛辊的剥取等。其特点是剥取作用区处在两个滚筒最接近的地方，即在中

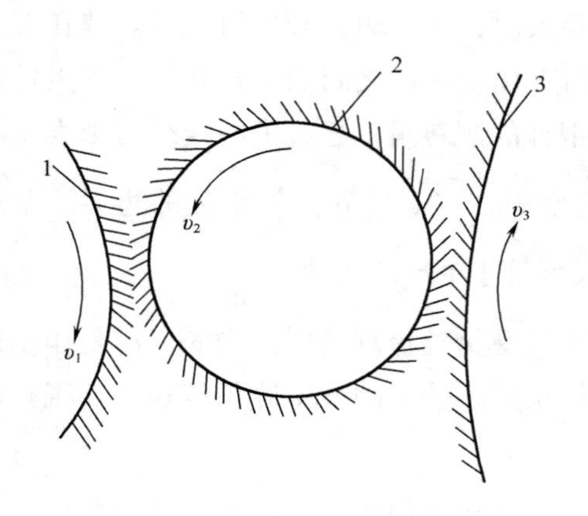

图3－7　同向剥取示意图

1—胸锡林　2—转移辊　3—大锡林

心连线附近。在这里两个针面的运动方向相同，因此叫同向剥取。图3－7为同向剥取示意图。

各辊速度关系是 $v_3 > v_2 > v_1$，其转向和针向如图示，转移辊2剥取胸锡林1上的纤维，大锡林3剥取转移辊2上的纤维。在剥取的过程中，由于纤维层分解减薄，草杂及粗死毛可能脱离纤维，在离心力的作用下被排除。

（2）反向剥取。图3－8为反向剥取示意图。

速度关系是 $v_1 > v_3 > v_2$。剥毛辊3剥取工作辊2上的纤维，而大锡林1又剥取剥毛辊3上的纤维。在剥毛辊与工作辊的作用区内，两针面的运动方向相反，所以叫反向剥取。

（3）斩刀对道夫的剥取。图3－9为斩刀剥毛过程示意图。

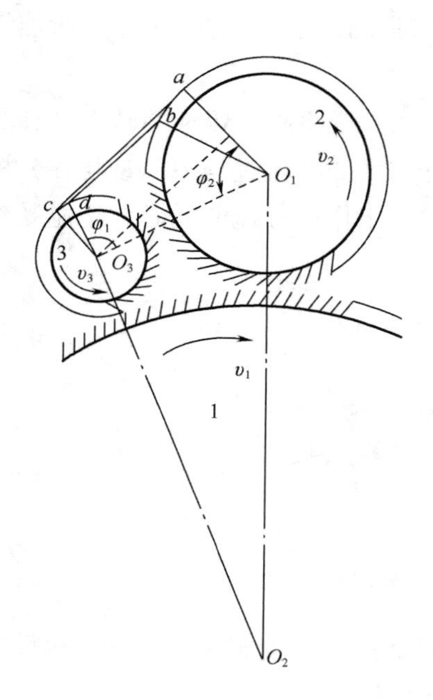

图3－8　反向剥取示意图

1—大锡林　2—工作辊　3—剥毛辊

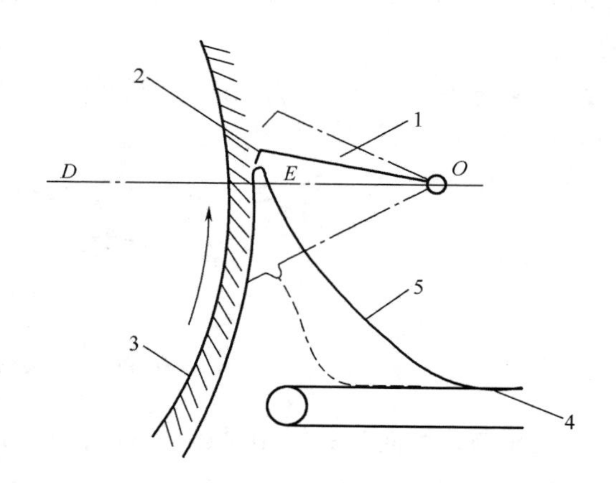

图3－9　斩刀剥毛过程示意图

1—斩刀臂　2—斩刀　3—道夫　4—出毛帘　5—毛网

斩刀是由一排细密的尖齿片装在斩刀臂上组成的。工作时斩刀臂通过一套四连杆机构上下摆动，使斩刀的针齿将道夫上的纤维层斩下，形成毛网。

3. 起出作用　图3－10为起出作用的针辊配置示意图。

针尖相对，针向与针辊相对运动方向相反，纤维束中的纤维不能被A、B针面上的针齿所握持，不能产生分梳作用。如果针齿相互插入，由于针齿与纤维在运动接触中有一定的摩擦力，此外针齿对纤维的拨带作用，可以把针隙间的纤维带出针面。这种作用称起出作用。

粗纺梳理机大锡林采用弹性针布，通过风轮的起出作用把锡林针面上的沉入针隙的纤维层提出一点，有利于纤维向道夫的转移。精纺梳毛机中由于采用金属针布纤维不易沉入针隙，所以不采用风轮。风轮的起出作用在第六章粗纺梳理机中介绍。

4. 给进作用　图3－11为给进作用的针辊配置示意图。

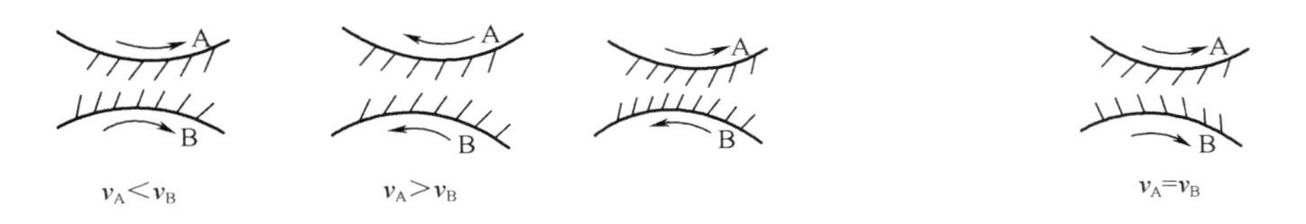

图3－10　起出作用的针辊配置示意图　　图3－11　给进作用的针辊配置示意图

针尖相顺，针向与针辊转向相反，速度相同，A、B针面间的纤维只受针齿的推动作用，即给进作用。

（三）精纺梳毛机的负荷形成过程与分配

1. 负荷的概念　在梳毛机上，除风轮与斩刀，凡是对纤维发生作用的滚筒针面或齿面上都负载纤维层。针面单位面积上纤维层的平均重量称为负荷，单位为g/m^2。

负荷的大小，反映针齿面上纤维层的厚薄，它不但与喂入量的多少有关，而且与各工艺部件的工艺参数有关。梳毛机的负荷可分两大类：一类是参与梳理作用的负荷，如喂入负荷，交工作辊负荷、剥毛辊负荷和返回负荷，另一类是不参与梳理作用的负荷，如抄针毛负荷。在梳毛机上，不同机件上的负荷种类是不同的。如在喂毛罗拉与开毛辊上只有一种负荷，而在胸锡林、大锡林上则同时存在两种或三种纤维负荷，梳毛机负荷反映梳毛机各工作机件上纤维量的分配情况（分配系数）。合理地分配梳毛机机件上的纤维负荷，有利于充分发挥梳理效能和改善梳理质量。

2. 负荷的形成过程　现以大锡林为例，对负荷的形成与作用进行分析。梳毛机刚抄针后（即将梳毛机的各滚筒针齿间隙的纤维清除），各机件针面上没有负荷存在。开车后，混料通过喂毛罗拉、开毛辊、胸锡林、转移辊转移到大锡林上，在大锡林上开始形成负荷。大锡林不断地从转移辊上剥取纤维，并将这些纤维带到各工作辊和道夫工作区间。当大锡林带着纤维转到各工作辊分梳区时，部分纤维分配给各工作辊，使工作辊针面上形成负荷，剥毛辊将工作辊上的纤维剥下又交还给大锡林。当大锡林转到与道夫的工作区时，大锡林上的部分纤维被道夫转移，道夫上也形成负荷，未被转移的纤维随大锡林返回与转移辊剥下的纤维混合后，继续进行梳理。在抄针后刚刚开车的一个较短的时间里，大锡林分配给各工作辊和道夫的负荷量都很小。随着开车时间的延长，锡林、工作辊和道夫上的负荷量不断增加。但负荷量的增加不是无限的，当各种负荷量增加到一定数量的时候，大锡林从转移辊剥取的纤维量（除去转移辊剥取第一工作辊的纤维）等于道夫从大锡林转移的纤维量时，梳毛机的各种负荷就稳定，即梳毛机达到正常生产状态。下面分析大锡林上的各种负荷。

（1）喂入负荷α_1与出机负荷α_2。

①由喂毛罗拉喂入的纤维，经过开毛辊、胸锡林和转移辊转移到大锡林上，分布在大锡林每平方米针面上的纤维重量称大锡林的喂入负荷。喂入负荷的大小反映了梳毛机单位时间喂毛量和产量的大小，加大喂毛量，在不提高车速的情况下就会使喂入负荷增大，从而造成梳理质量的下降。大锡林的喂入负荷是大锡林上最基本的负荷，其他各种负荷都是由它派生的。

②大锡林每平方米针面交给道夫的纤维量称出机负荷。纤维在与道夫工作区间进行分梳的同时，将部分纤维转移到道夫针面上形成了大锡林的出机负荷。这部分纤维将被斩刀斩下形成毛网。如不考虑损耗，在正常生产时大锡林的喂入负荷应等于出机负荷，两者虽然在数量上相等，但纤维的状态与组成却有很大区别。喂入负荷是由喂毛罗拉经开毛辊、胸锡林和转移辊直接喂到大锡林上的，而出机负荷是纤维在大锡林上经各工作机件多次梳理混合后分配给道夫的负荷。

（2）交工作辊负荷与剥毛负荷 β。

①大锡林每平方米针面上转交给工作辊的纤维重量称交工作辊负荷。交工作辊负荷越大，参与分梳混合作用的纤维越多，越有利于梳理及混合作用。

②大锡林每平方米针面上剥取剥毛辊上纤维的重量称剥毛负荷。剥毛负荷返回大锡林与锡林上其他负荷混合后继续被下一梳毛机件梳理，剥毛负荷在数量上等于交工作辊负荷。

（3）返回负荷 α_3。大锡林上的纤维部分分配给道夫之后，留在锡林每平方米针面上的纤维重量称返回负荷。大锡林上的返回负荷与喂入负荷混合后将重新参加梳理，返回负荷实际上是由多次喂入负荷组成的，本身就是一种混合作用的产物。

返回负荷的多少与喂入量、工艺参数以及机器状态有关。返回负荷过多会降低生产效率，加重梳理负担，并易使纤维沉入针隙形成抄针毛，影响梳理质量。返回负荷还可稳定出机负荷使毛网重量均匀，当喂入负荷波动时，由于返回负荷的存在，使参与梳理分配的纤维量不会立即产生较大的波动，这样可使出机负荷波动大大减小，从而稳定了毛条的条干。

（4）抄针毛负荷 α_4。沉入大锡林每平方米针布钢针间隙深处不参与梳理的纤维重量称抄针毛负荷。抄针毛负荷的大小与梳毛机工作的时间长短有关，梳毛机刚刚抄针后开车，各工作部件针隙清洁，在梳理力的作用下，大锡林上部分纤维向针根移动，较短的纤维与杂质很快充塞了针隙，形成了抄针毛。在开车后一段时期，抄针毛负荷上升速度很快，随着时间的推移，抄针毛负荷增加的速度减慢，逐渐进入了正常生产阶段。当抄针毛负荷过大时，锡林钢针的梳理有效长度减小，这样会影响梳理质量，毛网中的毛粒增加，此时就要停车进行抄针。

3. 分配系数

（1）分配系数的意义与种类。分配系数可表示有关负荷之间的关系，主要的分配系数有两种：一种是工作辊分配系数，另一种是道夫分配系数。工作辊（道夫）分配系数表示锡林每平方米针面交给工作辊（道夫）的纤维重量与锡林每平方米针面上参与梳理的纤维重量之比。梳毛机上有胸锡林和大锡林，现以大锡林分配系数为例来分析说明。

大锡林与工作辊之间参与梳理的负荷有三种，即喂入负荷 α_1、交工作辊负荷 β 和返回负

荷 α_3。用 K_1 表示大锡林工作辊分配系数，则：

$$K_1 = \frac{\beta}{\alpha_1 + \beta + \alpha_3} \tag{3-2}$$

大锡林与道夫之间参与梳理的负荷有两种，即喂入负荷 α_1 和返回负荷 α_3。大锡林每平方米针面交给道夫的纤维量（出机负荷）为 α_2，用 K_2 表示道夫的分配系数，则：

$$K_2 = \frac{\alpha_2}{\alpha_1 + \alpha_3} \tag{3-3}$$

从式（3－4）和式（3－5）可以看出，分配系数实质上是在分梳过程中被转移的纤维量和参与梳理的纤维量之比，上式中的返回负荷值比较大，但由于它与喂入负荷、剥毛负荷混合时在下层，参与梳理的纤维量较小，这样就使以上两式的比值与实际情况有一定的差距，分配系数只能定性地反映负荷的分配情况。

（2）分配系数与工艺条件、梳理质量的关系。分配系数的大小，取决于各工作机件的工艺参数，改变工艺参数就会引起分配系数的变化，从而引起毛网质量的变化。一般提高分配系数也就是提高梳毛机的分梳强度，有利于提高毛网的质量。

分配系数的调整可通过调整大锡林与工作辊（或道夫）间的隔距与速比来实现。大锡林与工作辊间的隔距减小，分配系数就会提高，毛层的毛粒就会减少。但梳毛机上五个工作辊的分配系数是相互联系的，增加前面工作辊的分配系数，后面的工作辊分配系数就会降低，总分配系数不一定提高。要使分配系数的总和最大，工作辊和大锡林间的隔距规律应该是第一工作辊隔距放大，以后逐一缩小，这样合理地分配隔距，能使分配系数总和增大。大锡林和工作辊（或道夫）的表面线速度之比对分配系数的影响为：速比越大，分配系数总和越小，毛网质量越差；但速比太小，梳理作用减弱，毛网质量也会下降，所以速比的选择要适当。

（四）精纺梳毛机的混合均匀作用

1. 混合均匀作用及其意义　梳毛机完成混合均匀作用的主要机件是锡林、工作辊、剥毛辊和道夫。喂入梳毛机的混料通过开毛、预梳理部分使混料得到了初步的开松、分梳与混合。在主梳理部分，混料一方面在第一工作辊处进行一次分梳与分配，没有被第一工作辊抓取的纤维被大锡林带到第二、第三等工作辊处进行分梳、分配。另一方面，工作辊从锡林针面上抓取的纤维又被剥毛辊剥取转移给大锡林，这些纤维与大锡林上的纤维混合后再被大锡林带到后面的工作辊处进行分梳与分配。这样混料在大锡林与各工作辊、剥毛辊之间构成了一种随机性的梳理混合作用。此外，在大锡林、工作辊和剥毛辊的混合方式上还存在着纤维的凝聚与分散作用。大锡林与工作辊针面上有一定的速度差，工作辊抓取锡林上的纤维时，由于它的速度明显低于锡林速度，实际上是用较小的针面去抓取锡林较大针面上的纤维，这就是工作辊对锡林针面上纤维的凝聚作用。当剥毛辊将工作辊上的纤维剥下还给锡林时，由于大锡林的针面速度高于剥毛辊速度，使剥毛辊用较小针面上的纤维铺散在锡林较大的针面上，形成了纤维的分散作用。这样一个凝聚、一个分散，就起到了很好的混合均匀作用。在大锡林与道夫之间也同样存在这种凝聚混合作用。

2. 影响混合均匀作用的因素　影响梳毛机混合均匀作用的主要因素是工作辊负荷与返回

负荷的大小以及大锡林与工作辊的速比。工作辊负荷越大，表明参加锡林、工作辊和剥毛辊梳理循环的纤维量越多，混合效果越明显。返回负荷越大，反映了混料在梳毛机中的储量越多，有利于加强混合均匀作用。锡林与工作辊之间的速比越大，纤维的凝聚与铺散作用越强，混合均匀作用越突出。锡林与工作辊之间的隔距小些，有利于增加工作辊分配系数，使工作辊负荷加大。返回负荷的增加，一般通过加大锡林与道夫之间的隔距来达到。但增加返回负荷，往往会增加抄针负荷，影响毛网质量与分梳效能。在保证梳理作用的前提下，适当考虑加强混合均匀作用。

（五）精纺梳毛机的金属针布

针布是梳毛机工作机件的表面包覆物，梳毛机各辊作用不同，针布的类型和规格也不同，针布可分为弹性针布和金属针布。使用金属针布的梳毛机在梳理纤维时，不会产生沉积现象，运转中不形成废毛层，机件能保持良好的梳理状态，使梳理效能高、机器运转率高、梳毛网结构清晰、毛粒含量减少、条干不匀降低。B272A 型精纺梳毛机采用金属针布。图 3－12 为金属针布的外形尺寸示意图。

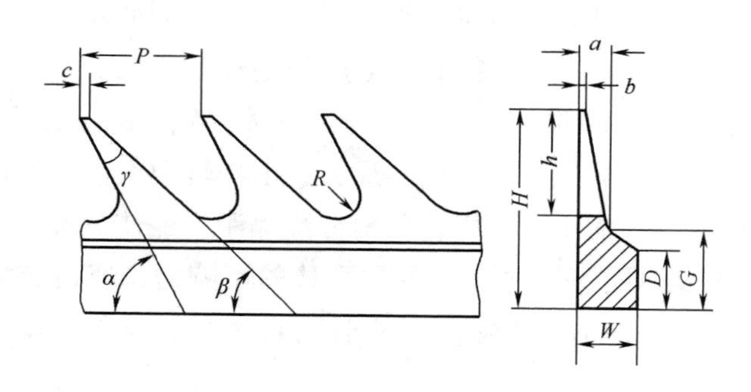

图 3－12　金属针布的外形尺寸示意图

α—齿面工作角　β—齿背角　γ—齿顶角（$\alpha—\beta=\gamma$）　P—齿顶长　R—齿基半径　G—齿基高　H—齿总高　h—齿深　D—齿根高　W—齿根厚度　a—齿壁宽　b—齿顶厚　c—齿顶宽

金属针布的使用效果主要表现如下。

（1）金属针布能承受较大的梳理力，能保持隔距稳定，金属针布在梳理中不易变形，这为采用小隔距创造了条件。

（2）金属针布的齿形及其主要尺寸根据工艺要求进行设计，应尽可能选用最优参数，以加强梳理效能。

（3）采用金属针布的梳毛机可不使用风轮。纤维在使用金属针布梳理的过程中基本上处于齿隙的上半部，不会沉入齿隙底部而形成抄针毛层。这不但避免频繁的抄针工作，提高机器的运转率，而且能简化机器的结构，即去掉风轮。

（4）梳毛机使用金属针布有利于提高梳理效能，提高产品质量，梳毛毛网结构清晰，毛粒含量减少，同时降低了由于抄磨针次数过多而造成的条干不匀。

（5）使用金屑针布也会给生产带来一些问题，如运转过程中易产生气流，飞毛现象严重，机件易缠毛，对毛网破坏作用较大。金属针布对原料要求较高，含草杂不能太高，回潮不能太大。梳毛机锡林返回负荷很小，混合均匀作用差。另外金属针布对机械制造精度以及维护保养、使用方面都有较高要求。

金属针布的使用注意事项主要有以下几点。

①包卷针布时按照操作法在专用的包卷器上进行，包卷后滚筒针面平整，防止并齿、倒齿甚至弯齿，以免开车后挂毛、绕毛。

②梳毛机在梳理过程中，针齿间会逐渐积满纤维和杂质，羊毛中含有油脂和水分，稍带黏性，纤维和杂质积聚在针齿间而形成废毛层（抄针毛）或油垢层，影响针齿对纤维的梳理效果。必须对梳毛机实行定期抄针，以免毛网中毛粒和草屑会增多。金属针布锯齿间隙的容积比弹性针布小，纤维容易转移，抄针周期比弹性针布长。

③梳毛机机械作用力强、速度快、机件容易磨损、变形，须加强巡回检查，确保梳毛机的正常运转，延长部件使用寿命。检查防轧装置、吸铁装置是否有效，以防止铁器硬物轧进机内，损坏针布。如发现有异响或反常现象，立即进行检查。隔距变动而发生碰针或辊筒绕毛时，及时停车校正。

（六）精纺梳毛机的除草装置

1. 除草的目的 羊毛过多的草屑、麻丝等杂质不仅严重影响成品的表面质量，而且还会给生产带来困难。羊毛虽经初步加工，但草杂不易去除，影响纺纱和织造，因此在纺纱前一定要去除羊毛中的植物性杂质。

精纺用羊毛常用梳毛机、精梳机等设备来去除羊毛中混有的植物性杂质，特别是梳毛机担负着除杂的主要任务。梳毛机上安装有一些除草装置，当梳毛机梳理松解纤维时，这些装置能去除羊毛中绝大部分植物性杂质。

2. 除草的方式 草杂体积较大，在纤维松解后容易露出针齿表面，受到打草辊的打击后被排出。一般大草杂比细小草杂容易去除，块状草质比丝状草质和螺旋草质容易去除，坚硬的草质比易碎的草质容易去除。粗死毛由于纤维粗、刚性大、卷曲少、抱合力小，在纤维块或纤维束松解之后，也较易露出，在离心力和机械力的作用下，易从漏底掉落去除。

（1）梳毛机的除草方式及工作原理。

①漏底。漏底是梳毛机普遍采用的一种除杂方法。梳毛机的胸锡林、大锡林及各转移辊下方均配置漏底，在梳理过程中当草杂与羊毛联系力较弱时，砂土和部分植物性杂质可经漏底排出形成车肚落杂。落杂量随原料类型与含杂情况变化，对含草杂较低的外毛而言可低至3%～4%，而大部分国毛由于砂土与草杂含量较高，车肚落杂一般为8%～10%。

②打草辊。在梳毛机的开毛辊、胸锡林和除草辊表面配置打草辊，利用打草辊上高速回转的刀片将浮在滚筒表面的草杂击出，可达到除杂的目的。梳毛机原料中约50%的草杂是通过配置在各部位的打草辊去除的。

③落杂盘。一般在梳毛机大锡林第一对工作辊、剥毛辊下方设一落杂盘。因为第一对工作辊、剥毛辊中心连线接近铅垂线，加之剥毛辊速度较高，所以工作辊上的毛层向剥毛辊表面转移时受到牵伸而急剧变薄，草杂极易甩出，并在剥毛辊离心力作用下，进入落杂盘中。

④海默尔（Harmel）压草装置。斩刀剥下道夫毛网后，通过海默尔压草装置将植物性杂

质压碎成较小的草屑，或使螺旋状草刺断裂为较短的草屑。压草辊前装有吸铁装置用以吸除毛网中可能带进的钢针、铁屑，防止损伤压辊平整光滑的表面。

⑤刮草刀。在梳毛机胸锡林或大锡林最末一对工作辊和剥毛辊至锡林、道夫梳理作用区之间一段弧面上装刮草刀，可去除部分细小草屑。

⑥其他部位的落杂。斩刀剥取毛网过程中，因高速振动会使部分草屑从毛网脱落，在托毛漏斗上可开孔或开槽，以便使杂质下落。

（2）莫雷尔除草装置工作原理。图3－13为莫雷尔除草装置示意图。

图3－13　莫雷尔除草装置示意图
1—打草辊　2—罩壳后端开口　3—罩壳　4—罩壳后端毛毡
5—毛毡处开口　6—接草盘　7—莫雷尔除草辊

莫雷尔除草装置的特点是把打草辊装在莫雷尔除草辊上，除草辊上包有特制的、有利于纤维进入齿条的除草辊齿条，此种齿条可使草质浮于除草辊表面，以便由打草辊打出机外，落入接草盘。

除草辊是莫雷尔除草装置的关键部件，其表面由特殊的长平顶齿条包卷，齿面工作角较小，齿根较薄，齿密相当大，齿隙很小。打草辊是将草杂从羊毛中分离出去的关键性机件，它的圆形滚筒表面装有许多刀片。

莫雷尔除草装置主要工艺参数如下。

①速度。打草辊的速度与除草辊或胸锡林的速度必须很好配合，才能确保良好的除杂效果。一般随着除草辊或胸锡林速度的增大，其上打草辊的转速也相应提高。当除草辊速度一定时，打草辊的刀片数越多，转速越高，对除草辊表面击草频率越高，除草效率越高。随着打草辊转速的提高，其罩壳附近的气流影响加剧，若控制不好会使大量纤维随着草杂一起排出机外。因此，可采用大直径打草辊增加刀片数，这样在较低的转速下能保证一定的打击频率，从而防止过多纤维被击出机外。

②打草辊与除草辊之间的隔距。当其他条件不变时，打草辊隔距是影响落杂量最敏感的因素。随着打草辊隔距的减小，落杂量增加，但梳毛毛条的纤维平均长度有减小趋势，而且精梳落毛有所增加，说明梳毛过程中纤维断裂增加。

③打草辊罩壳开口高度。当打草辊高速回转时，气流由罩壳后端进入罩壳内，一部分气流由前端开口处排出，另一部分夹带了草杂经接草盘排出。开口高度不能过小，否则打草辊刀片击出的草杂不能顺利抛至接草盘，而又返回到胸锡林或除草辊表面，影响落杂量；开口高度也不能过大，过大则大量长纤维也被击出机外。开口高度应与打草辊速度一起考虑，一般掌握在28～40mm之间。

④接草盘的外形与打草辊的相对位置。接草盘的外形与打草辊的相对位置对落杂率及落

杂中植物质含量也有一定影响。接草盘前缘与除草辊针面隔距要适当，使针面上握持的纤维能够顺利通过且有一定压力。同时，接草盘前缘距打草辊击草点要足够近，以保证击出的草杂及时落入接草盘并被刮刀输送至落杂筒，以防止因出口附近的气流作用而再返回机内。

三、精纺梳毛的工艺

根据原料和产品要求，合理选用梳毛工艺参数，才能保证毛条质量。梳毛机主要工艺参数有隔距、速比、出条单位重量等。

（一）隔距

梳毛机相邻两个滚筒间的距离，即滚筒针面（齿面）间的最小间隙，称为隔距，各滚筒针齿间的隔距对梳理作用有直接影响。缩小隔距，可加强梳理作用。从喂入到出机逐渐缩小隔距，逐渐加强梳理作用，减少纤维损伤。纤维细长或缠结较紧时，采用较小隔距；纤维粗长、松散，采用大隔距。

B272A 型精纺梳毛机使用不同原料时各主要梳理机件间的隔距配置见表 3－1。

表 3－1　B272A 型精纺梳毛机主要梳理机件间的隔距配置

隔距部位	60 支以下粗支毛及 6.66dtex（6 旦）化纤		60 支以上细支毛及 3.33dtex（3 旦）化纤	
	公制（mm）	英制（1/1000 英寸）	公制（mm）	英制（1/1000 英寸）
第一胸锡林与前喂毛辊	3.28	129	2.18	86
第一胸锡林与第一工作辊	2.18	86	1.217	48
第一胸锡林与第一剥毛辊	1.09	43	1.09	43
第一胸锡林与第一打草辊	0.85	33	0.85	33
第一转移辊与第一胸锡林及除草辊	0.533	21	0.483	19
除草辊与第二打草辊	0.737	29	0.737	29
第二转移辊与除草辊及第二胸锡林	0.533	21	0.483	19
第二胸锡林与第二工作辊	1.704	67	1.09	43
第二胸锡林与第三工作辊	1.39	55	0.965	38
第二胸锡林与第四工作辊	1.09	43	0.92	36
第二剥毛辊与第二胸锡林及第二工作辊	0.965	38	0.92	36
第三剥毛辊与第二胸锡林及第三工作辊	0.92	36	0.85	33
第四剥毛辊与第二胸锡林及第四工作辊	0.85	33	0.787	31
第二胸锡林与第三打草辊	0.61	24	0.61	24
第三转移辊与第二胸锡林及大锡林	0.483	19	0.483	19
大锡林与第五工作辊	0.92	36	0.737	29
大锡林与第六工作辊	0.787	31	0.66	26
大锡林与第七工作辊	0.66	26	0.559	22

续表

隔距部位	60支以下粗支毛及6.66dtex（6旦）化纤		60支以上细支毛及3.33dtex（3旦）化纤	
	公制（mm）	英制（1/1000英寸）	公制（mm）	英制（1/1000英寸）
大锡林与第八工作辊	0.559	22	0.483	19
大锡林与第九工作辊	0.483	19	0.381	15
第五剥毛辊与大锡林及第五工作辊	0.66	26	0.559	22
第六剥毛辊与大锡林及第六工作辊	0.61	24	0.533	21
第七剥毛辊与大锡林及第七工作辊	0.559	22	0.483	19
第八剥毛辊与大锡林及第八工作辊	0.533	21	0.432	17
第九剥毛辊与大锡林及第九工作辊	0.533	21	0.432	17
大锡林与道夫	0.254	10	0.229	9
道夫与斩刀	0.254	10	0.229	9

（二）速比

影响速比大小的因素有原料长度、毛块松紧程度等。加工松散而较长的纤维，速比宜小；加工细短的纤维；速比可适当增大。

第一胸锡林与前喂毛辊速比对混料的开松程度和纤维损伤影响较大，速比大，开松效果好，但纤维损伤大。梳毛机在加工较长纤维时，前后喂毛辊的转速可稍加快，以减少沟槽辊的绕毛现象和减小胸锡林与喂毛辊的速比，减少纤维长度损伤。大锡林与工作辊的速比在梳理作用较好的条件下应尽量小，梳理过强，纤维损伤大，影响毛纤维长度和毛条制成率。对于抱合力较差的纤维，梳毛机在运转时工作辊上毛层有脱落现象时应将速比加大，降低工作辊转速，以便于抓住纤维。大锡林和道夫的速比还与梳毛机产量有关，提高梳毛机的产量需要提高道夫的转速，降低大锡林与道夫的速比。

（三）单位出条重量

细羊毛的出条可轻，粗羊毛可重；化纤条易梳的可重，难梳的则轻；使用金属针布时可重，使用弹性针布时可轻。

梳毛机的出条重量还应考虑毛网质量。降低喂入重量和出条重量，可使纤维获得充分梳理，毛粒减少，利于提高毛网质量。梳毛机在加工不同原料时的出条重量见表3-2。

表3-2　梳毛机加工各种原料的出条重量

原料	细支毛	粗支毛	粘纤3.33dtex（3旦）	腈纶3.33~6.67dtex（3~6旦）	涤纶3.33dtex（3旦）
出条重量（g/m）	12~15	14~18	9~13	12~17	7~10

四、精纺梳毛的质量要求

精纺梳毛的质量指标主要有毛粒、毛网不匀、粗节、细节、并头、色泽不匀等。

毛粒对细纱的条干与外观影响较大，在梳毛工序中要特别注意加以控制。产生毛粒的原因主要有两个方面，一是混料本身的缺陷，另一是梳理过程中的问题。

（1）混料本身的原因。

①如果混料含油脂、含杂及回潮率过高，纤维在分梳过程中，容易纠结绕毛，使梳理钢针失去握持与分梳的能力，纤维受到揉搓，纠结在一起，无法梳松。

②如果混料中的纤维长短和粗细相差悬殊，细短纤维很容易纠缠在一起，形成毛粒。

③如果混料中油水分布不匀，闷毛时间不足，有湿毛块存在，就容易绕在锡林钢针上，受到反复搓揉，形成毛粒。

（2）梳毛过程中的原因。

①如果梳毛钢针或针齿有缺损、针尖磨钝，就不能有效地握持纤维，不但不能梳理，反而起到了揉搓纤维的作用，使纤维形成毛粒。

②如果抄针不及时，毛层会充塞针隙，使钢针的有效梳理长度下降，从而降低、甚至失去梳理效能。

③工艺参数选择不当，如喂毛量过大，隔距、速比选择不当等。

（3）防止产生毛粒的方法。

①严格执行工艺，定期检查，发现不符合要求之处及时调整。

②混料中纤维的长短搭配差异不要过大。

第三节　针梳

针梳机在制条和前纺工程中反复使用，其工作状态直接影响毛条的质量和产量。以68型定型设备为例，针梳机配套工艺流程：B302型头道针梳机→B303型二道针梳机→B304型三道针梳机→精梳→B305型条筒针梳机→B306型末道针梳机。

利用梳针使毛条中的纤维平行顺直，改善和提高毛条的均匀度。

根据针排结构分类，针梳机有开式针梳机：梳理区内控制纤维的针排只有一副下针排，一般在加工粗长羊毛或条子较细时使用；交叉式针梳机：梳理区内控制纤维的针排由上下两组针排交叉组成，多用在加工卷曲多的细羊毛和改良毛或较粗的条子；半交叉式针梳机：梳理区内只有在下针排接近前罗拉附近一段长度上配置有上针排。

一、针梳的目的

根据在工艺流程中所处位置的不同，针梳机的目的也不同。

（1）理条。经梳毛机梳出的毛条，结构松散，纤维排列紊乱，呈弯曲状态，平行程度很差，且存在弯钩。为了提高毛条的品质，充分利用纤维的长度，减少纤维在精梳机上的损伤及不必要的落毛，一般在精梳前设置一至三道针梳工序进行理条。其目的如下。

①通过混条使毛条得到多次混合，从而使各组分纤维分布均匀，提高条干均匀度。

②通过牵伸作用使毛条中的纤维伸直平行，消除弯钩。

③使毛条中的纤维排列紧密，使毛条具有一定的强力，加工成符合精梳机上机时的毛条单重要求，并卷绕成球或圈条入筒。

（2）整条。毛条经过精梳以后，虽然纤维在一定程度上已伸直、平行，不合乎纺纱要求的短纤维、毛粒、杂质等已被基本清除，但由于精梳机的下机毛条是由须丛叠合搭接而形成的，因而又形成了周期性不匀，且毛条松散，强力很差，必须再经过二至三道针梳机，进行整条。其主要目的如下。

①利用针梳机进行并合牵伸，消除精梳机下机毛条中纤维头端纠集的结构，提高毛条均匀度。

②利用针梳机的牵伸作用，使纤维进一步平行顺直。

③制成单位重量合乎要求的成品毛条。

二、针梳的设备

国产68型针梳机均由喂入、牵伸和出条部分组成，现以B305型针梳机为例来说明工作过程。图3－14为B305型针梳机工作过程示意图。

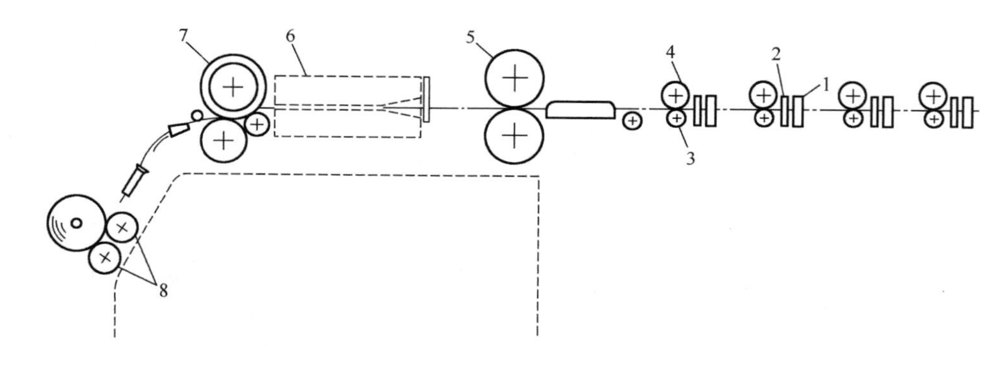

图3－14　B305型针梳机工作过程示意图

1—导条棒　2—导条叉　3—导条辊　4—导条压辊　5—后罗拉　6—梳箱　7—前罗拉　8—卷绕滚筒

毛条由条筒引出（或由退绕滚筒引出）后经导条叉2和导条棒1，再经导条辊3和导条压辊4（一般同时充当断条自停装置）后进入梳箱6的牵伸区，毛条经交叉针板梳理和前罗拉7和后罗拉5牵伸从前罗拉出来，靠卷绕滚筒8绕成毛球（或靠圈条器导入毛条筒内）。

（一）喂入机构

68型针梳机的喂入有两种形式：一种是条筒喂入（如B302型针梳机、B303型针梳机、B304型针梳机、B305型针梳机），条筒喂入方式不需退绕滚筒，从毛条筒直接引出毛条，经导条压辊等机构进入梳箱牵伸区。另一种为毛球喂入（如B306型针梳机）。图3－15为卧式纵列退卷架示意图。

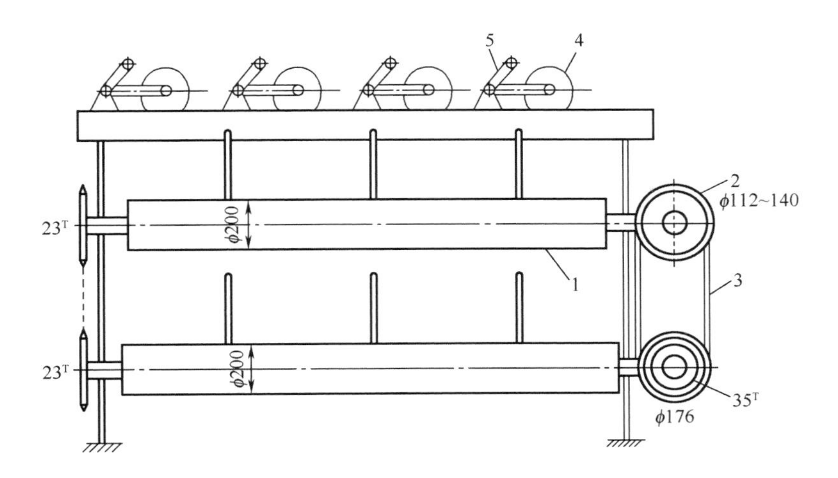

图 3－15　卧式纵列退卷架示意图

1—退卷滚筒　2—无级变速器　3—三角皮带　4—导条压辊　5—手柄

卧式纵列退卷架采用双层卧式纵列退卷架，退绕滚筒用链条传动，毛球卧放在退绕滚筒上退出，经安装在喂入端两侧的八对导条辊和导条压辊（同时经导条棒、导条叉）有序排列并合，以一定宽度和厚度均匀进入牵伸区。导条辊与导条压辊同时充当断条自停装置，以防断条。

（二）牵伸机构

1. 牵伸原理　将纱条抽长拉细的过程被称为牵伸。牵伸不仅使须条单位长度的重量变轻，即须条横截面内的纤维根数减少，还能使须条中纤维伸直平行，牵伸作用是通过须条中纤维与纤维间产生相对位移使纤维重新分布在更长的片段上而实现的。

（1）牵伸三要素。牵伸三要素是指牵伸装置能完成牵伸作用所必须具备的三个最基本的条件。

①必须具有两个握持纱条的钳口，使钳口具备一定的握持能力，需给钳口加上一定的压力。

②两个钳口之间要有一定的距离，距离应与纱条内纤维的长度相适应。

③两个钳口要有相对运动，输出钳口的表面速度 v_1 要大于喂入钳口的表面速度 v_2。最简单的牵伸装置是由两对罗拉所组成的。图 3－16 为简单牵伸装置示意图，图中 $v_1 > v_2$。

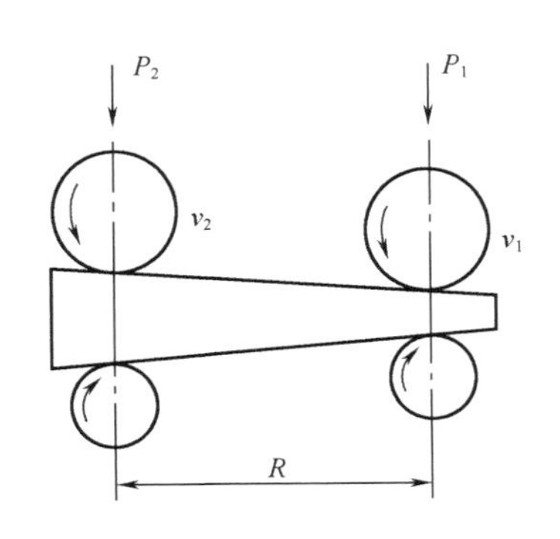

图 3－16　简单牵伸装置示意图

（2）机械牵伸、实际牵伸和牵伸效率。当纱条通过牵伸装置时，截面变小，根据在相同时间内喂入量和输出量相等的原则应有：

$$G_1 \times v_1 = G_2 \times v_2 \tag{3-4}$$

$$v_1 / v_2 = G_2 / G_1 \tag{3-5}$$

式中：v_1——前罗拉速度，m/min；

v_2——后罗拉速度，m/min；

G_1——输入条子单位长度重量，g/m；

G_2——输出条子单位长度重量，g/m。

令：$E = v_1/v_2$，$E' = G_2/G_1$，并把 E 称作机械牵伸值（或称理论牵伸值），而把 E'称作实际牵伸值，在理想状态下，$E = E'$。但在实际牵伸过程中，由于罗拉与纤维间总有一些滑溜现象，牵伸过程中总会有一些纤维散失，因此，实际牵伸值 E'不可能达到理论牵伸值 E，而总是小于 E，即 $E' < E$。为衡量理论牵伸值与实际牵伸值的差异，引出牵伸效率这一概念。牵伸效率 η 是指实际牵伸值与理论牵伸值的比值的百分率，即：

$$\eta = E'/E \times 100\% \quad (3-6)$$

（3）总牵伸与部分牵伸。设某一牵伸装置是由三对罗拉组成的，如图 3－17 所示。

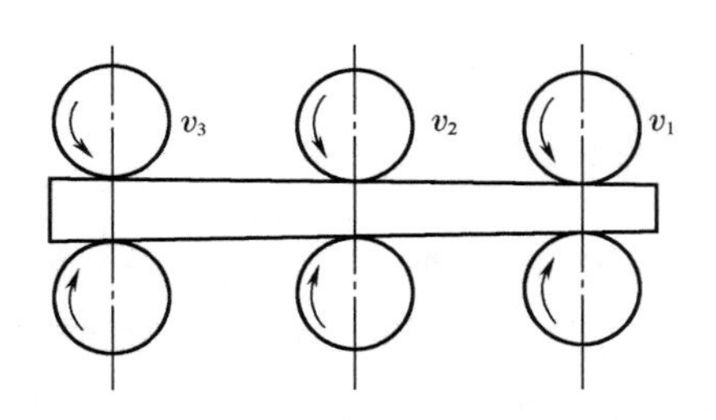

图 3－17　多区牵伸装置示意图

罗拉线速度从后向前逐渐加快，即 $v_1 > v_2 > v_3$。该牵伸装置的总牵伸值（即牵伸倍数）$E = v_1/v_3$。而由第一对罗拉与第二对罗拉构成了一个简单牵伸装置，牵伸倍数 $E_1 = v_1/v_2$。第二对罗拉与第三对罗拉又构成另一个简单牵伸装置，牵伸倍数 $E_2 = v_2/v_3$。这里 E_1、E_2均称作该牵伸装置的部分牵伸值。

总牵伸值 E 与部分牵伸值 E_1和 E_2有如下关系：

$$E = v_1/v_3 = v_1/v_2 \times v_2/v_3 = E_1 \times E_2 \quad (3-7)$$

即总牵伸值应等于部分牵伸值的乘积。两个以上的部分牵伸值所组成的牵伸装置原理也一样。

（4）牵伸机构的工作分析。上述牵伸装置的三要素仅仅是保证牵伸能够进行的条件，而牵伸后的纱条是否能达到条干均匀，将取决于牵伸装置的设计是否能完善地控制纤维的运动，在牵伸区域中，纱条内纤维运动总是遵循这样一个规律，即慢速→加速→快速。牵伸过程中纤维的变速有以下两个特点，一是所有纤维从慢速过渡到快速不是在某同一位置发生的，而是在牵伸区中的一段区域内完成的；二是这个变速区域越集中，牵伸后的纱条就越均匀。因此，有时在前后罗拉之间增设一个中间控制器，其目的就在于加强对牵伸区内纤维的控制，缩小纤维的变速区域，从而得到均匀的纱条。

2. 针梳机梳箱机构　牵伸机构是针梳机实现牵伸梳理作用的主要机构，图 3－18 为针梳机梳箱机构示意图。

当毛条由后胶辊和后罗拉送向梳箱时，由上下两个工作螺杆传动的上下两层针板刺入毛层，以接近后罗拉的速度将毛层送向前罗拉组成的钳口。前罗拉以高于后罗拉 5～12 倍的速度将握持的纤维从针板中拉出。被前钳口握持的纤维由于受到针板钢针的梳理阻力尾部被拉直，出机毛条也被抽长拉细，从而完成了对毛条的牵伸和梳理作用。

（1）梳箱与针板。交叉式针梳机的梳箱由上下两组针排组成，上针排区称为上梳箱，下针排区称为下梳箱，上下梳箱用铰链联结。上梳箱可通过脚踏油泵装置开启，以便调试或装卸针板。

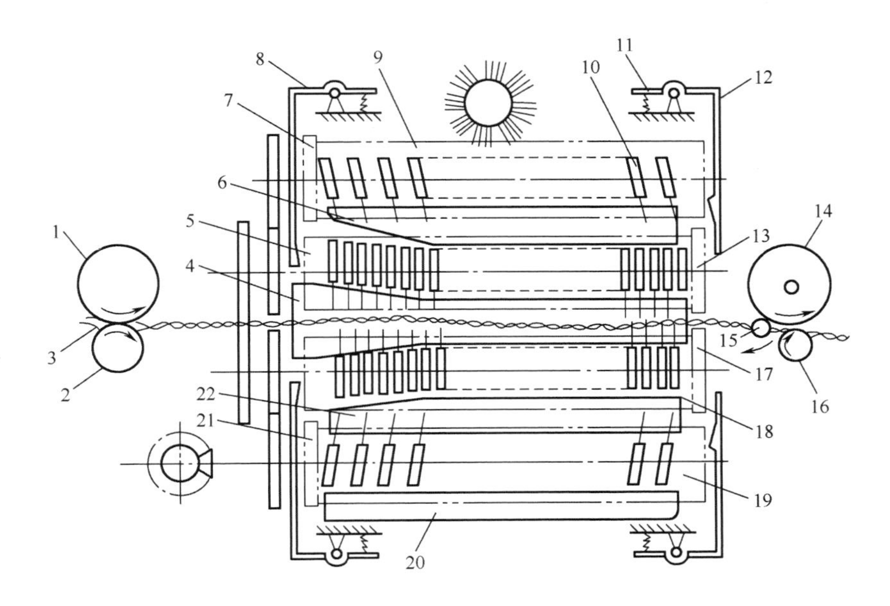

图3－18　针梳机梳箱机构示意图

1—后胶辊　2—后罗拉　3—毛条　4、6、20、22—导轨　5、18—工作螺杆　7、13、17、21—打手　8—后挡板　9、19—回程罗拉　10—针板　11—弹簧　12—前挡板　14—前上罗拉　15、16—前下罗拉

B305型交叉式针梳机有88块针板，分别安装在上下梳箱里。上梳箱有两层针板（第一层18块，第二层26块），下梳箱也有两层针板（第一层26块，第二层18块）。针板薄钢板制成，钢板上面植有圆截面或扁截面钢针，针齿可焊植或用塑料针片整体插入针床，针板两端呈斜形榫头，并各配有一小孔，以减轻针板重量。

图3－19为高速针梳机的针板示意图，针板的两端分别插入左右两面螺旋杆的螺旋导槽中，由导轨支持，以保证针板在工作过程中处于垂直状态。针板平移和起落运动，分别由螺杆和装在螺杆头端的三叶凸轮打手控制。图3－20为三叶凸轮螺杆针板示意图。

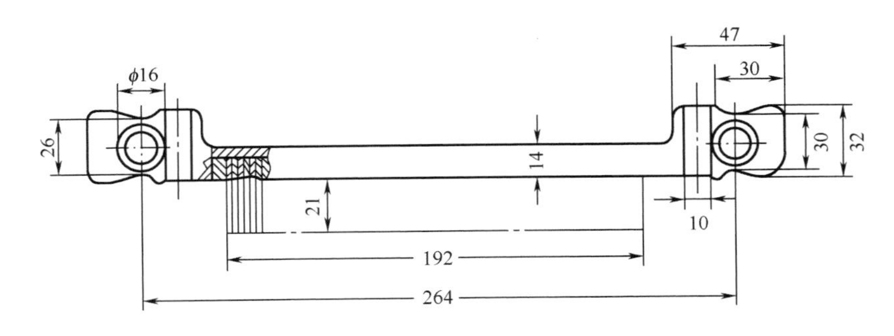

图3－19　高速针梳机的针板示意图

图3－21为针板运动循环简图，针板一个运动循环包括四个阶段：工作阶段（针板接触毛条）、工作阶段至回程的过渡阶段（三叶凸轮打手打击针板使其脱离毛层）、回程阶段（针板接触毛条）及回程至工作的过渡阶段（三叶凸轮打手打击针板使其刺入毛层）。

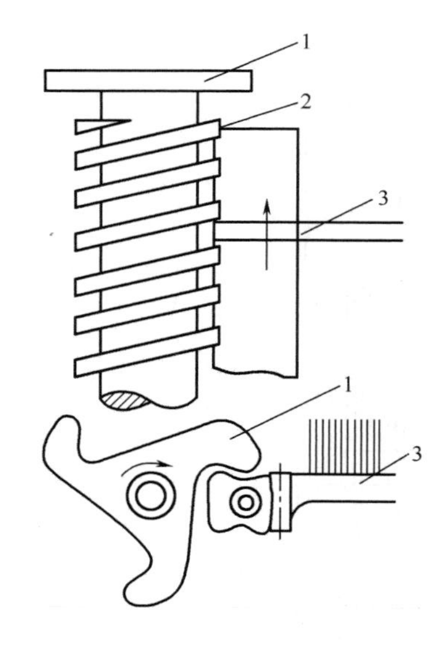

图 3－20　三叶凸轮螺杆针板示意图

1—三叶凸轮打手　2—螺杆　3—针板

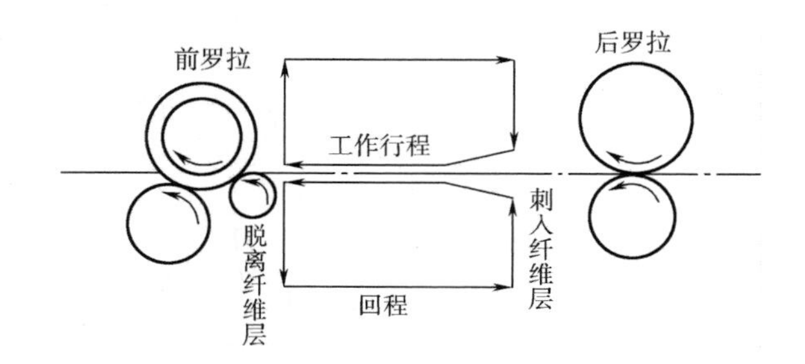

图 3－21　针板运动循环简图

控制毛层运动的针排称工作针排，其螺杆称为工作螺杆；返回针排称为回程针排，其螺杆称为回程螺杆。工作螺杆的导程较小，安置针板 26 块，既可以保证纵向的针密，又能使针板尽量垂直插入纤维中，从而有利于控制纤维的运动。回程螺杆仅使针板连续运动，导程较大，安置 18 块针板，以减少梳箱的针板块数。

上下梳箱的结构和运动情况完全相同，以下梳箱针板的运动为例说明。当针板由螺杆推进工作螺杆的前端时，受到三叶凸轮打手的打击，自工作螺杆的螺旋导槽中向下垂直落入回程螺杆的螺旋导槽中，从而使针板脱离毛层。为了防止针板在被击过程中飞出，在导轨垂直方向配置有两对由拉簧拉紧的上下挡板，保证针板沿着具有弹性的轨道准确地下滑至回程螺杆的螺旋导槽中。由于回程螺杆螺纹的配置方向与回转方向恰与工作螺杆相反，针板在回程螺杆螺旋槽与回程导轨的支撑下，向后平移并返回后罗拉处。装在回程螺杆端头的三叶凸轮打手将针板向上击入工作螺杆的螺旋槽中。钢针刺入毛层，再次携带毛条向前罗拉方向运动，如此不断反复进行，形成连续的针排循环运动。

（2）前罗拉。罗拉采用一上二下的品字形排列，前上胶辊为直径 78mm 的胶辊，前下罗拉由直径为 67mm 及 24mm 的两根罗拉所组成。这样，既可加宽前罗拉对纤维的控制面，又能使小罗拉尽量靠近针板，减小无控制区的长度，以利于控制短纤维。

针梳机的主牵伸发生在前罗拉和针板之间。前罗拉要从针板中顺利地拔取纤维，钳口应有足够的握持力。

（3）静电消除器。在针梳过程中必须考虑减少或消除静电，经常采用的方法之一就是配备静电消除器。静电消除器的基本原理是使带电体周围空气电离，产生正、负离子，以中和积聚在被加工纤维上负的或正的静电荷，从而达到消除或减少静电的目的，68 型针梳机配备有 Y12A 型（高压工频微电流针棒式）静电消除器。

（三）卷绕成形机构

68 型针梳机的卷绕成形机构有两种形式，一种是毛球卷绕成形，如 B305 型针梳机、B305A 型针梳机、B306 型针梳机和 B306A 型针梳机；另一种是圈条成形，如 B302 型针梳机、B303 型针梳机和 B304 型针梳机。

1. 毛球卷绕成形　毛球卷绕成形是通过毛球与卷绕滚筒接触摩擦产生的回转运动和假捻器的往复运动而实现的，可形成交叉卷绕的毛球，此成形装置主要由滑盘、喇叭口和卷绕滚筒等机件组成。

2. 圈条成形　圈条成形是通过圈条器和毛条筒之间的相对回转运动，将毛条铺叠到毛条筒内的。其装置主要由圈条盘、小压辊、条筒底盘以及毛条筒等组成。

三、针梳的工艺

（一）牵伸倍数

针梳机的牵伸主要是牵伸区的牵伸，68 型针梳机是前罗拉与针板间的牵伸。此外，在牵伸区前后还有前、中、后张力牵伸，但数值很小。

制条工序的牵伸倍数主要根据原料品质及毛条结构来确定。一般精梳前理条针梳机的牵伸倍数由头道到三道针梳是逐渐加大的，精梳后整条针梳机的牵伸倍数也是由小到大，逐步提高，这是因为梳毛机下机毛条结构蓬松，其中纤维排列紊乱，故头道针梳机的牵伸倍数不宜过大，一般为 5 ~6 倍，否则易损伤纤维，增加毛粒；二、三道针梳机由于毛条结构和纤维状态已得到改善，牵伸倍数可逐渐加大，二道一般为 6 ~7 倍，三道为 7.5 ~8.5 倍；四道针梳机的牵伸倍数不宜过大，因为刚下精梳机的毛条其不匀率较大，一般取 7 倍左右；五针和末针的牵伸倍数可逐步提高，一般多在 8 倍左右。

（二）隔距

针梳机前后罗拉中心线之间的距离为总隔距，前罗拉中心线到最前一块针板之间的距离称前隔距，总隔距应大于毛条中最长纤维的长度，一般很少变动。前隔距是牵伸过程中的无控制区，应尽可能小，以加强控制短纤维，但过小遇到长纤维会使牵伸困难，造成条干不匀。前隔距应根据纤维的性质、纤维的长度和条子中短纤维的含量等情况进行调整，如加工化纤条的前隔距应比加工羊毛条大些。整条针梳机的前隔距应比理条针梳机大些。68 型针梳机的前隔距配置见表 3 -3。

表 3 -3　68 型针梳机的前隔距配置

原料种类	前隔距（mm）				
	B302 型	B303 型	B304 型	B305 型	B306 型
60 支以上细羊毛	35	35	35	40	40
一至四级改良毛	40	40	40	45	45
西宁毛	45	45	45	50	50
新西兰毛	50	50	50	55	55
腈纶	45	45	45	35	—

（三）喂入和出条重量

针梳机的喂入重量要适当，不能使梳箱的负荷过大，否则会造成牵伸不良或出机条干恶化，使毛粒增加。加工化纤条或混梳条时，喂入重量应比羊毛条轻。

各道针梳机中，以三针和末针的出条重量最重要，末针的出条重量必须调整至规定重量，三针的出条重量应满足精梳机喂入的要求，一般不宜过重，如支数毛为 8～9g/m，半细毛或级数毛为 9～12g/m。加工化纤条或混梳条时，出条重量应较羊毛条轻些。

（四）前罗拉压力

为保证针梳机牵伸顺利进行，前罗拉应有适当的压力，使之足以握持纤维，引导纤维，前罗拉加压的大小与纤维性质、纤维长度、牵伸倍数、前隔距大小和出条重量等有关。68 型针梳机加工羊毛条时，压力为 785～981kPa（8～10kgf/cm^2）；加工化纤条时，压力为 981～1177kPa（10～12kgf/cm^2）。

此外，针梳机的工艺参数还包括并合根数，其值可根据生产情况灵活掌握；针板规格常用号数（25.4mm^2 针板上的针数）表示，一般前道用 5 号，后道用 7 号、10 号。

（五）纤维的弯钩与毛粒

1. 纤维的弯钩

（1）弯钩的概念和种类。梳毛机下机毛条中纤维的排列是相当杂乱的，比较顺直并沿毛网纵长方向排列的纤维只是少量，大部分纤维呈各种弯钩甚至扭曲状。所谓弯钩纤维是指一端或两端存在弯头的一类纤维。罗拉式梳理机的梳理方式是消除不了这种弯钩的，要再经过多道针梳才能将弯钩纤维减少甚至消除，使纤维与毛条轴尽量平行。

一般毛条中纤维的形态有头端弯钩纤维、尾端弯钩纤维、两端弯钩纤维、无弯钩纤维和其他纤维（包括不能列入前两类的纤维，如打圈成结、呈螺旋形或全丝紊乱等）等几种。毛条中纤维形态的分布与原料种类和品质、锡林与道夫的形式和工艺、针梳机的安排、针板工作情况等因素有关。梳毛机下机毛条中大部分是尾端弯钩纤维，其次是头端弯钩纤维、两端弯钩纤维和无弯钩纤维。

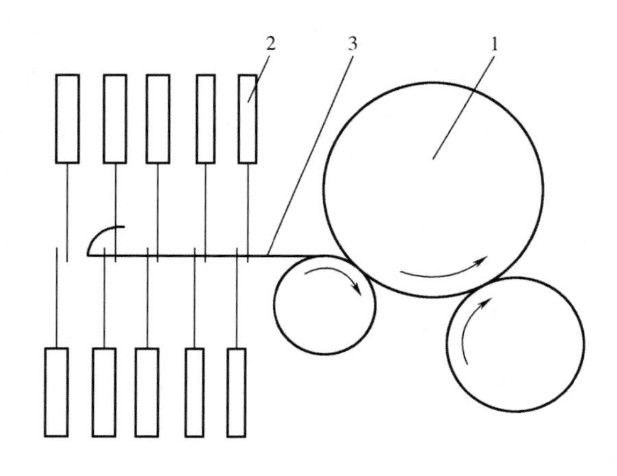

图 3－22　针梳机对弯钩纤维的作用示意图
1—前罗拉　2—针板　3—纤维

（2）针梳机消除弯钩的作用。毛条制造中的针梳机作用之一就是消除纤维中的弯钩。图 3－22 为针梳机对弯钩纤维的作用示意图。

图 3－22 为毛条中某根弯钩纤维在针梳机牵伸区中的瞬间位置。弯钩纤维有两部分，较长部分称为主体，较短部分称为弯钩，要使这根弯钩纤维伸直，纤维的主体和弯钩应有相对运动。主体经过针板后先进入前罗拉被前罗拉钳口所握持，就要以前罗拉速度运动，即快速运动，而弯钩则还是受慢速针板控制，以慢速运动。主

体和弯钩是一体，应以一个速度运动，这样弯钩部分在主体被前罗拉钳口握持的瞬间也要由慢速变为快速，使其通过针板时就被伸直，弯钩即被消除。

针梳机对消除后弯钩纤维（按毛条运动方向，主体部分在前，弯钩部分在后的一类纤维）十分有效，但对于前弯钩纤维（按毛条运动方向，主体在后，弯钩在前的一类纤维）和其他弯钩纤维的作用要弱得多，甚至没有作用。如果只经过一道针梳机，就不能将毛条中所有弯钩纤维都消除，而要经过多道针梳。毛条每经过一道针梳机，其方向就要换一次（因为针梳机下机毛条先要纳入毛条筒内），相对于此道针梳机的前弯钩纤维到了下道针梳机就变为后弯钩纤维，所以要配置多道针梳机将弯钩纤维消除。随着针梳道数的增加，精梳短毛率降低，精梳毛条纤维的平均长度增加，但毛条中毛粒含量增加，一般精梳前配置三道针梳机基本能完成对弯钩纤维的消除作用。

2. 毛粒

（1）毛粒的产生。进入梳毛机前的混料是没有毛粒的，毛粒是由于梳毛机在对混料进行梳理时因工艺参数不当或针布状态不良所形成的粒结。梳毛机针布对纤维进行反复的摩擦、梳理使一些纤维相互摩擦纠结成一体就形成了毛粒，毛粒在毛网和毛条中呈斑点或小球状，是梳毛机梳理的产物，同理针梳也会增加毛粒。

（2）降低毛粒的措施。大量毛粒的存在，不仅会破坏织物的呢面，造成成品降等，而且会使纱条的条干恶化，给纺纱造成困难，因此毛粒含量是评定毛条的质量指标之一。

毛粒形成后只有通过精梳机或人工摘修才能基本去除，有的毛粒体积极小，要完全除净很难，应尽量减少梳毛机毛粒的产生，尽量减少针梳机增加毛粒的机会。

要降低毛粒，一方面要使梳毛机和针梳机机械状态保持良好，如梳毛机针布要经常保持良好状态，针尖不能过于迟钝，针布不能堵塞；针梳机针板不能缺针，导条架、导条板、喇叭口等毛条通过的机件一定要保持光滑、清洁、不挂毛。另一方面加工工艺要合理，如梳毛机各机件隔距、速比的配置，针梳机牵伸倍数、前隔距的配置等要合理。另外，纤维本身的品质、加油水量对毛粒增加也有影响。纤维越细短，卷曲度越大，则毛粒产生越多；加油和纤维回潮率小、加油均匀，毛粒就会减少。

四、针梳的质量要求

针梳的质量指标主要有条重偏差、条干不匀和毛粒等，其中最主要的是毛粒。

（1）条重偏差产生原因。由于喂入毛条错批或上道工序毛条重量偏差大、并合根数不对、牵伸倍数计算或工艺执行错误、轻重条搭配不当、罗拉压力不足等因素造成的。

（2）条干不匀产生原因。由于搭头不良、胶辊及罗拉偏心或抖动、前罗拉加压不稳定、缺针板或缺针过多、工艺（如牵伸倍数、前隔距和针板号数等）选择不当等因素造成的。

（3）毛粒产生原因。由于梳箱部分不清洁、罗拉或绒板不清洁、绒板毛刷不好、通道（导条架、压辊、假捻喇叭管等）发毛、喂入毛球采取抽心卷、针板状态不良、弯针多、钩针多、缺针多、断针多，针排密度过大、温湿度控制不当、毛条含油水不符要求等因素造成的。

第四节　复洗

复洗工序的位置按制条系统与精梳毛条品种的不同而异。一种为先精梳后复洗，其工艺流程是：和毛→梳毛→头针→二针→三针→精梳→条筒针梳→复洗→末针。另一种为先复洗后精梳：和毛→梳毛→头针→二针→复洗→三针→精梳→条筒针梳→末针。后者采用较多。

在制条过程中将复洗工序安排在理条过程中，可将纤维经头针、二针梳理得到的伸长进一步定型，可去除一定的油污杂质，使三针毛条光洁清爽，有利于精梳机清除毛粒、草屑及精梳短毛，降低圆梳、顶梳和圆毛刷的消耗。同时，有利于后道各工序纤维的伸直，使成品毛条中纤维的平均长度增加，精梳落毛减少，制成率提高，精梳台时产量增加，毛条一等品率有所提高，可取得较高的经济效益。

先复洗后精梳工艺也存在一些问题。复洗安排在精梳前，由于30mm以下短纤维还未被精梳机去除，复洗量相对增加，复洗成本增高。复洗下机毛条的回潮率、含油率要控制好，复洗洗去了毛条中的和毛油，必须在复洗过程中再加一定量的和毛油和抗静电剂，以保证后道机台顺利生产，毛网光滑平顺，绕毛、飞毛减少。

一、复洗的目的

（1）湿毛条在张力作用下通过热滚筒的表面熨烫得以烘干，纤维受到热湿定型，固定了伸直度（纤维的平均长度有所增加），复洗还可消除纤维在加工过程中产生的内应力，消除静电。

（2）洗去制条过程中的油污杂质。

（3）控制精梳毛条的含油率，复洗能将毛条中多余油脂洗去，如毛条含油达不到要求，可在最后洗槽中加入油剂，也可加入抗静电剂。

（4）洗去浮色。

二、复洗的设备

（一）LB334型热风式复洗机

LB334型热风式毛条复洗联合机由喂入机构、洗槽、烘房、卷绕成球机构等组成，图3－23为LB334型热风式复洗机工作过程示意图。

1. 喂入机构　根据喂入毛条情况的不同，复洗机进条形式有两种，一种是适用于本白色干毛条复洗的卧式退卷滚筒喂入架，另一种是适用于染色湿条复洗的托盘式喂入架。LB334型热风式复洗机的进条部分采用托盘式双层双排平板喂入架，适用于染色毛条的复洗，喂入条为染色湿条。喂入架上共有24只托盘，托盘与活动导条辊均用尖锭支承，回转灵活，毛条的进条靠洗槽中网眼锡林和压辊拖动。LB334A型复洗机适用于本白色干毛条的复洗，进条部分采用卧式毛球架退卷滚筒，与LB331型热辊式复洗机的进条部分相似，喂入为24根干毛条。

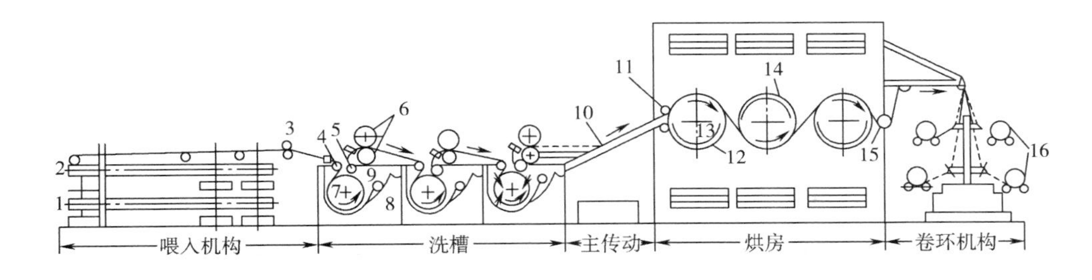

图3－23　LB334型热风式复洗机工作过程示意图

1—托盘　2—导条滚筒　3—进条压辊　4—导条辊　5—压条棍　6—上下轧辊
7—网眼锡林　8—洗槽　9—夹层板　10—导条托板　11—烘房进条辊　12—网眼锡林
13—圆网密封板　14—加热器　15—烘房出条辊　16—卷条滚筒

2. 洗槽　LB334型热风式复洗机共有三个洗槽，每个洗槽均设有主槽和辅槽，主槽为带有吸入式网眼锡林的抛物线形洗槽，辅槽为圆筒。主槽和辅槽由三通式回转泵相连。回转泵的进水口处装有左右阀门各一个，当左阀门关闭时，洗液由网眼锡林表面吸入，通过回转泵再送进主槽，形成洗液的内循环；当右阀门关闭时，洗液自辅槽下口进入左阀门，通过回转泵送进主槽，当主槽水位升高至超过回水口高度时，洗液即经回水管流回辅槽上口，使洗液形成外循环。主槽中洗液的循环方向如图3－23中箭头所示，主槽的出水口在洗槽最前边轧水辊的下方，进入主槽的水流经夹层板被吸入网眼锡林。网眼锡林的表面有很多小孔，大部分浸入洗液中。毛条由导条辊引至网眼锡林，由于回转泵的吸入作用，毛条被紧紧吸附在锡林表面，并随之向前，水流垂直地穿透毛层进行洗涤，洗涤效率高。

洗液温度采用电接点压力式温度计，与装在辅槽上面的蒸汽管道上的高温电磁阀相连接，可按工艺要求自动调节。轧辊采用压缩空气加压，在压缩空气的管道控制面板上装有上轧辊加压和释压的控制手柄和压力表。轧辊最大进气压力（表压力）为589kPa（$6kgf/cm^2$）。洗槽网眼锡林和轧辊速度的调节，由机架右侧的蜗轮箱铁炮微调装置控制。

3. 烘房部分　LB334型热风式复洗机采用R456Q型圆网烘燥机，属热空气吸入式烘燥，烘干原理和工作情况与LB023型洗毛联合机的烘干部分基本相同。烘燥室内装有三只圆网滚筒，毛条在三只圆网滚筒表面经过，热空气垂直穿透毛层烘干，毛条由一只滚筒转移到另一只滚筒时，经历正反面交替烘燥，干燥较均匀，且烘干效率高。

4. 卷绕成球机构　LB334型热风式复洗机的输出部分为卷球架，喂入的24根毛条分别卷绕成24只毛球。卷球部分由单独电动机经无级变速器传动，当卷球部分发生超载时，可自动停车。无级变速器上有伺服调速装置，能随主电动机单独地进行自动或手动调速。

LB334型热风式复洗机采用各根毛条单独卷绕成球，对染色毛条，可同时复洗几种不同颜色的条子。由于不考虑与针梳机的连接，复洗机的产量可以提高。但由于无分条装置，经洗烘后的条子往往不易分清，断条较多。

（二）LB331型热辊式复洗机

LB331型热辊式毛条复洗联合机由喂入机构、洗槽、烘房及针梳机成球机构等组成，图

3－24 为 LB331 型热辊式复洗机工作过程示意图。

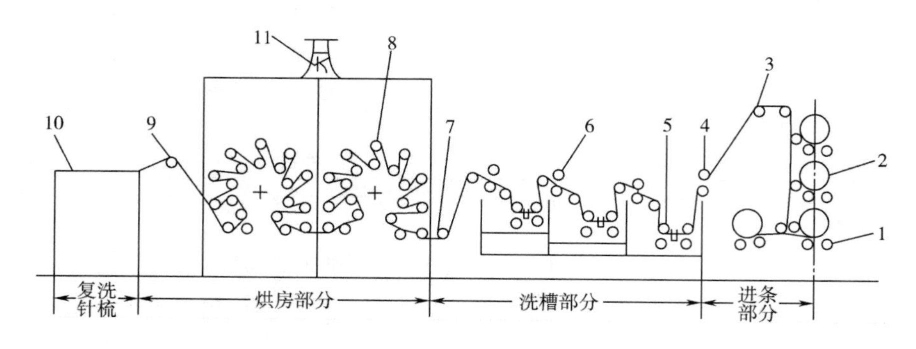

图 3－24 LB331 型热辊式复洗机工作过程示意图

1—退卷辊 2—毛团 3、7、9—导条辊 4—进条辊 5—浸条辊 6—轧水辊 8—热辊 10—针梳机 11—风扇

1. 喂入机构 热辊式复洗机的喂入机构有两种形式，一种是卧式退卷架（LB331 型），适用于本白色干毛条，另一种是托盘式喂入架（LB332 型和 LB334 型），适用于染色湿毛条。

2. 洗槽 LB331 型热辊式复洗机有三只洗槽，均为无边槽。洗剂等辅料均由化料桶通过管路直接加入洗槽。一般在第一、第二槽加入洗剂，第三槽为清水漂洗槽。清水由第三槽（最高）补充，再溢流至第一槽（较低），在保持逆流情况下，定时、定量地追加洗剂等辅料。每只洗槽内有两对浸条辊和一对轧水辊，浸条辊只起导条的作用，因此洗涤效果不如带有吸入式网眼锡林的洗槽。轧水辊为杠杆重锤式加压，比较笨重，且加压量不够稳定均匀。

3. 烘房 LB331 型热辊式复洗机的烘房部分属于接触式烘燥。烘房分两节，每节各有热辊 40 个，分别装在两侧的墙板上，墙板中空。铜制的热辊活套在铸铁汽包上，汽包固定在中空墙板上，蒸汽由中空墙板分别进入各铸铁汽包中，由于汽包的热传导，使热辊得到均匀的热量。每个热辊的里端有齿轮，由大齿轮传动而回转，毛条在热辊的表面通过，受到熨烫并烘干。

由于湿毛条是在一定张力下直接和高温烘筒接触，毛条经熨烫并烘干，因此纤维平顺、伸直定型好且富有光泽，对于细而卷曲多的羊毛效果较为显著。但毛条在热辊表面受热不均匀，与热辊直接接触的表层纤维会比毛条中心的纤维受到更剧烈的烘燥。若烘房温度过高、烘干时间过长，毛条会烘得过干，手感发糙，尤其是表面纤维甚至会发黄变脆；若烘房温度过高、烘干时间过短，则会使毛条外干而内湿，出机毛条的回潮有明显的不匀；若烘房温度过低，则毛条烘不干。毛条过干或过湿，都会给以后针梳机的加工造成困难。

4. 针梳成球机构 LB331 型热辊式复洗机的输出部分，是将烘干后的毛条直接喂入普通交叉针梳机，经并合、牵伸后，卷绕成四只交叉卷绕的毛球。这样在洗涤、染色或漂白时粘连在一起的纤维，在针梳机上被松解理直，有利于纺部加工时牵伸的顺利进行。但针梳机的速度必须与烘房的出条速度相配合，以保证烘燥质量。另外，采用复洗针梳，由于针梳部分故障造成的停机，不仅会加长毛条与高温烘筒的接触时间，造成纤维损伤，而且会影响全机的生产效率。

三、复洗的工艺

不是所有品种都要经过复洗工序，一般纯羊毛需要复洗，细支羊毛条必须复洗，混梳条和纯化纤条不需复洗。复洗工艺参数主要包括洗槽中洗液的浓度和温度、烘房的烘燥温度和蒸汽压力等。

1. 洗剂用量　复洗机洗槽中的洗剂浓度主要根据被洗毛条的油污程度确定。

2. 温度　洗液温度和烘干温度对产品的产量及质量影响较大，各洗槽及烘房温度可参考表3－4。

表3－4　各洗槽及烘房温度

第一槽	第二槽	第三槽	烘房
40～45℃	45～50℃	50～55℃	70～80℃

3. 回潮率与含油率　回潮率与含油率是评定毛条质量的指标。对出机毛条，回潮率和含油率都要严加控制，各种原料的回潮率和含油率见表3－5。

表3－5　各种原料的回潮率和含油率

项目＼原料	羊毛	涤纶	腈纶	粘胶
回潮率（%）	17～22	0.4～1.0	1.0～2.5	13～16
含油率（%）	0.8～1.2	0.2～0.5	0.2～0.5	0.5～0.8

第五节　精梳

一、精梳的目的

精梳工程是毛条制造中的一道关键工序，对精梳毛纱的质量和成本起着重要作用。

（1）去除短纤维。精梳毛纱要求表面光洁，纤维平直，纱线较细且强力大。短纤维的存在会大大影响纺纱性能，使牵伸困难，使纺出的细纱表面发毛，条干不匀，强力降低，断头增加。因此，精梳机的主要作用是除去毛条中不适应纺纱要求的短纤维（一般在30mm及以下），提高条子中纤维的平均长度，改善长度均匀度。

（2）去除毛粒。毛条在精梳前的梳理过程中产生大量毛粒，如不去除，会大大影响产品的质量，精梳机有去除毛粒的作用。

（3）去除草屑及其他杂质。梳毛机可以去除大部分羊毛中的草屑等杂质，但不彻底。精梳机可以基本除去草屑和杂质。

（4）理顺纤维。精梳机可使毛条中的纤维进一步平行顺直。

（5）混合作用。精梳机的喂入根数在20根左右，所以对毛条有较强的混合均匀作用。

二、精梳的设备

（一）精梳机的工作过程

图 3－25 为 B311C 型精梳机工作过程示意图。

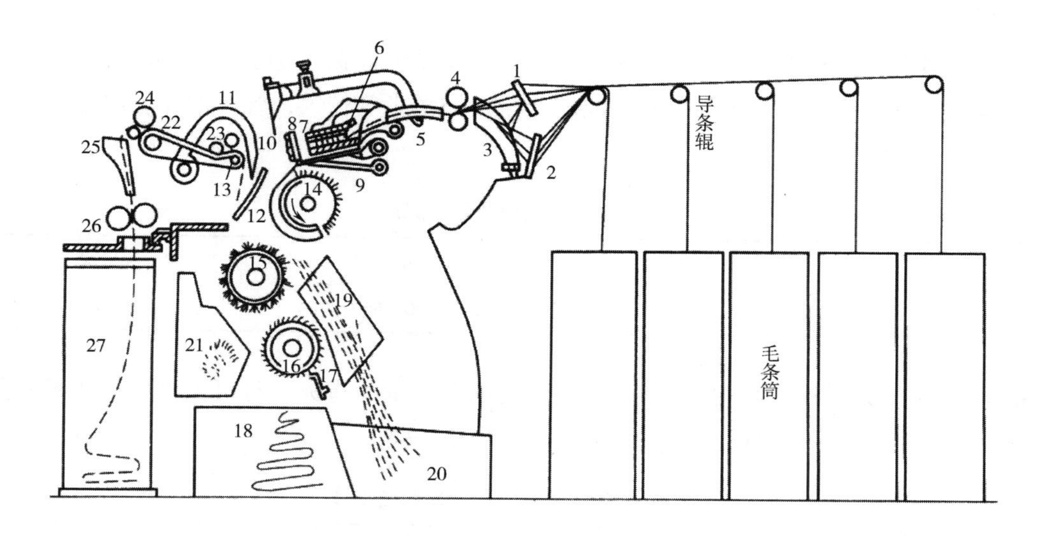

图 3－25　B311C 型精梳机工作过程示意图

1、2—导条板　3、5—托毛板　4—喂毛罗拉　6—给进梳　7、8—上、下钳板　9—铲板　10—顶梳　11—上打断刀　12—下打断刀　13—拔取罗拉　14—圆梳　15—圆毛刷　16—道夫　17—斩刀　18—短毛箱　19—尘道　20、21—尘杂箱　22—拔取皮板　23—拔取导辊　24—卷取光罗拉　25—集毛斗（喇叭口）　26—出条罗拉　27—出条筒

精梳机的部件多，结构紧凑，动作复杂。毛条的喂入、梳理、拔取、出条和除杂等动作是在圆梳转动一周内完成的。每项动作的时间很短，并为间歇式。毛条自毛条筒内引出，经过导条辊，分别穿过两导条板的孔眼，移至托毛板 3 上。毛条在托毛板上均匀地排列形成毛片，喂给喂毛罗拉。喂毛罗拉作间歇性转动，使毛片沿着第二托毛板 5 作周期性前移，当毛片进入给进盒时，受到给进梳上的梳针控制，给进盒与给进梳握持毛片，向张开的上、下钳板移动一定距离。毛片进入钳板后，上、下钳板闭合，把悬垂在圆梳上的毛片须丛牢牢地握持住，并由装在上钳板上的小毛刷将须丛纤维的头端压向圆梳的针隙内，接受圆梳梳针的梳理，并分离出短纤维及杂质。此时钳板处于最低位置，圆梳上针排约占三分之一的圆弧。

须丛纤维经圆梳梳理后变得顺直，除去的短纤维及杂质由圆毛刷从圆梳针板上刷下来，被道夫聚集，经斩刀剥下，储放在短毛箱中，而草杂等则经尘道被抛入尘杂箱中。

当圆梳梳理须丛头端时，拔取车便向钳板方向摆动。此时拔取罗拉作反方向转动，把前一次已经梳理过的须丛纤维尾端退出一定长度，准备和新梳理的纤维头端搭接。为了防止退出的纤维被圆梳梳针拉走，下打断刀起挡护须丛的作用。

当圆梳梳理须丛头端完毕，上、下钳板张开并上抬，拔取车向后摆至离钳板最近处时，拔取罗拉正转，由铲板托持须丛头端送给拔取罗拉拔取，并与拔取罗拉退出的须丛叠合而搭好头。同时顶梳下降，将梳针插入被拔取罗拉拔取的须丛中，使须丛纤维的尾端接受顶梳的梳理。拔取罗拉在正转拔取的同时，随拔取车摆离钳板，以加快长纤维的拔取。此时上打断刀下降，下打断刀上升，成交叉状，压断须丛，进一步分离出长纤维。

须丛纤维被拔取后，成网状铺放在拔取皮板上，由拔取导辊使其紧密，再通过卷取光罗拉、集毛斗（喇叭口）和出条罗拉聚集成毛条，送入毛条筒中。由于毛网在每一个工作周期内随拔取车前后摆动，拔取罗拉正转前进的长度大于反转退出的长度，因而毛条周期性地进入毛条筒中。

（二）精梳机的工作分析

1. 精梳机的组成

（1）喂入机构。包括条筒喂入架、导条板、喂毛导条钢板、喂毛罗拉、给进梳及给进盒等机件。

（2）钳板机构。包括上、下钳板及铲板等机件。

（3）梳理机构。包括圆梳和顶梳等机件。

（4）拔取分离机构。包括拔取罗拉、拔取皮板和上、下打断刀等机件。

（5）清洁机构。包括圆毛刷、道夫、斩刀、短毛箱、尘杂箱和尘道等机件。

（6）出条机构。包括出条罗拉、喇叭口、紧压罗拉（卷取光罗拉）和毛条筒等机件。

2. 精梳机的工作周期　精梳机是间歇式工作的，在一个工作周期内各主要部件的动作及相互间的配合关系较复杂，精梳机一个工作周期分为四个时期。图 3－26 为 B311C 型精梳机不同工作周期主要部件配合示意图。

（1）圆梳梳理时期。从圆梳第一排钢针刺入须丛到最后一排钢针越过下钳板，是圆梳梳针工作时期，称为圆梳梳理时期，各主要工艺部件的动作配合如下。

①圆梳上的有针弧面从钳口下方转过，梳针插入须丛内，梳理须丛纤维头端，并清除未被钳口钳住的短纤维。

②上、下钳板闭合，静止不动；牢固地握持住纤维须丛。

③给进盒和给进梳退回到最后位置，处于静止状态，准备喂入。

④拔取车向钳口方向摆动，然后处于静止状态。

⑤顶梳在最高位置，并处于静止状态。

⑥铲板缩回到最后位置，并处于静止状态。

⑦喂毛罗拉处于静止状态。

⑧拔取罗拉反转，退出一定长度的精梳毛网。

⑨上、下打断刀关闭，然后静止。

（2）拔取前准备时期。从梳理结束到拔取罗拉正转，称为拔取前准备时期。各主要工艺部件的动作配合如下。

①圆梳继续转动，无梳理作用。

②上、下钳板逐渐张开，做好拔取准备。

③给进盒、给进梳仍在最后位置，处于静止状态。

④拔取车继续向钳口方向摆动，准备拔取。

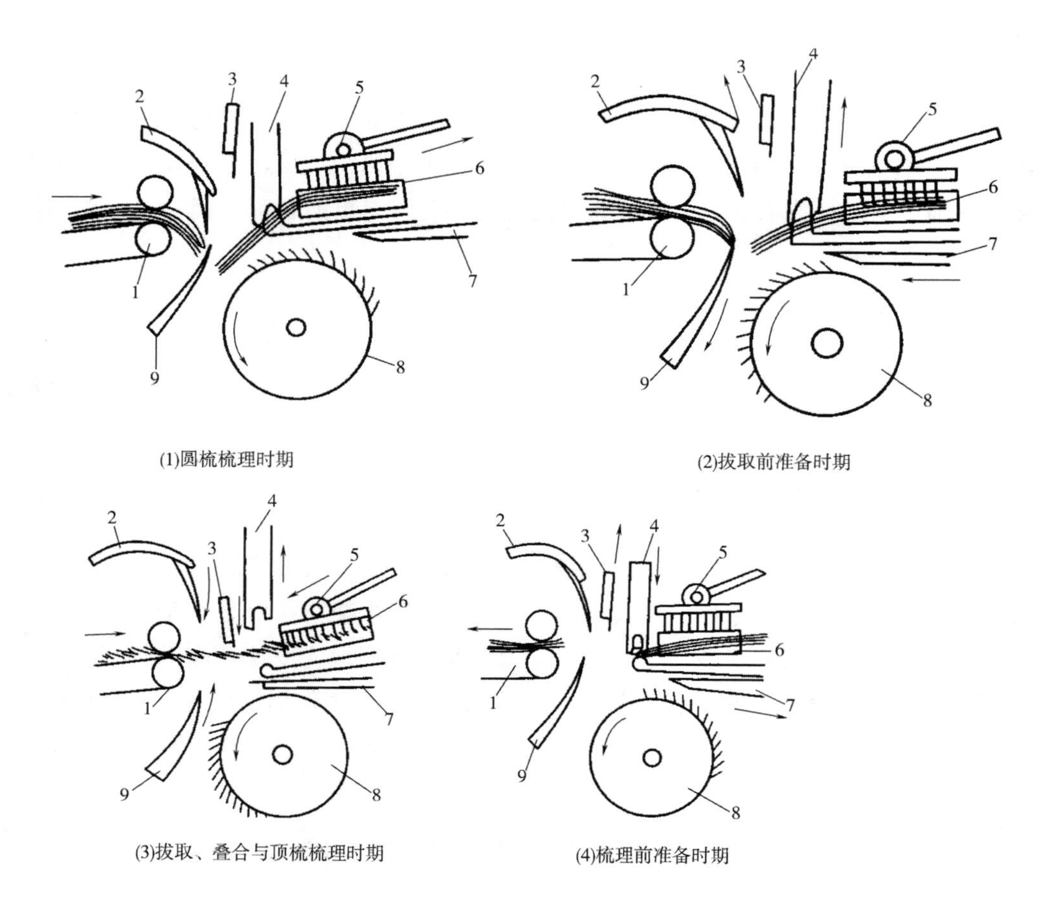

图 3－26　B311C 型精梳机不同工作周期主要部件配合示意图

1—拔取罗拉　2—上打断刀　3—顶梳　4—上钳板　5—给进梳　6—给进盒　7—铲板　8—圆梳　9—下打断刀

⑤顶梳由上向下移动，准备拔取。

⑥铲板慢慢向钳口方向伸出，准备拔取。

⑦喂毛罗拉处于静止状态。

⑧拔取罗拉静止不动。

⑨上、下打断刀张开，准备拔取。

（3）拔取、叠合与顶梳梳理时期。从拔取罗拉开始正转到正转结束，称为拔取、叠合与顶梳梳理时期。各主要工艺部件的动作配合如下。

①圆梳继续转动，无梳理作用。

②上、下钳板张开到最大限度，然后静止。

③给进盒、给进梳向前移动，再次喂入一定长度的毛条，然后静止。

④拔取车向钳口方向摆动，使拔取罗拉到达拔取隔距的位置，夹持住钳口外的须丛，准备拔取。

⑤顶梳下降，刺透须丛并向前移动，作好拔取过程中梳理须丛纤维尾端的工作。

⑥铲板向前上方伸出，托持和搭接须丛。

⑦喂毛罗拉转过一个齿，喂入一定长度的毛片。

⑧拔取罗拉正转，拔取纤维。

⑨上、下打断刀张开，静止，然后逐渐闭合。

（4）梳理前准备时期。从拔取结束到再一次开始圆梳梳理，称为梳理前准备时期。各主要工艺部件的动作配合如下。

①圆梳上的有针弧面转向钳板的正下方，等待再一次梳理工作的开始。

②上、下钳板逐渐闭合，握持须丛，准备梳理。

③给进盒、给进梳在最前方，处于静止状态。

④拔取车离开钳口向外摆动，拔取结束。

⑤顶梳上升。

⑥铲板向后缩回。

⑦喂毛罗拉处于静止状态。

⑧拔取罗拉先静止，然后开始反转。

⑨上、下打断刀闭合静止。

三、精梳的工艺

精梳工艺参数主要包括喂入根数、喂入长度、拔取隔距、出条重量和针号、针密等。

（一）喂入根数和总喂入量

当喂入根数一定时，在梳针强度允许和不影响梳理质量的情况下，增加喂入毛条的重量，提高精梳机的产量。精梳机的规定喂入根数为20根左右，总喂入量不超过200g/m。当喂入条重一定时，在喂入根数不超过允许的最大根数的前提下，增加喂入根数有利于毛片的并合均匀。

在确定喂入根数和总喂入量时，应全面考虑精梳机的梳理质量、产量和工作能力。当梳理细羊毛和草杂、毛粒多的毛条或涤纶条时，喂入条重可较轻些，一般掌握在7～8g/m之间；当梳理粗羊毛和草杂、毛粒少的毛条时，喂入条重可大些，一般掌握在9～10g/m。

（二）喂入长度

喂入长度对精梳机圆梳和顶梳的梳理负担以及梳理质量和产量均有直接影响，喂入长度大，精梳机产量可以提高，但梳理机构的负担加重，易产生拉毛现象，制成率降低。喂入长度应随原料的不同而变化，不同原料的喂入长度见表3－6。

表3－6　不同原料的喂入长度

原料	粗长毛	半细毛	细毛	杂质多或较短的细毛	细短毛	细短毛或羔羊毛
每次理论喂入长度（mm）	10.2	8.9	7.8	7	6.4	5.8

（三）拔取隔距

拔取隔距是精梳机很重要的一个工艺参数，它与被梳去短纤维的长度和精梳落毛率有关。当加工长纤维时，拔取隔距要大；加工短纤维时，拔取隔距要小。生产中调节拔取隔距用的隔距板有 18mm、20mm、22mm、24mm、26mm、28mm 和 30mm 等几种，常用的是 26mm、28mm 和 30mm 三种。梳理粗长羊毛和粘胶纤维时多用 28mm 和 30mm；梳理细羊毛时多用 26mm。拔取隔距的大小主要决定于原料的长短，同时可结合毛网质量和制成率进行调节。

（四）出条重量

精梳机的出条重量随原料的不同而变化，一般为 17 ~ 20g/m。加工细羊毛时为 17 ~ 18g/m，加工一、二级国毛时为 18g/m，加工粗长羊毛和粘胶纤维时为 19 ~ 20g/m。

（五）针号及针密

精梳机圆梳和顶梳钢针的号数与针密的选择是保证梳理质量的重要条件，根据原料状态选用。

1. 圆梳梳针的选用 圆梳第 1 ~ 9 排梳针的规格一般不随原料变化，但可分为粗毛和细毛两类。其针号和针密见表 3 – 7。

圆梳第 10 ~ 19 排梳针的规格根据原料种类或纤维细度而变化，其针号和针密见表 3 – 8。

表 3 – 7 第 1 ~ 9 排梳针规格

排次	植针角度	露出针长（mm）	细毛				粗毛	
			B. W. G 线规		S. W. G 线规		B. W. G 线规	
			针号	针密（根/cm）	针号	针密（根/cm）	针号	针密（根/cm）
1	37°	7	16	4	17	5	16	4
2	37°	7	17	5	18	6	16	4
3	37°	7	18	6	19	8	17	5
4	37°	7	19	7	20	9	17	5
5	37°	7	19	7	21	10	18	6
6	37°	6	20	8	22	12	19	7
7	37°	6	20	8	22	12	21	10
8	37°	6	23	12	23	14	21	10
9	37°	6	23	12	23	14	22	12

表 3 – 8 第 10 ~ 19 排梳针规格

排次	10	11	12	13	14	15	16	17	18	19
植针角度	39°	39°	39°	39°	39°	39°	39°	39°	39°	39°
露出针长（mm）	5	5	5	5	5	4	4	4	4	4

续表

排次		10	11	12	13	14	15	16	17	18	19
细毛或化纤 3.33～4.44dtex（3～4旦）	针号（B.W.G）	24	24	25	25	26	27	28	29	29	—
	针密（根/cm）	16	16	18	18	20	22	26	28	28	—
	针号（B.W.G）	24	24	25	25	26	27	27	28	28	—
	针密（根/cm）	16	16	18	18	20	22	22	26	26	—
	针号（S.W.G）和（B.W.G）	24	24	25	25	26	26	27	28	28	28
	针密（根/cm）	14	14	18	18	20	20	22	25	25	25
毛或化纤 4.44～5.55dtex（4～5旦）	针号（B.W.G）	23	24	24	25	26	26	27	27	27	—
	针密（根/cm）	14	16	16	18	20	20	22	22	22	—
三、四级毛或化纤 5.55～6.66dtex（5～6旦）	针号（B.W.G）	23	24	24	25	25	25	26	26	26	26
	针密（根/cm）	14	16	16	18	18	18	20	20	20	—

2. 顶梳梳针的选用 顶梳梳针应根据原料的品种和细度选用。其针号和针密见表3－9。

表3－9 顶梳梳针规格

种类		针长（mm）	锥部长（mm）	细毛或化纤 3.33～5.56dtex		三、四级毛或化纤5.56～6.67dtex			
				针号	针密（根/cm）	针号	针密（根/cm）	针号	针密（根/cm）
圆针 B.W.G	第一种	16	9	28	27	27	22	26	20
	第二种	16	9	27	26	26	20	—	—
扁针 S.W.G	第一种	17.5	9	20×27	22	19×26	20	—	—
	第二种	17.5	9	20×27	21	—	—	—	—

四、精梳的质量要求

精梳的质量要求主要控制毛粒、拉毛和毛网不良等，其产生原因有如下几点。

（1）毛网正面毛粒、草杂多。由于喂入量过大使圆梳负荷过多、圆梳起始位置不当使最后几排梳针未起作用、圆梳梳针密度太稀、圆梳梳针损伤及残缺、钳板与圆梳间的隔距太大使部分须丛得不到充分梳理、上钳板小毛刷装置过高或不平、毛刷与圆梳或道夫间隔距过大使圆梳梳针清洁状态不良、给进盒动程太大、顶梳插入须丛太迟、拔取隔距太小、喂给长度过长等因素造成的。

（2）毛网反面毛粒、草杂多。由于顶梳位置过高而产生拉毛现象、顶梳抬起过早、顶梳不清洁、梳针间的短纤维及草杂未及时清除、顶梳缺针或针密不当等因素造成的。

（3）圆梳拉毛。由于上下钳板咬合不严、顶梳插入太深、上钳板毛刷位置过低、喂入量过大、喂入毛层厚薄不均匀、喂入毛条接头抱合或有捻度、圆梳针尖有损坏、拔取皮板使用时间过长等因素造成的。

（4）毛网不良。由于喂入毛条不正常、毛条搭接不良、下打断刀位置过高、皮板状态不良、齿轮损坏、出条罗拉与拔取罗拉之间张力不当等因素造成的。

习题

1. 解释下列概念。

主体毛、配合毛、主体配合毛、HLB值、喂入负荷、出机负荷、交工作辊负荷、剥毛辊负荷、返回负荷、抄针毛负荷、牵伸、机械牵伸、实际牵伸、牵伸效率、弯钩、毛粒。

2. 精梳毛纺工程中原料的搭配有几种方式？

3. 说明梳条配毛的目的及原则。

4. 和毛加油的目的是什么？

5. 说明B262型和毛机的工作原理。

6. 说明羊毛与化学纤维混梳时和毛加油的工艺流程。

7. 投料800kg羊毛，原料实际回潮率为15%，含油脂率为0.5%，要求上机回潮率为27%，含油脂率为2%，求该批混料需加油水量。

8. 如何提高乳化液的稳定性？

9. 和毛加油有哪些质量要求？

10. 精纺梳毛的目的是什么？

11. 说明B272A型精梳纺梳毛机的工作原理。

12. 梳理工作区机件对纤维的主要作用有哪几种？各有什么特点？

13. 举例说明梳理工作区的分梳作用。

14. 举例说明梳理工作区的剥取作用。

15. 说明大锡林针面负荷分配系数与工艺条件、梳理质量的关系。

16. 说明精纺梳毛机的混合均匀作用。

17. 说明梳毛机除草方式及其作用分析。

18. 说明精纺梳毛的工艺原则。

19. 简述精纺梳毛的质量要求。

20. 针梳的目的是什么？

21. 说明B305型针梳机的工作原理。

22. 牵伸三要素是什么？

23. 说明针梳机的梳箱机构。

24. 说明针梳的工艺原则。

25. 针梳机如何消除弯钩？

26. 针梳机如何降低毛粒？

27. 简述针梳的质量要求。
28. 说明先复洗后精梳的工艺流程及特点。
29. 复洗的目的是什么?
30. 说明 LB334 型热风式复洗机的工作原理。
31. 说明复洗的工艺原则。
32. 精梳的目的是什么?
33. 说明 B311C 型精梳机的工作原理、组成及工作周期。
34. 说明精梳的工艺原则。
35. 简述精梳的质量要求。

第四章　精纺前纺

本章知识点

1. 条染复精梳的目的、设备及质量要求。
2. 混条的目的、设备及工艺。
3. 前纺针梳的目的、设备及工艺。
4. 粗纱的目的、设备、工艺及质量要求。

精纺前纺是先将精纺毛条纺成符合要求的粗纱的过程，需要条染的产品在前纺前还要经过条染复精梳工序（又称前纺准备），前纺加工包括混条、针梳、粗纱等工序。

第一节　条染复精梳

精纺毛织物的染色有匹染、条染、筒子染、经轴染和毛条印花等几种方式，生产中条染和匹染两种方法使用较多。匹染方法适用于单色织物，生产工艺流程较短，有利于节约能源，提高生产效率。在织物形成以后染色，某些染色疵点难以弥补，限制了产品的花色品种。条染是对精梳毛条或化纤条进行染色，适用于加工混色产品或混纺产品，将不同色泽、不同成分、不同性质的毛条进行不同比例的搭配，就可生产出众多风格各异、多彩多姿的精纺毛织品。同匹染相比，条染产品在增加花色品种，提高外观质量方面更有优势，一些色光要求极严的高档单色产品，为保证染色质量，也采用条染。

一、条染复精梳的目的

条染复精梳包括松球、条染、复洗、复精梳等工序，为了保证条染质量，毛条在染色之前要先松球；染色后的毛球经过复洗洗去浮色。毛条的结构和均匀度受到破坏，要通过复精梳工序来改善，复精梳前要先经混条和几道针梳进行混色和变重；复精梳后再经过两道针梳改善精梳毛条的短周期不匀，提高条染复精梳毛条的质量。

二、条染复精梳的设备

条染复精梳设备由条染设备、复洗设备、复精梳设备三部分组成，在选择条染复精梳工艺流程时一般遵循下列三个原则：多色号品种的混合次数应大于单色号品种的混合次数；混纺产品的混合次数应多于纯毛产品的混合次数；性质差异大的混纺产品的混合次数应多于性质差异小的混纺产品的混合次数。

（一）条染设备

1. 松球机　毛球在染色以前要先经松球机绕成松毛球，才能套入染缸的孔芯之中进行染色，以减少染色时间，增加匀染程度，为了生产和管理的方便，使松球机牵伸倍数等于并合根数，即牵伸前后条重无变化，仅控制出机成球重量。加工化纤条时，球重应偏轻掌握，针板块数可相应减少。

2. 染色机　染色机有常温常压染色机和高温高压染色机两种。

（1）常温常压毛球染色机。常温常压毛球染色机适宜于染毛条、粘胶纤维条、锦纶条、腈纶条。图 4－1 为常温常压毛球染色机工作过程示意图。

将松毛球套在芯轴上，装进毛球桶 4 中，旋紧桶盖 3，启动染液循环泵，染液由泵打入毛球桶底，由毛球桶壁内侧穿过毛球流入桶芯向上冒出，再从出液管 5 回流，如此反复循环，完成染色过程。常温常压染色一般染色温度不超过 100℃。国产毛球染色机型号主要有 N461 型和 N462 型，生产时配备有专门的毛球装桶机供装桶和压紧用，配置不同的常温常压染色机是为了适应小批量多品种的生产需要。

（2）高温高压毛球染色机。高温高压毛球染色机适用于涤纶条的染色。图 4－2 为高温高压毛球染色机工作过程示意图。

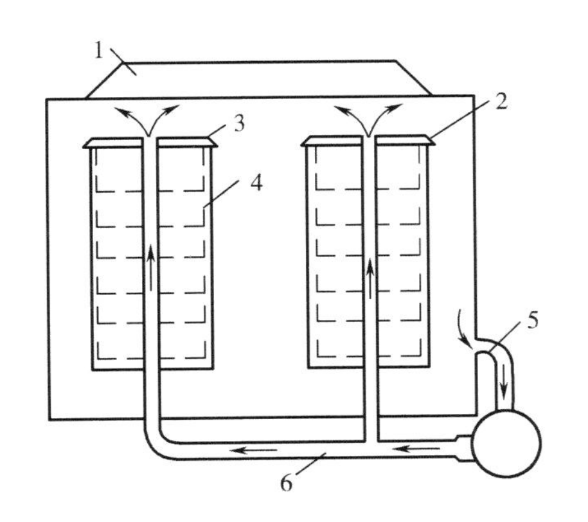

图 4－1　常温常压毛球染色机工作过程示意图

1—机盖　2—染槽　3—毛球桶盖
4—毛球桶　5—出液管　6—入液管

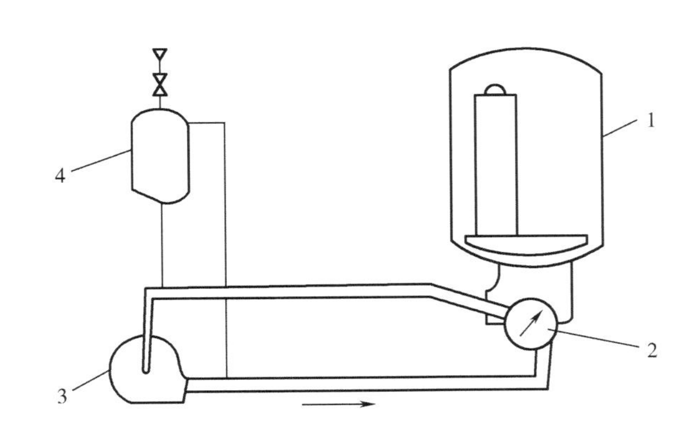

图 4－2　高温高压毛球染色机工作过程示意图

1—高压染色罐　2—流向控制阀
3—循环泵　4—高温膨胀箱

将毛球装入染色机以后，按设计浴比将染料和助剂溶解加入染缸，封盖加压，启动循环泵，使染液由里向外、由外向里定时交替循环。涤纶条在高温高压条件下才能上色，高温高压染色机能承受 130℃ 以上温度和 294kPa（$3gf/cm^2$）左右的蒸汽压力，确保涤纶条膨胀上色。

（二）复洗设备

国产复洗机有 LB331 型热辊式复洗机和 LB334 型热风式复洗机均可加工染后的各种条

子，LB334 型复洗机更适合于加工化纤条。复洗机的机构组成、工作过程、洗后效果已在第三章精纺毛条制造中详细叙述。

（三）复精梳设备

复精梳设备即采用精梳设备，已在毛条制造工程中详细叙述。

三、条染复精梳的质量要求

条染复精梳的质量指标主要有毛粒、毛片、重量不匀、色差程度、浮色洗净程度等（表 4－1）。

表 4－1　条染复精梳质量指标

项目		一等	二等	三等
毛粒（只/g）	纯毛、毛混纺	3.0	4.0	>4.0
	纯化纤、化纤混纺	4.0	4.5	>4.5
重量不匀率（%）		<3.5	3.5～4.5	>4.5
毛片（只/g）		不允许	不允许	不允许
染色指标	浮色（级）	4	4－5	>5
	本身色差（级）	4	4－5	>5
	混色色差（级）	4	4－5	>5

第二节　混条

一、混条的目的

混条工序能将不同颜色、不同性质、不同重量的条子，按照一定的比例并合，经过牵伸，制成满足后道工序要求的毛条。通过混条机的梳理，可使毛条中的纤维伸直平行，提高毛条条干均匀度，降低重量不匀率。根据毛条的含油及回潮情况，在混条时加入适量的和毛油、水和抗静电剂，以减轻前纺加工过程的静电现象和纤维损伤。

二、混条的设备

图 4－3 为 B412 型混条机工作过程示意图。毛球 1 由退绕滚筒 2 退绕，经导条轴 3、压条辊 4 后在喂入架上排列成一定宽度，经过喇叭口 5，由后罗拉 6 导入牵伸区。毛条受到牵伸区中交叉针板 7 的控制和梳理，在针板与前罗拉间牵伸变细后，由前罗拉 8 送出，再经导条器 10 到达假捻装置 11 加假捻，最后在卷绕滚筒 12 上卷绕成毛球 13。

B412 型混条机的结构与毛条针梳机相似，由喂入机构、牵伸机构和卷绕成形机构组成。

（一）喂入机构

采用双排双层卧式纵列滚筒毛球退绕架，具有占地面积小、毛球架高度适中、操作方便

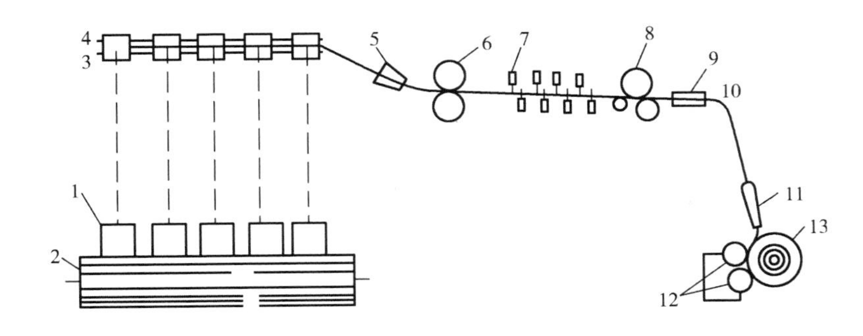

图 4－3 B412 型混条机工作过程示意图

1—喂入毛球 2—退绕滚筒 3—导条轴 4—压条辊 5—喇叭口 6—后罗拉 7—交叉针板
8—前罗拉 9—导条板 10—导条器 11—假捻器 12—卷绕滚筒 13—毛球

等优点，最大喂入根数 2×10 根。

（二）牵伸机构

采用两个结构完全相同的交叉式针板牵伸装置，两个牵伸梳箱和前罗拉由一个长轴同步传动，两梳箱牵伸倍数相同，各梳箱的液压系统相互独立，可按生产要求分别加压与卸压。

（三）卷绕成形机构

采用滚柱滑盘式卷绕成球机构，有三个卷绕成球装置的安装位置，可在中间位置安排一个卷绕成球装置构成双头单球形式；也可在两边位置安排两个卷绕成球装置构成双头双球形式，类似两台针梳机。

图 4－4 为 B412 型混条机双头单球装置示意图，从混条机两个梳箱 1 输出的毛条，经过导条板 2 并合到导条器 3 上，经过假捻器 4 加上假捻，由卷绕滚筒卷绕成毛球 5。

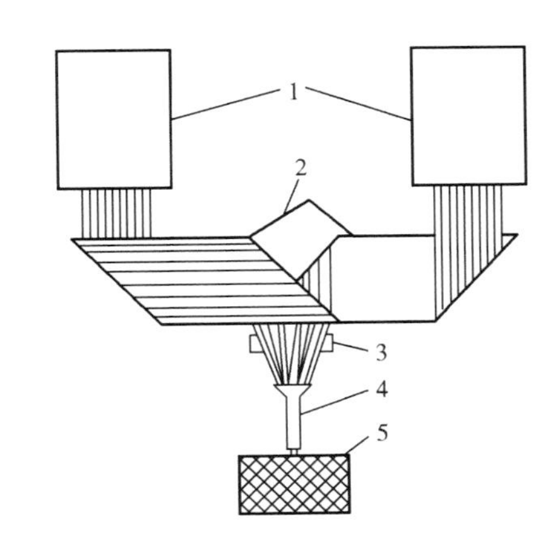

图 4－4 B412 型混条机双头单球装置示意图

1—梳箱 2—导条板 3—导条器 4—假捻器 5—毛球

三、混条的工艺

设计混条工艺，应从产品的风格、花型、颜色出发，综合考虑原料的重量及储备情况、设备情况和产品成本等因素，才能达到预期的效果。

（一）混条工艺设计的基本原则

（1）考虑产品风格、花型及颜色。不同的产品或品种，其风格、花型和颜色也常不相同，混条工艺应能满足产品的不同要求。例如，当某种产品只用一种颜色的毛条或用几种颜色相近的毛条混合时，对混条均匀程度要求就较低，混条次数可少一些；而当某种产品需用多种颜色相差较大的毛条混合制成时，对混条均匀度的要求就较高，混条次数也就应适当增多。

（2）考虑原料的性质、质量及供应情况。产品不同、原料不同，对混条的要求也不同。混纺产品对毛条混合均匀度的要求比纯纺产品更高。对于同一种类，应根据优毛优用的原则，将高质量的原料用于加工高档产品，并采用适当工艺，尽量减少羊毛损伤，力求充分体现羊毛的优良性能；质量一般，批量较大的原料，用于生产中、低档产品；质量较差的原料，常在加工中、低档产品时，在不降低产品质量要求和不增加加工难度的前提下，尽可能多掺入些，以降低产品成本。不同批次原料，性质并不完全相同，有时差异较大，生产中应根据原料的变化及时修改和调整有关工艺参数，以免造成产品质量波动过大或生产困难。

（3）考虑设备能力及产品成本。混条工艺根据设备能力、生产条件和产品成本灵活掌握。生产中、低档产品时，在保证产品质量的前提下，尽量减少工艺道数，提高产量和降低成本，高档产品和外销产品、保证质量优良和稳定的同时兼顾成本。

（二）混条方法

通过搭配使不同种类、不同颜色的纤维混合均匀，实现比例准确、工艺合理、省时省工是混条工序的关键。混条工序越靠前混合就越均匀。不同种类、不同颜色的条子混合，且混合均匀度要求较高时，应尽量在靠前的工序（如复精梳工序之前）中将不同条子混合。因产品的要求不同，搭配的毛条在种类、数量、比例和单重方面也不相同。为了将各种原料按要求比例同时用完，不留余量，根据不同情况，采取不同的混条方法。

1. 批量较大、混合比例简单、种类少的原料的混条方法 混合比例相差不大时，先计算出各毛条的长度比。若长度相同或成整数比例，则可按长度比例确定并合根数，毛条长度比例为：

$$\frac{L_1}{L_2}=\frac{P_1/G_1}{P_2/G_2} \tag{4-1}$$

式中：L_1、L_2——各毛条的计算长度，m；

P_1、P_2——各种毛条的混入重量百分比；

G_3、G_2——各种毛条的单重，g/m。

如果长度不成整数比，则可将其中一种（或几种）毛条先上机改变定重后，再与其他毛条按整数比例混合。

例1 今有条重均为20g/m的毛条和涤纶条按毛45%、涤55%比例混合，需设计混条方案。

解：先计算毛条长度比。设涤纶条长度为L_1，毛条长度为L_2，则：

$$\frac{L_1}{L_2}=\frac{55/20}{45/20}=\frac{11}{9}$$

因两种原料长度成整数关系，按涤纶条11根、毛条9根共20根喂入进行混合即可。

如果比例中毛条单重为18g/m，涤纶条单重仍为20g/m，则：

$$\frac{L_1}{L_2}=\frac{55/20}{45/18}=\frac{11}{10}$$

此时不易直接上机混条，可将涤纶条加工成11的整倍数22g/m，则：

$$\frac{L_1}{L_2}=\frac{55/22}{45/18}=1$$

即可将涤纶条和毛条按相同根数搭配喂入混条。

混合比例相差很大或有几种原料比例很小时，采用类似和毛中“假和”的方法，从比例大的原料中取出一部分先与小比例的原料混合。如果混合后的下机毛条仍然很少，可重复上述步骤，直到下机毛条数量较多时，再与未混原料一起混合，将原料全部混完。

2. 混合批数或种类较多时的原料混条方法

（1）条重相同的原料相混合。

①先将各原料的混合比例折算成整数的重量百分比，再按各原料百分比的个位百分数，从原料中取出相应的数量先进行混合。混合时，原料混合比例中个位数是几的原料就喂入几根，并使出条单重与喂入条子单重相等或成整数倍。

取出的原料如占总原料的10%或20%时，可一次混合，制成一根或两根条子；取出的原料如超过总原料的20%时，则要将取出的原料分组，分别制成两根以上的条子，条重与喂入条重相等或成整数倍。

②以各原料混合百分比的十位数作为各自的喂入根数，此时各原料喂入总根数不足10根，将已混过的条子按比例加上才达到10根（或相当于10根），以10根喂入进行第二次混合，至全部混完。

例2　有五种单重均为20g/m的色条需要混合，其混合比为：A原料12%，B原料31%，C原料3%，D原料44%，E原料10%，应如何混条？

解：1. 先从A原料中取总原料重量的2%，B原料中取总原料重量的1%，C原料中取总原料重量的3%，D原料中取总原料重量的4%，进行第一次混合。A原料喂入2根、B原料喂入1根、C原料喂入3根、D原料喂入4根，共计喂入10根，出条重20g/m的条子为原料F。

2. 将各原料按A原料喂入1根，B原料喂入3根、D原料喂入4根、E原料喂入1根、F原料喂入1根，共喂入10根，进行第二次混合，也可将各原料喂入根数加倍至总喂入根数20根进行混合。

3. 将第二次混合的下机毛条再混一次，同时搭入余条，使原料全部混完。

（2）条重不同的原料相混合。

①根据各原料的要求比例及毛条单重计算单位重量的原料中各原料的长度。

$$L_i = \frac{Q \times P_i \times 10}{G_i} \tag{4-2}$$

式中：L_i——单位重量原料中某种原料的长度，m，i为原料A、B、C、D等；

P_i——某种原料混合重量百分比；

G_i——某种原料的单重，g/m；

Q——原料单位重量，kg。

根据L_i、设备最大喂入根数，按同时用完的要求确定喂入根数，进行第一次混合，混合进行至其中一种原料做完时停机，将已下机毛条长度定为l_1。

②将第一次混合时剩余的毛条按种类分别重新计算长度，按同时做完要求确定并合根数，

进行第二次混合，下机毛条长度定为 l_2，调整牵伸倍数使 l_1 = (5~9) l_2。

③将 l_1 与 l_2 按 (5~9) ∶1 的比例进行第二次混合，应同时做完，下机毛条长度定为 l_3，但在生产中不一定都能刚好做完，如果 l_1 剩余，将剩余 l_1 另放；如果 l_2 剩余，则用本次下机毛条 l_3 代替 l_1 与 l_2 搭配喂入，此时出条长度为 l_4 的毛条要另行放置，直到 l_2 全部用完。

④将第三次混合中另行放置的条子（剩余的 L_1 或 L_4）做成较细的条子，使其长度能与 l_1 搭配并合时能同时喂完，然后 l_3 搭配进行第四次混合。

例 3 有三种原料进行混条，其单重和比例如下：A 原料单重为 18 (g/m)，混合比为 50 (%)，B 原料单重为 15 (g/m)，混合比为 30 (%)，C 原料单重为 12 (g/m)，混合比为 20 (%)，试设计混条方案（选用 B412 型混条机）。

解：1. 计算 L，确定喂入根数：由于例题中未给出原料总重量，现设定单位重量 Q 为 1kg，则：

$$L_A = \frac{1 \times 50 \times 10}{18} = 27.7778(\text{m})$$

$$L_B = \frac{1 \times 30 \times 10}{15} = 20(\text{m})$$

$$L_C = \frac{1 \times 20 \times 10}{12} = 16.667(\text{m})$$

B412 型混条机最大喂入量为 20 根，使 A 原料喂入 5 根，B 原料喂入 4 根，C 原料喂入 3 根（当 B 原料用完时，剩余原料较少），此时共喂入 12 根（小于 20 根）进行第一次混合，牵伸取 6.3 倍，出条量为 30g/m。当 B 原料用完时，L_1 = (20/4) ×6.3 =31.5(m)。

2. 经第一次混合后，原料 A 剩余 27.7778 −5 ×5 =2.7778m，C 原料剩余 1.6667m，现取 A 原料 5 根，C 原料 3 根，共 8 根喂入，进行第二次混合，考虑下次混合时喂入 10 根；出条长度为：

$$l_1 = 9l_2$$

$$l_2 = l_1/9 = 31.5/9 = 3.5(\text{m})$$

每根毛条这时的喂入长度为：

$$l_A = 2.7778/5 = 0.5556(\text{m})$$

$$l_C = 1.6667/3 = 0.5556(\text{m})$$

牵伸为 $E = l_2/l_A = 3.5/0.5556 \approx 6.3$ 倍，取 $E = 6.3$ 倍，出条重为：

$$G_2 = (18 \times 5 + 12 \times 3)/6.3 = 20(\text{g/m})$$

按计算刚好全部用完。

3. 将 l_1 喂入 9 根，l_2 喂入 1 根，共 10 根，进行第三次混合，如第二次混合有少量余条也一起搭入，直到全部用完。

由于混条任务大，设备也各不相同，所以混条设计应在满足工艺条件、质量要求和设备能力等情况下灵活掌握，方法也可多种多样。

（三）混条加油量控制

前纺或前纺准备所使用的成品毛条含油率在 0.6% ~1.0% 之间，为了使前、后纺加工能顺利进行，减少断头和消耗，在混条时还须加入适量的和毛油和水分。一般加油后使白毛条含油率在1.0%～1.5%，毛涤条在0.4%～0.8%，毛粘条在0.8%～1.0%，纯粘条在0.7%～1%，合纤条在0.2%～0.5%。细毛、染色毛应适当多加，粗毛可少加。加油量过多不仅造成浪费，而且会造成牵伸不开、易绕毛等不良情况，使断头和消耗增大。油水比一般为1∶5～1∶6，根据气候、季节不同而调节，在较干燥的地区，油水比为1∶8～1∶10；加油后存放足够的时间，让油水充分渗透，使前纺加工处于放湿状态，以减少飞毛、降低断头率。

为了区别不同批号，在纺白纱时，和毛油中常加入少量不同颜色的染料，但做漂白产品和浅色产品时，和毛油中不宜加染料。

第三节　前纺针梳

一、前纺针梳的目的

针梳机广泛应用于精纺纺纱的前纺工程，是前纺工程中的一种主要机台。其目的是将精梳毛条在充分混合的基础上，通过多次并合、牵伸与梳理，制成纤维排列平顺且紧密，色泽和品质充分混合均匀，条干均匀的条子，随着工艺道数的增加，出条重量逐渐减轻。

二、前纺针梳的设备

国产68型前纺针梳机的工艺流程为：B423型头道针梳机→B432型二道针梳机→B442型三道针梳机→B452型四道针梳机。

B423型头道针梳机、B432型二道针梳机、B442型三道针梳机为交叉式针梳机，其工作原理在毛条制造中已经介绍。这里主要介绍B452型开式针梳机。

图4-5为B452型针梳机工作过程示意图，毛条从喂入条筒1中抽出，经分条叉3、导条罗拉2、导条钩4进入牵伸区，牵伸区由后罗拉7、9（中间有导条槽8），张力轮6和喂入皮板5，针板10及前罗拉11等组成。须条经搓皮板12搓捻成光、圆、紧的小毛条，再经导条器13、圈条器14盘入毛条筒15中，供下道工序使用。

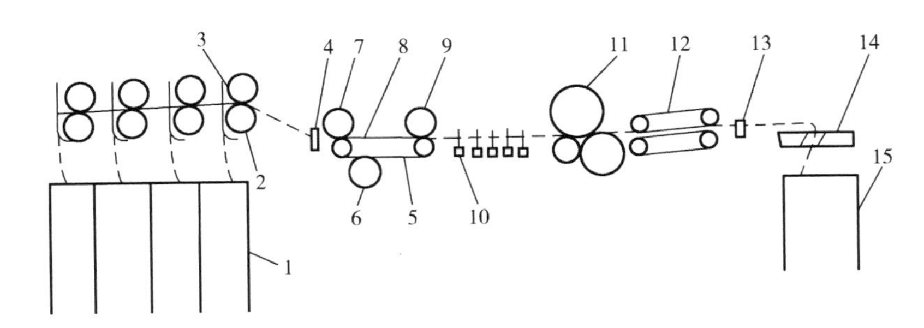

图4-5　B452型针梳机工作过程示意图

1、15—毛条筒　2—导条罗拉　3—分条叉　4—导条钩　5—喂入皮板　6—张力轮　7、9—后罗拉　8—导条槽　10—针板　11—前罗拉　12—搓皮板　13—导条器　14—圈条器

B452 型针梳机采用开式针板结构，通过用牵伸齿轮箱内不同齿轮齿数的搭配来改变牵伸倍数，出条重量范围仅为 0.5 ~ 2g/m，定重较轻，纤维抱合力较差，为了增加须条的强力，B452 型梳机采用搓捻机构。

牵伸机构的主要特点如下。

（1）梳箱内针板的工作区长度为 150mm，对纤维控制作用良好。针板导轨倾斜成负角，使钢针逐渐深入毛层，可避免纤维的损伤和紊乱。

（2）采用扁针，一方面增加梳理强度，另一方面可加强对纤维的控制作用。

（3）导轨在针板下落处装有吸振器，可减少噪声和损坏。

（4）针板的挡簧板上有一曲面，可合理分配作用于挡簧上的力，使针板按预定的运动轨迹落到下导轨面上。

（5）每个梳箱上都装有保险装置，当发生卡针板或其他故障时，保险装置可自动脱开；当某一梳箱不用时，可脱开锁母以减少磨损。每个梳箱可单独拆下而不影响其他梳箱工作。

三、前纺针梳的工艺

（一）牵伸倍数、并合根数、出条重量及出条速度

牵伸倍数的确定应与原料的性质及产品质量的要求相适应。由于纺纱工序从后到前条子逐渐变细，而且开式针梳机梳针对纤维的控制能力比交叉针梳机差，所以 B452 型针梳机的牵伸倍数一般比前道交叉针梳机小，其常用牵伸倍数为 6 ~ 7.5，加工纯毛时一般采用 6.5 ~ 7；加工化纤时采用 6.5 ~ 7.5。

B452 型针梳机的并合根数为两根。

出条重量应根据纺纱特数、设备的牵伸能力及产量等要求来确定。其出条重量应低于前道针梳机的出条重量，B452 型针梳机的最大出条重量为 2g/m。

出条速度应根据机器性能、出条重量及产量等要求而定，一般选用 50m/min 左右，牵伸倍数、并合根数、出条重量及出条速度之间相互联系，相互影响，选择时应统一考虑并合理分配。

（二）隔距

针梳机的隔距分前隔距和总隔距两项。前隔距指第一块针板到前上胶辊和小罗拉握持线之间的距离，这段隔距应尽量小，过大会引起牵伸不匀。一般纺纯毛和混纺纱时前隔距为 23 ~ 27mm，纺化纤纱时前隔距为 25 ~ 30mm。

总隔距的大小要根据纤维长度分布情况而定，开式针梳机的总隔距是纤维交叉长度的 1.8 ~ 2 倍，一般常用 280 ~ 300mm。

（三）针板的号数或密度

针板号数或密度的选择应根据所加工原料的种类和品质及梳箱负荷来确定。加工羊毛的针号或针密比加工化纤的大，加工细短毛的比加工粗长毛的大。加工羊毛产品时针密为 12 根/cm，加工毛与化纤混纺产品时针密为 10 根/cm，加工化纤产品时针密为 8 根/cm。

（四）前罗拉加压

前罗拉加压变化较小，但在加工化纤和化纤混纺纱时，条子中纤维的强力大，纤维整齐，纤维间摩擦系数大，前罗拉加压可适当增大。

第四节　粗纱

一、粗纱的目的

粗纱工序的目的是将前纺针梳下机毛条制成粗纱。毛条经过多道前纺针梳机的牵伸、并合及梳理，已比较均匀，纤维也已排列得相当平行顺直。但毛条太粗，不能直接在细纱机上纺成细纱，必须经过粗纱机的牵伸，将须条进一步拉细到细纱机要求的程度（一般为0.25～1.2g/m）。经过粗纱机牵伸后的须条强力低，须条中纤维相互结合松散，需要经过加捻或搓捻使粗纱中纤维结合比较紧密，强力增大，并在粗纱筒管上卷绕成便于存放、搬运和后道加工的形状。

二、粗纱的设备

粗纱机按粗纱结构可分为两大类：一类是纺制有捻粗纱的粗纱机，称为有捻粗纱机，如B465型、B465A型粗纱机；另一类是纺制无捻粗纱的粗纱机，称为无捻（搓捻）粗纱机，如B461型、FB441型粗纱机。

粗纱加上捻度后，强力较大，可使抱合力较差的化纤减少意外牵伸，在细纱机上退绕时不易断头，纤维在牵伸时易于控制，有利于降低细纱断头，减少飞毛，提高制成率，细纱条干也比较好。有捻粗纱机适宜加工的原料范围较广，对纱条含油、回潮及车间温湿度等要求不高。有捻粗纱机均采用翼锭加捻，由于翼锭离心力大，易变形，所以车速较低，产量低。有捻粗纱机构复杂，噪声大，挡车操作和保全、保养都比较复杂。

无捻粗纱机由于没有翼锭，车速及产量高，机构也比较简单，挡车操作和保全、保养均较方便，改换纱批也比较容易，适合小批量、多品种生产。经过搓捻的粗纱外表光洁，毛羽少，纺成的细纱强力好，缩率小。由于粗纱无捻度，故强度较差，在搬运、放置时易起毛、易产生意外牵伸，在细纱机上退绕时易断头，在纺制抱合力较小的化纤时，起毛和断头更加严重。但纺制卷曲多、抱合力大的羊毛纱时，效果较好。

（一）B465A型翼锭式粗纱机

图4-6为B465型粗纱机工作过程示意图，由喂入、牵伸和加捻卷绕成形三部分组成。毛条由条筒中引出经导条辊1、分条架2和后集合器3，由后罗拉4进入牵伸装置中。在牵伸装置中的一对长短胶圈5控制下，牵伸变细。为了防止纤维扩散，在胶圈前后各设有纤维集合器7和8。经过牵伸后的须条经前罗拉6送出后，在翼锭9的回转下加上捻度，再利用翼锭与筒管的转速差而卷绕在筒管10上。筒管与上龙筋11一起作垂直升降运动，使粗纱逐圈逐层依次绕到筒管上。为了防止纱管两端毛纱脱圈，筒管升降动程需逐层缩短，使粗纱卷绕成

两头呈圆锥形管纱。

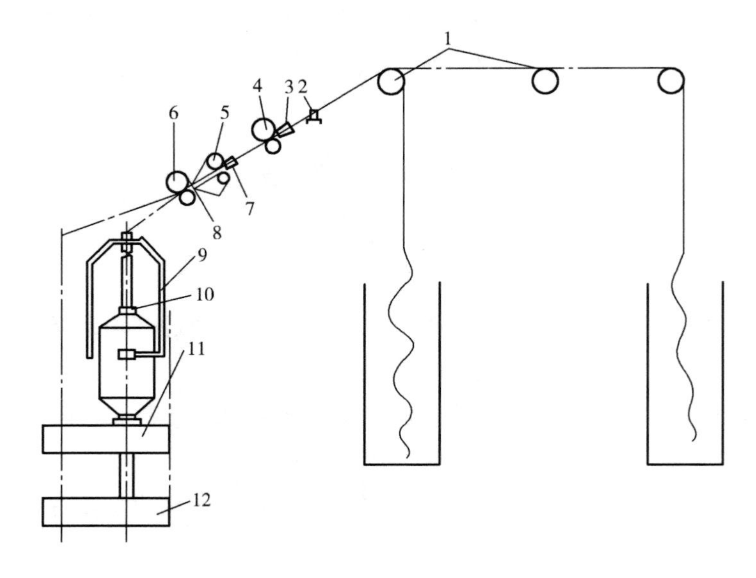

图 4-6　B465 型粗纱机工作过程示意图

1—导条辊　2—分条架　3—后集合器　4—后罗拉　5—长短胶圈　6—前罗拉
7、8—集合器　9—翼锭　10—筒管　11—上龙筋　12—下龙筋

1. 喂入机构　B465A 型粗纱机采用单层双排条筒喂入架。其优点是条筒容量大，接头少，换筒方便，适合高速。其缺点是占地面积大，条子从条筒至后罗拉之间路程较长，喂入毛条有可能产生意外牵伸。而且导条辊较高，造成挡车接头较麻烦。

2. 牵伸机构　牵伸机构采用三罗拉长短胶圈摆动销式单区（或双区）牵伸装置。图 4-7 为 B465A 型粗纱机牵伸装置示意图。

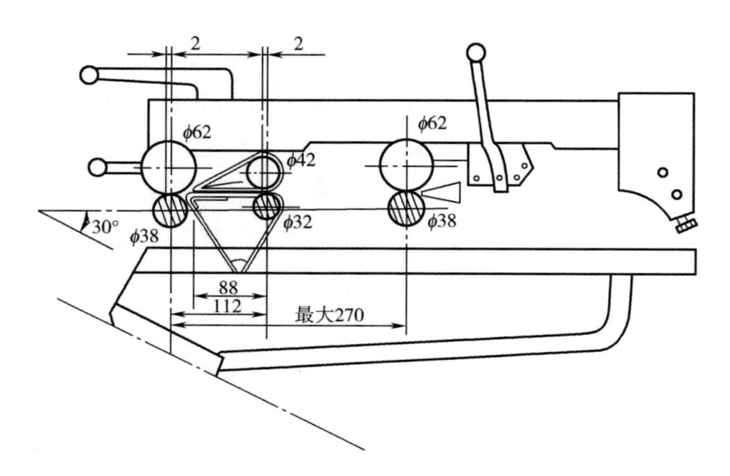

图 4-7　B465A 型粗纱机牵伸装置示意图

后下罗拉（常称后罗拉）为直径 38mm 的沟槽罗拉。后上罗拉为外包丁腈橡胶、直径为 62mm 的弹性罗拉，常称为后胶辊。后胶辊单独采用小摇架弹簧加压，压力为 333.2N/双锭。

中下罗拉（常称中罗拉）采用直径为32mm的滚花罗拉。中罗拉外套下胶圈。为防止胶圈下凹，下胶圈内靠前罗拉一端装有强形托板，保证胶圈对纤维的良好控制。胶圈由张力辊张紧。中上罗拉为外包丁腈橡胶、直径为42mm的弹性罗拉，常称为中胶辊。中胶辊外表面开有环形沟槽，套有上胶圈，上胶圈由带弹簧的上销张紧。中胶辊、上胶圈均由中罗拉、下胶圈摩擦传动，上销和弧形托板前缘组成胶圈钳口。这种胶圈钳口能根据纱条的粗细自动改变大小。这种上销称为弹性摆动胶圈销。胶圈钳口的最小距离由扣在上销前缘的胶圈隔距块控制。隔距块有多种规格，以适应不同的纱特的纱条。

前下罗拉为直径38mm的沟槽罗拉，常称为前罗拉。前罗拉外包丁腈橡胶，直径为62mm，常称为前胶辊。

前、中胶辊采用YJI－320A型大摇架加压，摇架内装有两个弹簧，摇架锁紧后可分别对前、中胶辊加压。前胶辊压力为392～470.4N/两锭，中胶辊压力为22.54N/双锭。

为了加强对纤维须条的控制，后罗拉喂入处的后集合器可根据不同喂入条重选择合适的大小。前、中罗拉中心距为100mm，前、后罗拉中心距为160～240mm，可集体调节以适应纯毛、毛混纺及纯化纤等不同原料、不同长度纤维的加工。该机不仅适用于精纺纱的加工，还能适用于绒线的加工。

3. 加捻机构 毛条经过牵伸从前罗拉输出后，纱条结构松散，强力低。通过加捻使纱条两端产生相对扭转，与须条轴向平行的纤维即转成螺旋状，可以增加纤维的抱合力，限制纤维在纱条中移动，提高粗纱的强力。

（1）捻系数与捻度。单位长度粗纱上的捻回数称为捻度。对于相同粗细的纱条，捻度的大小就标志着加捻程度的大小；对于不同粗细的纱条，比较加捻大小就必须引入捻系数的概念。捻系数是用来衡量不同粗细相同品种纱条的加捻程度的一个指标。捻系数与捻度、纱条特数具有下列关系式：

$$\alpha_t = T\sqrt{\mathrm{Tt}} \qquad (4-3)$$

式中：α_t——特数制的捻系数；

T——捻度，捻/10cm；

Tt——纱条线密度，tex。

若细度用公制支数来表示时，则：

$$\alpha_m = \frac{T_m}{\sqrt{N_m}} \qquad (4-4)$$

式中：α_m——公制支数制的捻系数；

T_m——捻度，捻/m；

N_m——纱条的公制支数。

捻系数的选择时要考虑原料品种和粗纱重量。纤维长的捻系数可较小；染深色的捻系数也可较小；有光化纤的捻系数比无光化纤的小。羊毛的捻系数较大，其次是腈纶或粘纤，再次为涤纶，锦纶最小。

（2）加捻机构的组成与加捻过程。

①加捻机构的组成。图 4 – 8 为 B465A 型粗纱机加捻示意图。

加捻机构主要由翼锭等部件组成，锭翼 3 由套管（或称中管）5、实心臂 6、空心臂 9 和压掌 7 组成，借助套管内销钉 4 插在锭子顶端槽内，随锭子一起回转。空心臂为弯曲的工作臂，内侧要求非常光洁，还须经常保持清洁。空心臂外侧有细缝，在穿头时用于引导粗纱。实心臂用于平衡空心臂的质量，需定期校正，以减少锭子振动，降低断头率，提高粗纱质量。压掌套在空心臂上，能在一定角度内绕空心臂灵活转动。压掌垂直部分的质量大于水平部分，锭翼回转时，压掌杆（压掌垂直部分）产生较大的惯性力矩，使压掌叶（压掌水平部分）压向纱管。粗纱通过压掌叶的导纱孔，将粗纱卷绕在筒管 8 上。

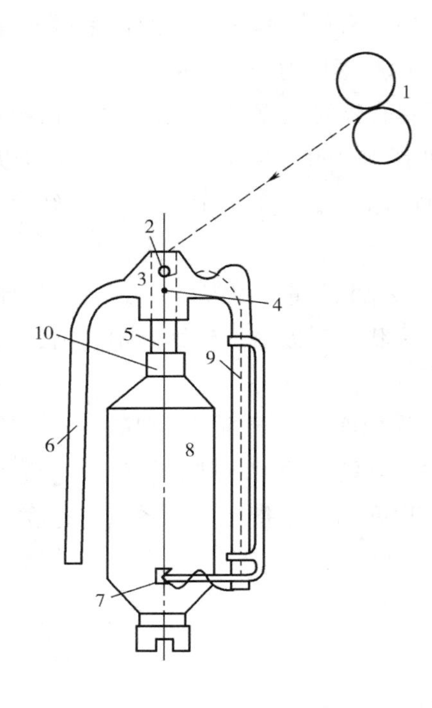

图 4 – 8　B465A 型粗纱机加捻示意图

1—前罗拉　2—锭翼侧孔　3—锭翼　4—销钉
5—套管　6—锭翼实心臂　7—压掌
8—粗纱筒管　9—锭翼空心臂　10—锭子

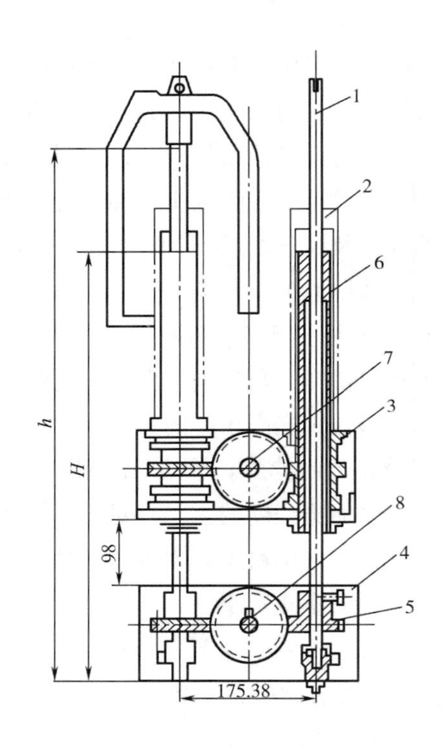

图 4 – 9　锭子结构及传动示意图

1—锭子　2—筒管　3—上龙筋
4—下龙筋　5—锭子传动齿轮
6—锭套管　7—筒管传动轴　8—锭子传动轴

锭子采用锭子钢制成，并经过热处理，直径为 22mm，长约 1m。锭子顶部开有安装销钉的槽，底部安装传动齿轮，并起支承作用。锭子中部靠锭套管支持。锭子带动锭翼一起回转。图 4 – 9 为锭子结构及传动示意图。

②粗纱加捻过程。粗纱获得捻度的过程如图 4 – 8 所示。由前罗拉 1 送出的粗纱进入回转着的锭翼 3 的顶孔内，从侧孔 2 穿出，进入空心臂 9，从空心臂底部引出，在压掌 7 上绕两三圈后卷绕在筒管上。锭翼每转一圈，前罗拉至锭翼顶孔之间的纱条便被加上一个捻回。由于前罗拉和锭翼的转速均是恒定的，因此，粗纱便得到固定的捻度。

③加捻机构与锭速。锭子速度的高低是衡量粗纱机性能的基本标志之一，它不仅取决于锭子、锭翼、筒管及传动部件等的结构和质量，而且还受加工原料的品种及性能、所纺粗纱的定量及捻度、生产管理水平及技术条件等各种因素的影响。

B465A 型粗纱机锭速在 500 ~ 800r/min 之间，锭翼结构对提高锭速和粗纱质量有直接影响。锭子回转时，锭翼两臂因离心作用等原因而发生径向弹性变形，下端向外甩开，径向尺寸变大，相邻锭子的锭翼间距变小。当锭翼材质不良时，相邻锭子的锭翼在正常转速下将有可能相碰。在制造上采用整体式两臂与套管用销钉连接的工艺，既轻巧又能提高强度，还减少了锭翼的径向变形。两臂采用倾斜式，肩部可减少由气流引起的飘头、断头、飞毛增多等现象。锭翼采用轻质高强材料，可适应更高锭速。

锭子的刚度和支承情况对锭子和锭翼的平稳回转是很重要的。因此，除了采用高质量钢材制造锭子和保证锭子准直、圆正外，还须合理设计锭子的支承方式，即控制锭子上部支承高 H 与锭冀重心高 h 之间的比例（图 4 - 9）。上部支承高 H 是指当上龙筋 3 下降至最低位置时，锭套管 6 支承点至锭尖的距离。锭翼重心高 h 是指锭翼重心至锭尖的距离。这个比例越大，锭子回转越平稳。因受筒管高度的限制，这个比例不可能太大，一般为 0.7 左右。

（3）假捻器的作用。前罗拉 A 输出的须条（图 4 - 10），穿过套管侧孔 C 时，随锭冀一起回转而加捻。由于纱条在运动过程中受锭翼套管顶端 B 点的摩擦，使 BC 段的捻回不能顺利向上传递而产生捻陷，从而使 AB 段纱条捻度较小，强力较低。B465A 型粗纱机的锭子是分两排布置的，前排锭子因导纱角小（18°），纱条受到的摩擦就比较大，捻陷现象比后排锭子严重。另外，前排锭子的悬空纱条长度较长，意外牵伸也比后排大。这样就使前后排粗纱产生较大重量差异。为了减小由这种情况引起的差异，最简单的办法是在锭翼套管顶端（B 处）刻槽，或在套管顶部装假捻器，利用套管顶端的槽或假捻器回转对须条的切向摩擦，使纱条不断地上下抖动和滚动，帮助捻度传递，增加 AB 段纱条的捻度及强力，减少意外牵伸，减小前后排粗纱之间的重量差异。

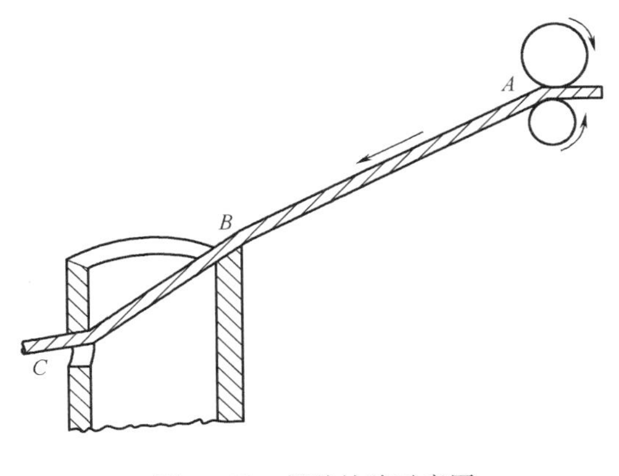

图 4 - 10　粗纱捻陷示意图

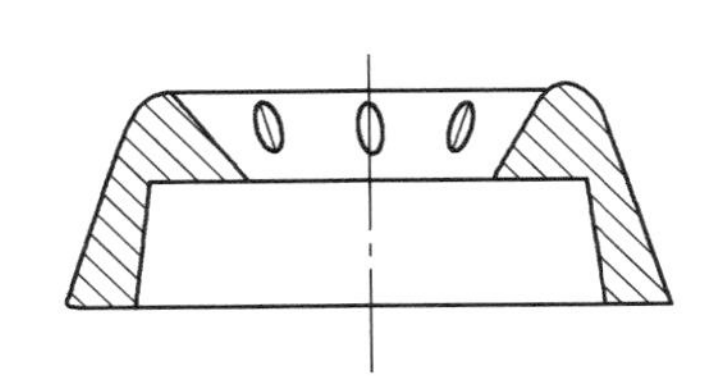
图 4 - 11　塑料假捻器

纱条经过刻槽或装有假捻器的套臂顶孔时，还受到加捻作用，从而使 AB 段纱条的捻度增大、强力提高，这对减少因粗纱抖动产生的意外牵伸、提高粗纱均匀度均有好处。AB 段上捻回数的多少与套管顶端刻槽的深浅和数目有关，前后排锭翼均刻槽，前排槽数多于后排槽数，一般为6~10条不等。也有只在前排锭翼刻槽。刻出的槽应光滑、均匀，不能有毛刺。将图4－11所示的塑料假捻器装于套管顶端，假捻效果显著，磨损后更换也很方便。

4. 卷绕成形机构 前罗拉送出的须条由锭翼加捻后，经压掌的导纱孔卷绕在筒管上。为了便于运输、存放和细纱机退绕，粗纱卷绕成图4－12所示形状的卷装。粗纱沿筒管长度方向一圈挨一圈卷绕成一层。当紧挨筒管的第一层卷绕满后，在第一层纱上卷绕第二层，当第二层卷绕结束后，在第二层上卷绕第三层。如此不断进行，直到卷绕结束。为了避免粗纱脱圈或纱边倒塌，每一层的卷绕长度比前一层减少一些。

粗纱的卷绕是由筒管、龙筋和锭翼的运动相互配合而实现的。只有当筒管转速与翼锭转速不相同时，才能产生卷绕。根据转速差异情况，可有两种卷绕方式（图4－13）：当筒管转速 n_k 大于翼锭转速 n_o时，称为管导式卷绕；当翼锭转速 n_o大于筒管转速 n_k时，称为翼导式卷绕。

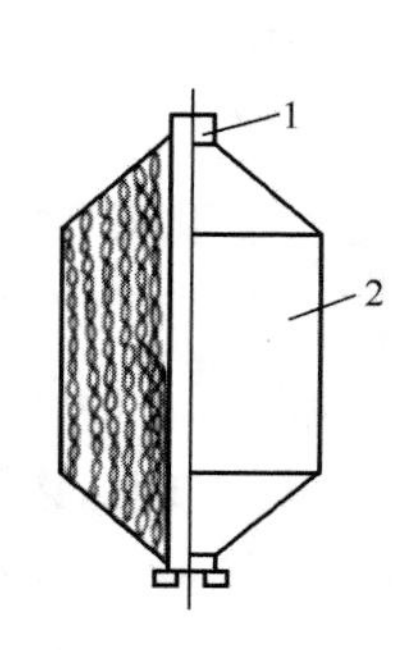

图4－12 粗纱卷绕示意图
1—粗纱筒管 2—粗纱层

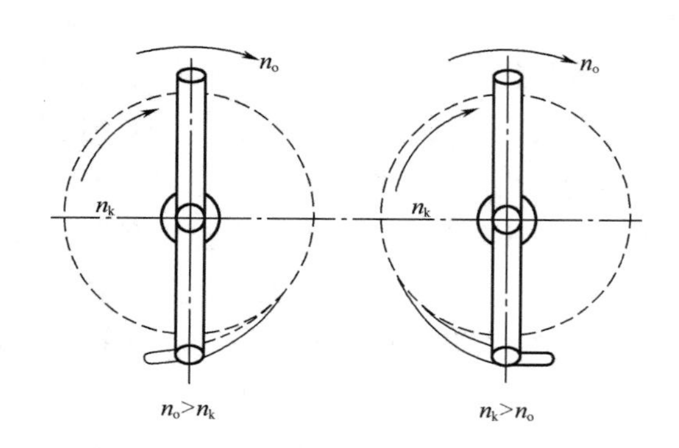

图4－13 管导与翼导

在两种卷绕方式中，如果筒管的转向相同，则两种卷绕的绕纱方向相反，因此压掌位置也相反。

不论采用何种卷绕方式，都必须使单位时间内的卷绕长度等于同时间内前罗拉输出的纱条长度。在一落纱卷绕过程中，前罗拉输出速度是不变的，但粗纱的卷绕直径却在逐层增大。为了使卷绕速度始终维持不变，卷绕转速（即筒管与翼锭转速之差）必须随粗纱卷绕直径逐层增大而减小。

B465A型粗纱机采用管导式卷绕，其优点是：粗纱断头后，纱头在空气阻力和纤维间抱合力的作用下，仍贴在粗纱筒管上，不会乱飞（翼导则易造成大量飞毛）。在一落纱的卷绕过程中，管纱重量随卷绕直径的增大而逐渐增加，管导时筒管转速是逐渐减慢的，可以使动力消耗比较均衡。粗纱机上传动翼锭的齿轮个数少，传动筒管的齿轮数量多，且铁炮皮带在起动时因打滑等原因，使开车瞬间筒管的运动滞后于锭子。采用翼导时易造成粗纱意外牵伸，甚至引起断头。管导无此缺点。

粗纱在筒管上是一圈挨一圈地紧密排列卷绕的，因此龙筋升降运动的速度要与筒管转速很好配合。前罗拉线速度是恒定的，而筒管卷绕直径在逐层增大。龙筋的升降速度也必须随卷绕直径的增大而减慢。在卷绕同一层粗纱时，卷绕直径不变，龙筋升降速度也不变。由前一层转换到新一层时，卷绕直径增大，龙筋升降速度也随之减慢。为使每层粗纱卷绕成圆柱形，上龙筋要做垂直的上升下降运动；为使粗纱穗两端呈圆锥形，随卷绕直径的增加，每层卷绕高度要相应逐渐减小，龙筋的升降动程也要逐层缩小。

（二）FB441 型无捻粗纱机

图 4－14 为 FB441 型粗纱机工作过程示意图。喂入架上的毛条 1 经导条辊 2、分条架 3 进入后罗拉 4。进入后罗拉的毛条先受到两对轻质辊 5 和 6 的控制，进行预牵伸。然后在针圈 7 和前罗拉 8 之间受到针圈钢针的梳理和牵伸成为粗纱，从前罗拉送出。粗纱在搓捻皮板 9 中受到搓捻，变得光、圆、紧，在卷绕滚筒 10 上卷绕成粗纱毛球 11。

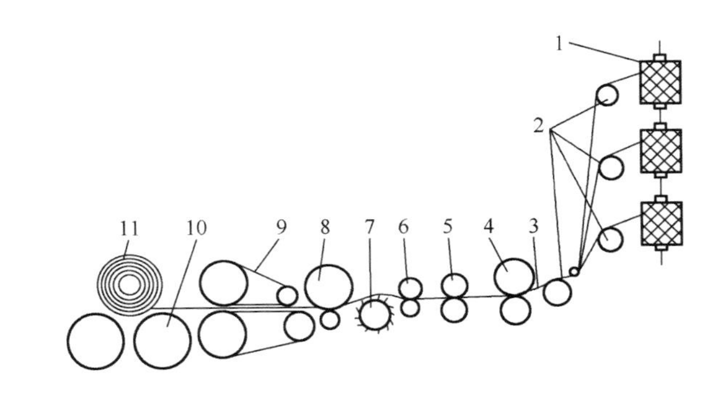

图 4－14 FB441 型粗纱机工作过程示意图

1—毛条 2—导条辊 3—分条架 4—后罗拉 5、6—轻质辊 7—针圈
8—前罗拉 9—搓捻皮板 10—卷绕滚筒 11—粗纱毛球

1. 喂入机构 FB441 型粗纱机喂入采用毛球喂入形式，毛球经导条辊、分条架进入后罗拉。

2. 牵伸机构 由针圈、两个轻质辊及多个罗拉组成。前罗拉为直径 23mm 的沟槽罗拉，前压辊为直径 70mm 的胶辊。采用较小直径的前罗拉，可减小针圈至前罗拉的距离（前隔距），缩小无控制区，加强对纤维的控制能力，前罗拉采用重锤杠杆式集体加压，为了防止针圈在运转过程中的振动，在针圈轴端设有防振装置。

中罗拉有两个，前中罗拉直径 18mm，后中罗拉直径 30mm，均为光面罗拉。前轻质辊有直径不同的两种规格，一种是直径 25mm 的金属棒，重量有 400g 和 500g 两种，可根据纺纱工艺要求选用。另一种是直径 10mm 的抬高棒，在纺化纤时选用，让纱条从其上通过，以减小针圈对化纤牵伸的不良作用。后轻质辊也有两种规格，一种是直径 30mm、重 600g 的金属棒，主要用于纺纯毛纱，另一种是直径 70mm、重 300g、外包丁腈橡胶的胶辊，主要用于纺化纤或混纺产品。

后罗拉为直径 40mm 的沟槽罗拉，后压辊为直径 55mm 的光面罗拉，依靠 6000g 的自重加压。

针圈牵伸装置结构简单，运转平稳，没有针板上下运动对毛条产生的波动，噪声小，虽然针圈牵伸对较长纤维的控制能力不如针板，但对 30 ~ 50mm 的纤维控制较理想，适合平均长度较短的国毛。针圈控制纤维的能力优于胶圈牵伸、罗拉轻质辊牵伸等牵伸形式，并具有这些牵伸装置所没有的梳理作用。可使粗纱内部纤维结构更加合理，纺成的细纱条干较好，适用于加工高档精纺毛织物和线密度较小的粗纱。

由于针筒转动时，针尖和针根的线速度不同，从而增加了纤维间运动的不规律性，纱条越厚，影响越大。另外，由于针尖以倾斜方向刺入纱条不易穿透纤维层，退出时也易弄乱纤维，当粗纱条干不匀较大时，影响就更大，因此要求喂入条子的条干均匀度好，纱条结构好。一般要经过两道 FB441 型粗纱机。

3. 搓捻机构 从粗纱机牵伸装置中出来的纱条细而松散，强力很低，在卷绕、搬运及存放、退绕时易发生断头、发毛及产生意外牵伸等。对纱条进行搓捻，能使其结构紧密、强力提高、外表光滑，从而明显减少断头、发毛及意外牵伸，提高粗纱性能。粗纱搓捻是在一对搓捻皮板中进行的，上下搓捻皮板一边沿粗纱轴线方向作连续回转运动，使纱线不断从搓板一端进入，从另一端送出，同时搓板还作垂直于粗纱轴线方向的相互往复搓动，将粗纱搓成光、圆、紧的状态。为提高搓捻效率，皮板上开有纵向沟槽。

图 4－15 为搓条往复运动机构示意图。曲轴 8 由电动机通过皮带轮传动，曲轴连杆 9 下端与曲轴 8 连接，上端与 T 形杆 10 连接。T 形杆 10 绕 O_1 点作摇摆运动时，拉动上、下连杆 1、2 往复摆动，使上、下搓板轴 6、7 也作往复运动，从而带动搓条皮板一起往复运动。

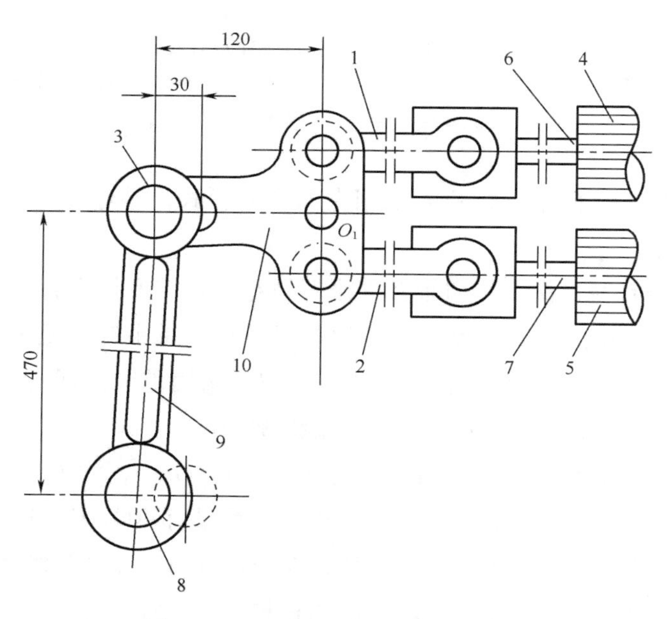

图 4－15 搓条往复运动机构示意图

1—上搓板连杆 2—下搓板连杆 3—T 形连杆轴 4—上搓板滚筒 5—下搓板滚筒
6—上搓板轴 7—下搓板轴 8—曲轴 9—曲轴连杆 10—T 形杆

4. 卷绕成形机构 FB441 型粗纱机采用卷绕滚筒和筒管一边转动，一边往复横动的卷绕方式，将粗纱卷绕成一定宽度、一定直径的粗纱筒子。卷绕滚筒装在往复游车上，游车采用椭圆齿轮及曲柄滑块机构驱动往复运动，图4－16为游车往复运动机构示意图。

主动椭圆齿轮1传动与其啮合的另一椭圆齿轮2，使伞齿轮4一起转动，并带动曲柄轴6转动。装在曲柄轴6上端的曲柄7也同时转动。曲柄7上的滑块8受游车9上的槽孔限制，在槽孔中往复运动的同时，带动游车9左右往复运动，实现交叉卷绕。为减小游车往复运动时的振动，在游车两侧装有弹簧缓冲装置。

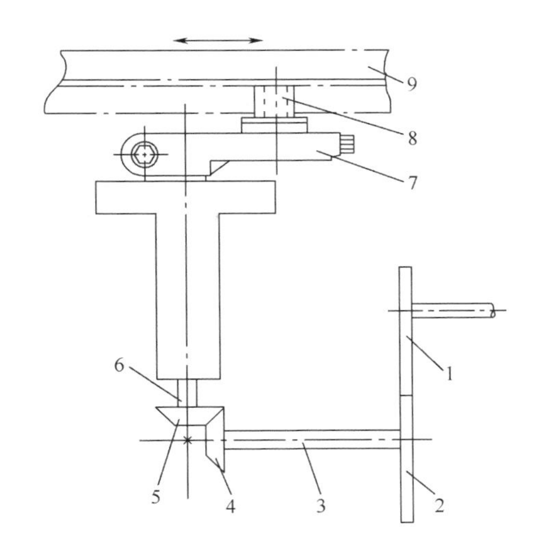

图4－16　游车往复运动机构示意图
1—主动椭圆齿轮　2—从动椭圆齿轮
3—椭圆齿轮轴　4—主动伞齿轮　5—曲柄伞齿轮
6—曲柄轴　7—曲柄　8—滑块　9—游车

采用椭圆齿轮可使游车往复运动时，中部速度适当降低，往复换向时速度适当提高，以减轻卷绕成形时中间小、两端大的现象，减小卷绕张力波动，保证粗纱卷绕成形良好。椭圆齿轮上均有对位记号，在安装时须对准位置，否则将使卷绕成形不良。为使毛球卷绕比较紧密，一般粗纱卷绕速度应稍大于前罗拉出条速度。

三、粗纱的工艺

（一）粗纱捻系数

由特数制捻系数公式可知，当粗纱粗细一定时，粗纱捻度取决于捻系数的大小。捻系数大小与粗纱强力关系很大，捻系数过小，粗纱强度很低，在卷绕和退绕时，易产生意外牵伸，导致断头率高，纱线不匀率高。但捻系数过大，细纱机不易将粗纱牵伸开，细纱就出硬头或产生较大不匀。捻系数的选择主要考虑以下几方面。

（1）原料品质。原料长度、线密度、整齐度、卷曲程度等影响，粗纱捻系数的选择。在粗纱定量相同时，纤维较细，摩擦阻力也就较大，捻系数就可以选小些；纤维长度较长，长度离散系数小，捻系数也可选小些；纤维卷曲较多，或表面摩擦系数较大时，捻系数应适当小些，以免牵伸不开；染色纤维捻系数应比不染色同种纤维小15～30；纺制某些长度长、线密度细、整齐度好、摩擦系数较大的化学纤维时，捻系数也需选小些。常用捻系数范围见表4－2。

表4－2　粗纱常用捻系数

原料类别		羊毛	毛涤	涤粘	涤毛粘	腈粘锦	腈纶
精纺纱	特数制	443～569	443～506	364～459	395～490	379～506	—
	公制	14～18	14～16	11.5～14.5	12.5～15.5	12～16	—
细绒线及针织绒线	特数制	348～476	—	—	—	—	316～443
	公制	11～15	—	—	—	—	10～14（膨体纱）

（2）粗纱线密度。粗纱定重轻，纱条截面内纤维根数少，应选较大捻系数；反之捻系数可小些。

（3）细纱机参数。细纱机参数改变时，粗纱捻系数也应随之改变。当细纱机后区牵伸减小，隔距或加压减小时，粗纱捻系数也应相应减小。否则过多的捻度会增大条干不匀，甚至造成牵伸不开而出现“硬头”。

（4）温湿度变化。当车间相对湿度较高或纤维吸湿性较好时，纤维摩擦系数较大，应适当降低捻系数。当温度较高时，纤维摩擦系数减小，可适当增加捻系数。

（二）隔距及加压

B465A 型粗纱机的总隔距按纤维交叉长度的 1 ~ 1.35 倍选取，一般常用隔距在 165 ~ 185mm 之间。

前罗拉加压一般很少变化。在纺纯化纤和化纤混纺时，由于化纤强力大，整齐度好，纤维摩擦系数大，牵伸力较大，才需适当加大压力，以保证正常牵伸。纺纯毛产品时，需适当降低压力，以能正常牵伸、不出硬头为准。

纺纯毛纱时牵伸倍数以不超过 11 倍为好，纺化纤纱可选较大牵伸倍数。

（三）粗纱张力

粗纱在卷绕过程中，要克服锭翼压掌及顶孔的摩擦阻力，同时为使卷装紧密，筒管卷绕的速度要略大于前罗拉出条线速度，这样粗纱在卷绕过程中始终受到拉力而保持张紧状态。粗纱在卷绕过程中所受到的拉力称为粗纱张力，由粗纱张力造成的伸长称为粗纱伸长。

粗纱张力与粗纱均匀度有密切的关系。当张力过大时，粗纱易产生细节、条干均匀度恶化、断头增多。当张力过小时，易造成卷绕松弛、脱圈，生产中易飘头、断头多。粗纱张力不均匀，同台机器的大、中、小纱，前后排粗纱及各机台之间的粗纱将产生较大的重量差异，直接影响细纱的重量不匀率。

粗纱伸长率是指前罗拉输出粗纱的计算长度与筒管上实测卷绕长度偏差的百分率。

$$S = \frac{l_1 - l_2}{l_2} \tag{4-5}$$

式中：S——粗纱伸长率；

l_1——粗纱实测长度，mm；

l_2——同一时间内前罗拉送出粗纱计算长度，mm。

当粗纱张力或粗纱伸长不合适时，要进行张力调节。张力调节分两种，一种是始纺张力的调节，另一种是纺纱过程中的张力调节。粗纱张力主要通过铁炮皮带及张力齿轮进行调节。影响粗纱的张力和伸长的因素有粗纱单重、捻度、纤维种类及机械状态和车间温湿度等。

（四）温湿度及其他

车间温度一般冬季不应低于 20 ~ 23℃，夏季不应高于 30 ~ 33℃。相对湿度一般在 65% ~ 75%，也可适当高一些，过低易产生飘头，粗纱易发毛、断头。

锭速应根据产量、机台运行情况及纱线捻度综合确定。锭速过高，设备振动大，粗纱条干不匀；锭速过低则产量太低。并合根数应兼顾出条重量、牵伸值、产量等因素，尽量采用大并合数，以减小不匀。

四、粗纱的质量要求

（一）粗纱的品质指标

精纺粗纱质量的主要指标是重量不匀率和条干不匀率。粗纱不匀率如过大，不仅使细纱产生更大的不匀率，还会使细纱断头增多，产量降低，消耗增加。因此，必须尽量降低粗纱的重量不匀率，提高粗纱的条干均匀度。粗纱重量不匀率低于3%，条干不匀率在18%以下。

粗纱的含油率也是控制指标，粗纱含油过高，细纱机要绕罗拉、胶辊和胶圈。但含油过低，静电严重。白羊毛含油控制在1.0%~1.5%，条染纯毛含油控制在1.0%~1.2%左右，纯化纤控制在0.4%~0.6%之间。粗纱回潮率也是粗纱质量控制指标，当纤维处于放湿状态时，比较好纺，上机毛条要处于放湿状态。

粗纱表面疵点指标主要有毛粒、毛片和飞毛，一般根据产品要求控制。

（二）粗纱不匀率检验

1. 重量不匀率 每次取5只粗纱，每只粗纱摇取5m长的两段，共10段粗纱，分别称重后，通过卓米尔公式得到重量不匀率：

$$c = \frac{2n_1(\overline{N} - \overline{N_1})}{n\overline{N}} \times 100\% \qquad (4-6)$$

式中：c——粗纱重量不匀率；

n——试样数量；

n_1——平均重量以下的试样数量；

$\overline{N}$——平均重量，g；

$\overline{N_1}$——平均重量以下的平均重量，g。

2. 条干不匀率 粗纱条干不匀率有目测和仪器测量两种。目测法简单直观，省时省力，但无量化指标，也不够准确。仪器测量比较准确，但不如目测方便。条干不匀率测试仪器有乌斯特均匀度仪和萨氏均匀度仪等。

（三）粗纱常见疵点及主要产生原因

粗纱常见疵点及主要产生原因如下。

（1）重量不匀率过大。由于喂入纱条不匀率大、喂入量不准确、退绕滚筒运转不稳定而产生意外牵伸、成形卷绕张力过大、成形不良（时紧时松）等因素造成的。

（2）条干不匀率过大。由于牵伸隔距选择不当、胶辊偏心或加压不足、牵伸机构运转不正常、操作接头不良、清洁工作不当或原料选择不良等因素造成的。

（3）大肚纱、带毛纱和毛粒过多。由于前罗拉加压不足或针密太稀、针区有弯针或缺针、牵伸区清洁工作不及时、针区绕毛、罗拉或胶辊绕毛、喂入毛条有粗细节、接头操作不良，以及加油水不匀或和毛油加水太少等因素造成的。

（4）粗纱外观松烂。对于无捻粗纱，由于粗纱搓捻不足、搓板隔距过大以及卷绕张力太小等因素造成的。对于有捻粗纱，由于粗纱捻度太小、卷绕密度不合适、卷绕张力太小、车间温湿度太低或和毛油加水太少、粗纱搬运或堆放不好等因素造成的。

习题

1. 解释下列概念。

捻度、捻系数。

2. 条染复精梳的目的是什么？

3. 在选择条染复精梳工艺流程时一般遵循哪些原则？

4. 条染复精梳设备主要有哪些？

5. 比较常用的两种染色机。

6. 条染复精梳的质量要求是什么？

7. 混条的目的是什么？

8. 说明B412型混条机的工作原理及机构组成。

9. 混条工艺设计的基本原则是什么？

10. 今有条重均为20g/m的毛条和涤纶条按毛60%、涤40%比例混合，请设计混条方案。

11. 有五种单重均为20g/m的色条需要混合，其混合比为：A原料11%，B原料32%，C原料4%，D原料43%，E原料10%，应如何混条？

12. 有三种原料进行混条，其单重和比例为：A原料单重为18（g/m），混合比为50（%），B原料单重为16（g/m），混合比为20（%），C原料单重为15（g/m），混合比为30（%），试设计混条方案（选用B412型混条机）。

13. 前纺针梳的目的是什么？

14. 说明国产68型前纺针梳机的工艺流程。

15. 说明B452型开式针梳机的工作原理。

16. 说明前纺针梳的工艺原则。

17. 粗纱的目的是什么？

18. 说明B465A型翼锭式粗纱机的工作原理及机构组成。

19. 说明假捻器的作用。

20. 说明粗纱卷绕形状的特点。

21. 说明FB441型无捻粗纱机的工作原理及机构组成。

22. 说明粗纱的工艺原则。

23. 简述粗纱的质量要求。

第五章　精纺后纺

本章知识点

1. 精纺细纱的目的、设备、工艺及质量要求，细纱张力及细纱断头控制。
2. 赛络纺、赛络菲尔纺、缆型纺、紧密纺等精纺新型纺纱的成纱原理、设备特点、工艺参数及纱线特点。
3. 并线的目的、设备及质量要求。
4. 捻线的目的、设备及质量要求。
5. 蒸纱的目的、设备、工艺及质量要求。
6. 络筒的目的、设备、工艺及质量要求。

精纺后纺是先将粗纱加工成符合要求的单纱或股线的过程，精纺后纺加工包括精纺细纱、并线、捻线、蒸纱、络筒等工序。

第一节　精纺细纱

国产环锭精纺细纱机有两类：一类是用于加工精纺毛织物（精纺呢绒）用纱或精纺针织绒用纱的“B58 系列”，有 B581 型、B582 型和 B583 型等；另一类是用于加工精纺编结绒线用纱的“B59 系列”，有 B591 型、B592 型和 B593 型等，为适应绒线纺纱，这类设备卷装尺寸较大。对环锭细纱机进行技术改造，开发了赛络纺纱、赛络菲尔纺纱、缆型纺纱和紧密纺纱等新型纺纱技术。

一、精纺细纱的目的

精纺细纱的目的是将粗纱进一步抽长拉细至一定的细度，并加上适当的捻度，以增加纱线强力，最后将纺好的纱线绕在纱管上，方便后道工序加工和搬运。

二、精纺细纱的设备

图 5－1 所示是 B583C 型细纱机的断面示意图。粗纱从粗纱卷装 2（粗纱卷装固定在粗纱架吊锭 1 上）上退绕下来，绕过导纱杆 3，再穿过导纱器 4（导纱器由横动装置控制），进入

牵伸装置5。牵伸后的纱条由前罗拉钳口输出，经过导纱钩6、气圈环7，穿过钢丝圈8到达细纱管9；锭子10高速回转，并通过张紧的纱条带动钢丝圈绕钢领11的轨道作高速回转，钢丝圈每转一圈，就给牵伸后的纱条加上一个捻回；为了保证形成纱穗13，钢领板12作变速的上、下升降运动。

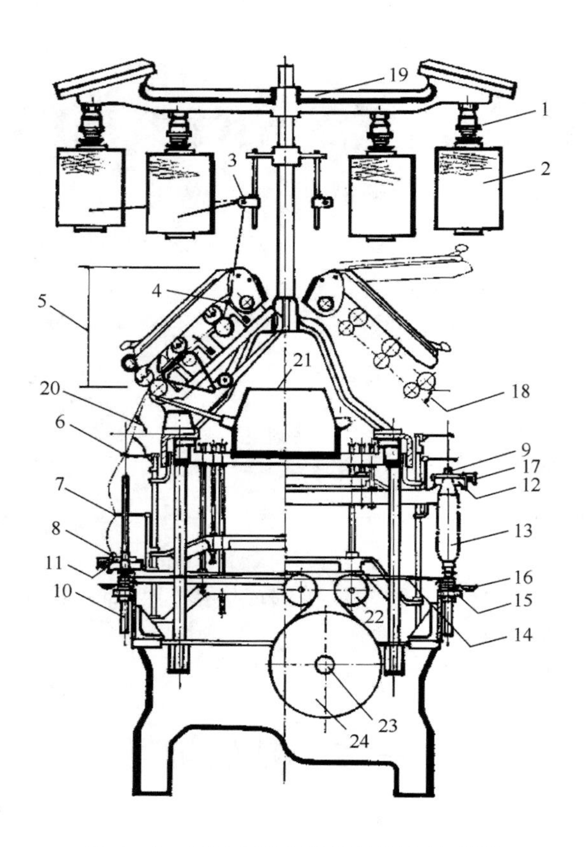

图5－1　B583C型细纱机的断面示意图

1—吊锭　2—粗纱卷装　3—导纱杆　4—导纱器　5—牵伸装置　6—导纱钩
7—气圈环　8—钢丝圈　9—细纱管　10—锭子　11—钢领　12—钢领板　13—纱穗
14—锭带　15—龙筋　16—刹锭器　17—钢领储油槽　18—罗拉座倾角　19—粗纱架
20—导纱角　21—断头吸风管　22—张力轮　23—主轴　24—滚盘

B583C型环锭细纱机主要由喂入机构、牵伸机构、加捻卷绕机构、自动化装置及主轴制动机构等组成。

（一）喂入机构

喂入机构包括粗纱架、粗纱支持器、导纱器及导纱横动装置。为避免喂入时相邻粗纱之间彼此相碰，喂入粗纱卷装的最大直径有一定的限制，无捻粗纱（双根/只）不超过230mm，有捻粗纱（单根/只）不超过140mm。

1. 粗纱架　粗纱架为单层四列直立式，为了降低车身高度，方便粗纱的装和取，纱架顶面两侧向下倾斜呈伞形。

2. 粗纱支持器　B583C 型环锭细纱机粗纱支持器为吊锭式，如图 5－2 所示。

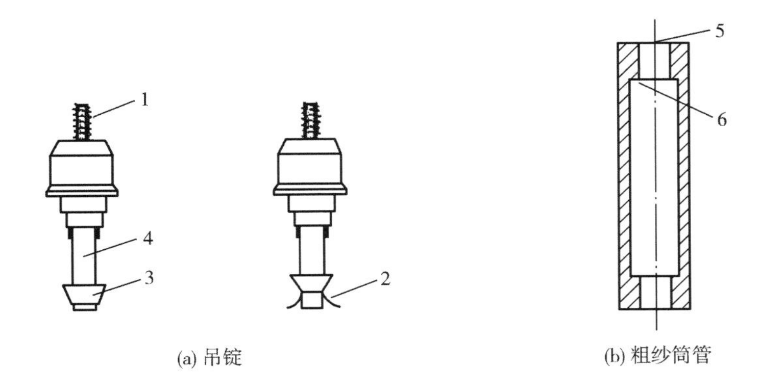

图 5－2　B583C 型细纱机吊锭及粗纱筒管的示意图

1—螺钉　2—支撑片　3—支撑圈　4—吊锭杆　5—管口　6—内凸缘

吊锭上端通过螺钉 1 装在粗纱架上，下端对称地装有两片可以隐藏或伸出的粗纱管支撑片 2，下端外活套一个支撑圈 3，支撑圈可以在外力作用下沿吊锭杆 4 灵活地上、下移动，从而控制两片支撑片的隐藏或伸出，取空粗纱管时，将粗纱筒管向上顶，使两支撑片隐藏到吊锭杆内部就可以取下，装满管粗纱时，将其由下往上套，直至两片支撑片下端伸出钩住粗纱筒管管口 5 处的内凸缘 6 部分即可。

3. 导纱器　粗纱退绕时由导纱器引导退出，因此要求导纱器表面光洁不挂毛。导纱器又是调节张力的装置，导纱位置一般在离粗纱管下端 1/2～2/3 处，这样粗纱退绕时与纱管轴向夹角变化较小，张力比较稳定，可减小意外牵伸。

4. 横动装置　为避免粗纱只在某一点喂入而使胶辊表面形成凹槽，减弱对纤维的握持能力，喂入机构采用了双偏心内齿轮式横动装置，如图 5－3 所示。

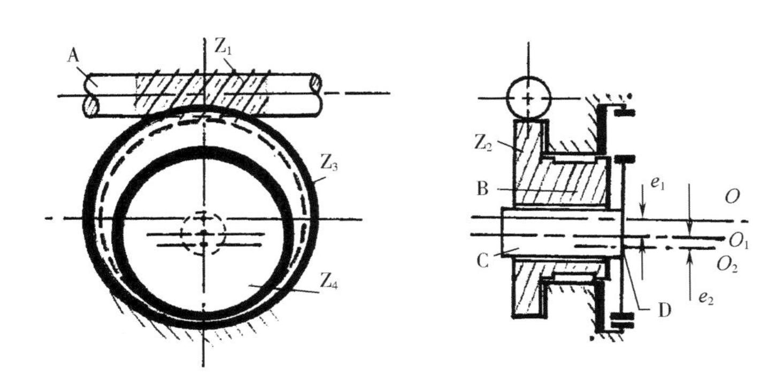

图 5－3　B583C 型细纱机横动装置示意图

Z_1—蜗杆　Z_2—蜗轮　Z_3—固定内齿轮　Z_4—行星齿轮

A—后罗拉轴　B—偏心套筒　C—轴心短轴　D—导纱牵引短轴

由后罗拉轴 A 的轴端蜗杆 Z_1 传动轴心为 O 的蜗轮 Z_2，蜗轮上带有偏心套筒 B，偏心套筒

穿过固定内齿轮 Z_3的中心孔并且活套于行星齿轮 Z_4内侧的轴心短轴 C 上，固定内齿轮与蜗轮同一轴心，行星齿轮的轴心为 O_1，与 O 的偏心距为 e_1，行星齿轮的外侧面上沿着偏心距 e_1方向开有一个长形凹槽，用以固定导纱牵引短轴 D，D 的轴心为 O_2，与 O_1的偏心距为 e_2，e_2可以调节。当 Z_2转动时，Z_4沿着 Z_3内齿作行星运动，即 Z_4在自转的同时作公转运动，从而带动 D 作横动，其横动的总动程 $S=2\ (e_1+e_2)$，B583C 型细纱机的最大横动总动程一般为 15mm 左右。

（二）牵伸机构

B583C 型细纱机的牵伸机构为三罗拉双胶圈单区滑溜牵伸式，如图 5－4 所示。

1. 牵伸罗拉 牵伸罗拉是完成牵伸的重要元件，为了防止罗拉产生扭转和弯曲的复合变形，对罗拉的强度和表面硬度要求很高，表面须经渗碳淬火和磨光处理。如图 5－4 所示前后罗拉中心线之间的距离称为“牵伸总隔距”；中后罗拉中心线之间的距离称为“牵伸后隔距”。为了增强牵伸罗拉对纤维的握持作用，前后罗拉截面采用表面开有梯形沟槽的齿形，所以前后罗拉为沟槽罗拉。罗拉槽齿的分布按不等节距设计，以避免引起胶辊表面凹槽重复加深。沟槽罗拉槽齿的齿顶是与胶辊接触的部位，如罗拉槽齿过多，齿顶太尖，容易损伤胶辊与纤维；如罗拉槽齿过少，则会降低握持纤维的能力。为了便于制造，同种类型不同直径的罗拉沟槽角、沟槽底宽、沟槽深度都是相同的。中罗拉用以传动胶圈，为减少打滑在罗拉表面刻有菱形花纹以增加与胶圈间的摩擦力，又称滚花罗拉。

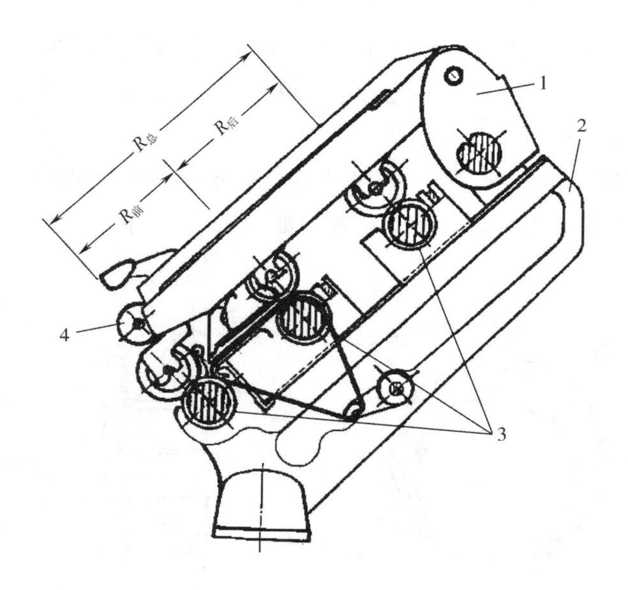

图 5－4 B583C 型细纱机牵伸机构示意图

1—摇架 2—罗拉座 3—牵伸罗拉 4—清洁辊

$R_总$—牵伸总隔距 $R_前$—牵伸前隔距 $R_后$—牵伸后隔距

2. 胶辊 胶辊由胶辊铁壳 1、胶辊包覆物 2、胶辊轴承 3 和胶辊芯子 4 组成，如图 5－5 所示。

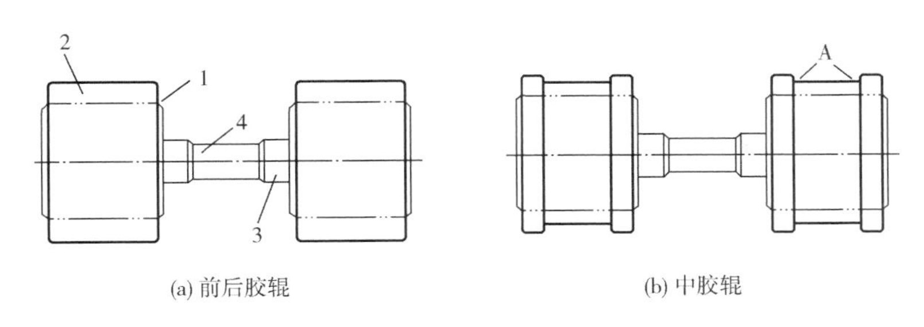

(a) 前后胶辊　　(b) 中胶辊

图 5－5　胶辊示意图

1—胶辊铁壳　2—胶辊包覆物　3—胶辊轴承　4—胶辊芯子　A—胶圈滑溜槽

胶辊每两锭成一套，与下罗拉组成罗拉钳口，胶辊铁壳 1 上刻有细小沟纹以增强对包覆物的钳制能力，胶辊包覆物 2 要求富有弹性、耐磨、耐油、抗静电、防老化且表面圆整、光滑。新胶辊使用 3 ~6 个月后，表面圆整度变差或因磨损不平，需进行磨砺，每次磨砺量为 0. 2 ~0. 3mm，平时要定期保养。中胶辊表面开有纵向凹槽［图 5 －5（b）］，胶圈绕过其上，从而实现滑溜牵伸，所以该纵向凹槽又称为“胶圈滑溜槽 A”。为了适应纺制不同原料和不同线密度的细纱，凹槽深度有几种规格。胶辊轴承 3 采用滚动轴承，可以长期不加油，从而减少油污纱。

3. 胶圈　图 5 －6 为 B583C 型细纱机的上短下长式双胶圈示意图。上胶圈 1 绕过中胶辊 2、弹性摆动销 3 及上胶圈销 4，下胶圈 5 绕过中罗拉 6、胶圈托板 7 及下胶圈销 8，对应着摇架，每相邻两个纺纱单元的上胶圈销为连体结构。

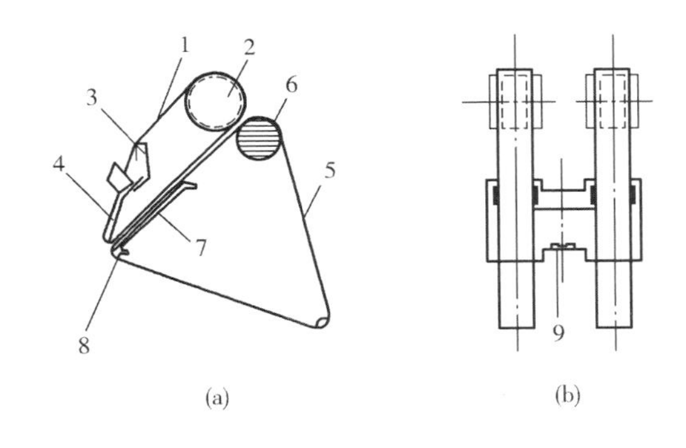

图 5 －6　B583C 型细纱机的上短下长式双胶圈示意图

1—上胶圈　2—中胶辊　3—弹性摆动销　4—上胶圈销　5—下胶圈　6—中罗拉　7—胶圈托板　8—下胶圈销　9—隔距块

上下胶圈之间在出口处的距离称为“胶圈钳口隔距”，选用相应规格的隔距块 9 进行控制，隔距块由下往上插在上胶圈销连体部分下边缘的中点处［图 5 －6（b）］。

4. 集合器　集合器的作用是防止纤维在牵伸过程中横向扩散，以利于纱线光洁，减少绕毛现象，图 5 －7 为 B583C 型细纱机集合器示意图。

B583C 型的牵伸后区集合器为直立扁圆形上开口喇叭式［图 5 －7（a）］，开口是固定的。牵伸前区每相邻两个纺纱单元的集合器成一连体结构［图 5 －7（b）］，每个纺纱单元的集合器 1 用尼龙做成下开口式两瓣，装在可以调节的集合杆 2 上，开口大小可以调节。由于自身重力作用两瓣有存在集合并拢的趋势，因此可以根据纱条粗细的变化作自动调节。集合器安装在摇臂体上，其前弧面 4 与前胶辊 3 相合，下弧面 6 与前罗拉 5 相合。要注意避免安装不当或抖动，否则会导致部分纤维或整个纱条意外跳离集合器的正常通道，影响细纱条干或引

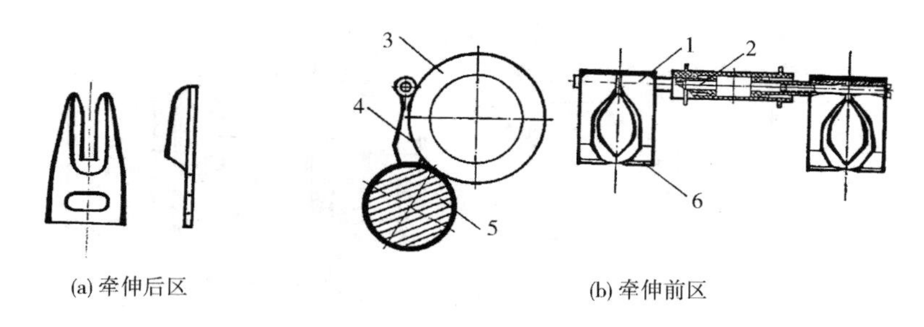

(a) 牵伸后区　　(b) 牵伸前区

图 5－7　B583C 型细纱机集合器示意图

1—集合器　2—集合杆　3—前胶辊　4—前弧面　5—前罗拉　6—下弧面

起断头。

5. 罗拉加压机构　罗拉加压机构对上胶辊加以一定的压力，使胶辊紧压在下罗拉上，从而有效地控制纤维，压力大小要合适而且要稳定。摇架加压具有结构轻巧、吸振、加压卸压方便及工艺适应性强等优点，摇架的材料及制造精度要求高，加压弹簧用久后可能产生疲劳现象。图 5－8 所示为 TF18－230 型弹簧摇架加压机构示意图。

弹簧摇架加压由螺旋压缩弹簧 1、加压杆 2 和锁紧机构组成。锁紧机构的主要机件是由滚子 3 和半月形滚片 4 所组成的锁紧件。三组螺旋压缩弹簧 1 通过螺钉分别固装在摇架体的加压杆 2 和摇臂 5 上。A 点是摇臂及锁紧片 6 在摇架体上的连接点，B 点是手柄 7 在摇臂上的连接点，C 点是活套在摇臂上的滚子所在的位置，D 点是半月形滚片在锁紧片上的固定点。

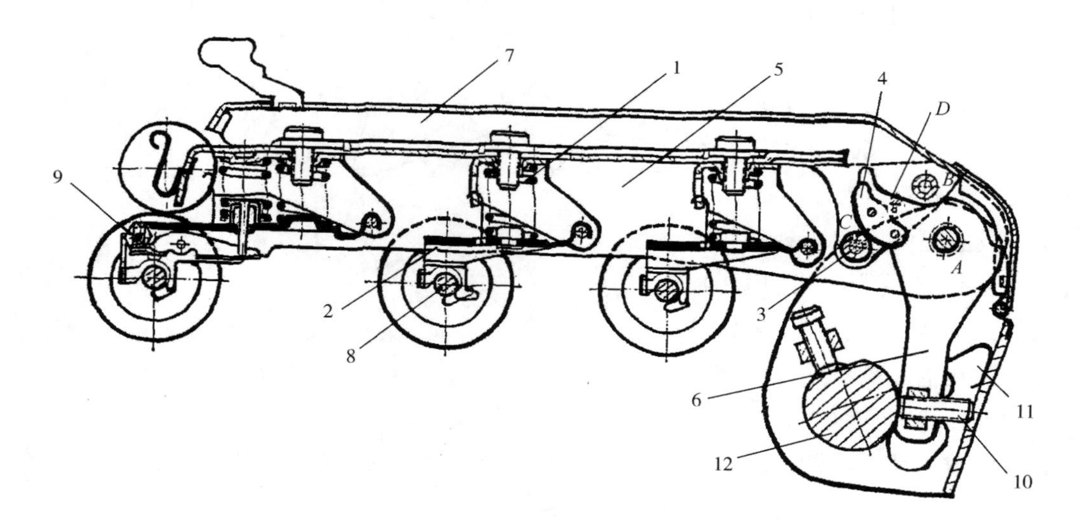

图 5－8　TF18－230 型弹簧摇架加压机构示意图

1—螺旋压缩弹簧　2—加压杆　3—滚子　4—半月形滚片　5—摇臂　6—锁紧片　7—手柄
8—胶辊芯子　9—前加压偏心六角块　10—调节螺钉　11—弹簧片　12—摇架轴

加压时将手柄向下按，锁紧机构摇臂绕支点 A 逆时针上抬，使滚子与滚片之间相互卡紧，摇架所有的机件被锁紧，各螺旋压缩弹簧压缩变形对相应的加压杆施加压力。各加压杆再将压力通过杠杆作用分别传递到前、中、后胶辊芯子 8 的中点，并进一步横向传递到胶辊两端的牵伸区域处。加压杆在摇架体上的前后位置可以调整以适应罗拉隔距的变化，转动前加压偏心六角块 9，可以调节前胶辊压力的大小，加工过程中摇架能自动调整胶辊与罗拉轴线之间的平行度，有利于准确加压。卸压时只要将手柄向上掀起，摇臂绕支点 *A* 顺时针上抬使圆滚子与滚片之间相互脱开，摇臂连同三档胶辊一起被抬起可以进行清洁通道、调换胶辊等工作。

为保证锁紧机构准确作用，TF18 - 230 型弹簧摇架加压机构设有微调机构，微调机构的组成机件为锁紧片、调节螺钉 10 以及弹簧片 11。旋转调节螺钉就可使锁紧片绕支点 *A* 做一定角度的调整来改变滚片的位置使之能与滚子准确配合，弹簧片始终使调节螺钉紧压于摇架轴 12 上。

6. 排挡式牵伸变换齿轮箱 B583C 型细纱机两侧的牵伸机构分别装有相应的牵伸变换齿轮，两套齿轮并排位于细纱机车头齿轮组的正上方，放在一个箱体内，图 5 - 9 为 B583C 型细纱机牵伸变换齿轮箱示意图。如图 5 - 9（a），在 F 轴上固装 12 只从小到大排列的宝塔齿轮 $Z_1 \sim Z_{12}$，前罗拉轴端齿轮 20^T 传动进轴，通过主动过桥齿轮、啮合的宝塔齿轮及被动过桥齿轮传动出轴，带动细纱机的后、中罗拉。改变两只过桥齿轮与宝塔齿轮的啮合挡数，以改变后、中罗拉的速度，从而改变牵伸倍数，牵伸倍数可以在 12 ~ 48 范围内调节 100 个值。在出轴至中罗拉的传动路线上有张力变换齿轮 Z_F，用以改变中罗拉的速度，从而改变张力牵伸倍数。

在 B583C 型细纱机牵伸变换齿轮箱操作面板［图 5 - 9（b）］上，根据工艺需要的牵伸倍数，查牵伸倍数变换对照表 1 确定过桥齿轮的啮合挡数 A、B 值，将啮合手柄 2 转至“开”处，使齿轮箱内的宝塔齿轮与过桥齿轮脱开，转动两调节手柄 3、3′以寻找所要求的 A、B 值，将啮合手柄转回“合”处。如果在变换牵伸倍数时，齿轮不能准确啮合或相互之间卡

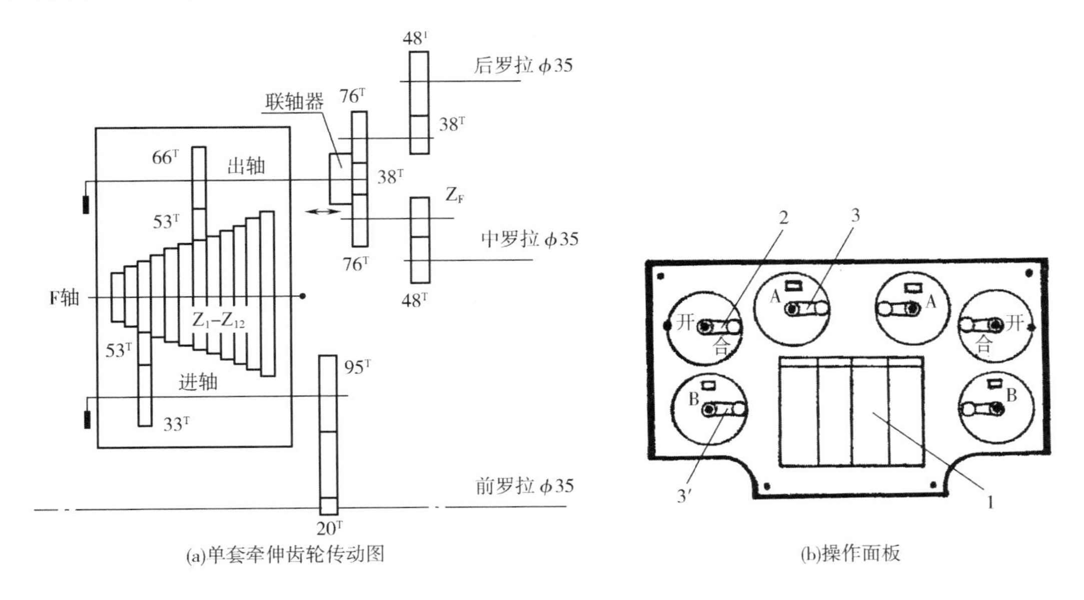

图 5 - 9 B583C 型细纱机牵伸变换齿轮箱及操作面板示意图

$Z_1 \sim Z_{12}$—从小到大排列的宝塔齿轮 Z_F—张力变换齿轮

1—牵伸倍数变换对照表 2—啮合手柄 3、3′—调节手柄

死，可松开出联轴器［图5－9（a）］的螺栓，适当转动变速箱出轴以准确调整齿轮位置后再旋紧联轴器螺栓。

7. 防倒装置 在变换牵伸倍数时，宝塔齿轮与过桥齿轮要脱开，这会导致后、中罗拉的倒转，所以在细纱机两侧传动后罗拉轴端齿轮的过桥齿轮38^{T}处分别加装了防倒装置，图5－10为B583C型细纱机防倒装置示意图。

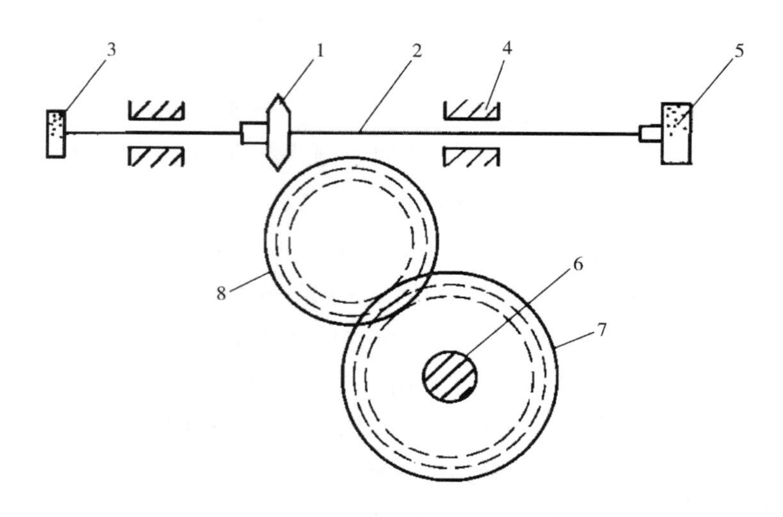

图5－10 B583C型细纱机防倒装置示意图

1—防倒片 2—防倒片轴 3—固定螺母 4—托架支承
5—可调螺母 6—后罗拉轴 7—齿轮 8—过桥齿轮

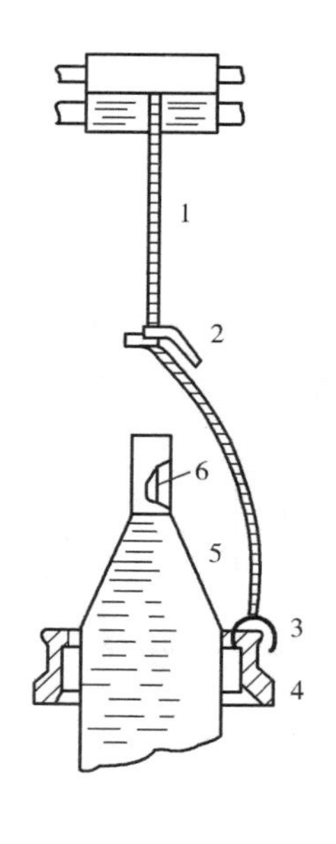

图5－11 加捻机构示意图

1—细纱条 2—导纱钩 3—钢丝圈
4—钢领 5—纱管 6—锭子

防倒片1固装在防倒片轴2适当的位置上，当需要变换牵伸倍数时，先将防倒片轴向右移动，使防倒片插入过桥轮齿内。同时，防倒片轴左端的固定螺母3内侧紧靠托架支承4的外侧，起到阻止齿轮倒转的作用。当细纱机重新运转时，防倒片被过桥齿轮的轮齿推向左侧而使两者自然脱开，于是防倒装置不再起作用。

（三）加捻机构

粗纱牵伸从前罗拉输出后，纱条结构松散，强力很低。通过加捻使纱条两端产生相对扭转，与须条轴向平行的纤维转成螺旋状，可以增加纤维的抱合力，限制纤维在纱条中移动，提高毛纱的强力。

精梳毛纺细纱机的加捻机构是由锭子、龙筋、钢丝圈、钢领及钢领板所组成，另有导纱钩、气圈环和隔纱板等辅助机件（图5－11）。每纺纱单元各有锭子、钢丝圈、钢领和辅助机件一套，并对应着前钳口输出纱条的位子，导纱钩中心、锭子中心线以及钢领中心必须“三心对准”。经牵伸后的须条，一端被前罗拉钳口握持，另一端随着钢丝圈回转，纱条各横截面间产生相对扭转，从而获得捻回。钢丝圈沿钢领与筒管同方向转动，钢丝圈与钢领间有摩擦，其转速总是小于筒管的转速，结果纱线就被绕到筒管上。

1. 加捻的有关概念

（1）捻度及捻系数。单位长度纱线上的捻回数称为捻度，单位常用捻/m 或捻/10cm 表示。毛纱实际捻度等于锭子转速与前罗拉出条速度之比。捻系数是用来衡量不同粗细相同品种纱线的加捻程度的一个指标。捻系数与捻度、纱条特数的关系在粗纱加捻中已经探讨过。

（2）捻向。捻向表示加捻纱条表面纤维螺旋线的方向（图 5－12）。纱线的捻向对织物的外观和手感有很大影响。使用不同捻向的经纬纱及选用不同的织物组织时，可以生产出各种不同风格及特点的织物。纱线的捻向取决于锭子的回转方向。当锭子逆时针运转时，可得 S 捻纱；当锭子顺时针运转时，可得 Z 捻纱。

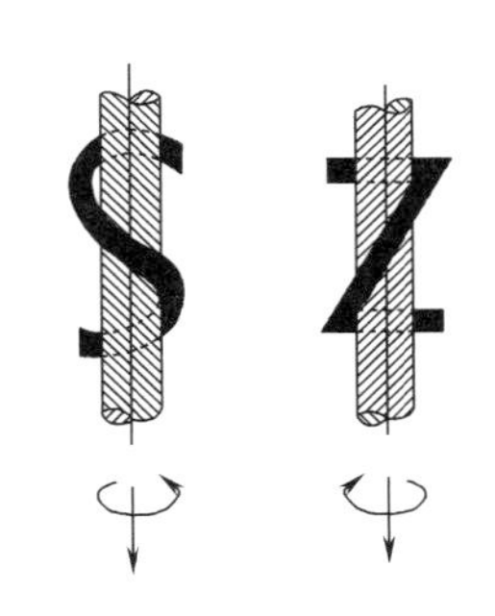

图 5－12　捻向示意图

（3）捻缩。加捻后纤维沿纱轴方向呈螺旋状排列，毛纱会缩短，这种现象叫作捻缩。捻缩的大小可用捻缩率 ε 来表示，计算公式为：

$$\varepsilon = \frac{L_0 - L_1}{L_0} \times 100\% \qquad (5-1)$$

式中：L_0——加捻前纱线的长度，m；

L_1——加捻后纱线的长度，m。

影响捻缩的主要因素有纺纱张力、车间温湿度、捻系数及纤维的性质等。捻缩的大小对成纱的细度、捻度都有影响。

（4）捻陷。在纱条通过的区段上，如存在障碍物时会阻碍纱条捻回的传递，使加捻区域内的某段纱条上捻回减少，这种现象称为捻陷。捻陷的存在虽不影响毛纱的最终捻度，但它影响纺纱时纱线的强力，会使纱条上捻度分布不匀，出现弱捻区，这是造成细纱断头的因素之一。

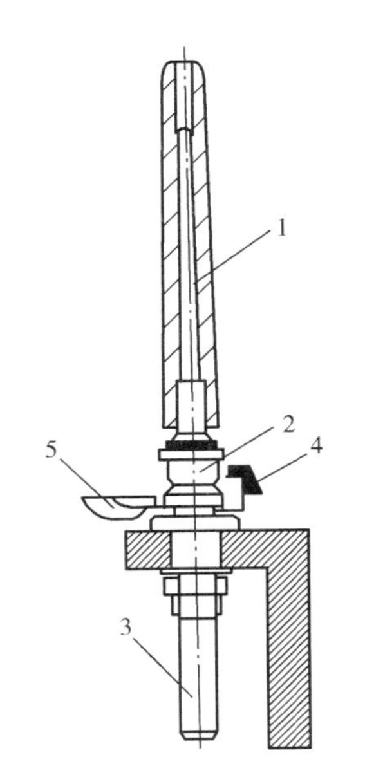

图 5－13　B583C 型细纱机锭子示意图
1—锭杆　2—锭盘　3—锭脚
4—锭钩　5—刹锭器　6—锭子

2. 加捻机构

（1）锭子。图 5－13 为 B583C 型细纱机锭子示意图。锭子主要由锭杆 1、锭盘 2、锭脚 3 以及在锭盘与锭脚内部作为锭杆轴承的锭胆所组成，辅助部分均包括锭钩 4 与刹锭器 5，锭子的回转速度通过改变电动机皮带盘及主轴皮带盘直径实现。

锭子高速运转时锭子振幅偏大时会有触手发麻或

摇头现象，在满纱时锭子振动更为显著，振幅过大将增加筒管跳动现象，使纱线张力突变，容易造成弱捻区的纱条断头；锭子振动激烈时会增加油耗，甚至造成缺油，使锭脚发热、磨损加剧、电耗增加，其结果会使锭速降低，同样会形成弱捻纱；锭子振动还易使钢丝圈上的纱条滑入磨损缺口中，将纱条轧断或割断。

（2）钢领和钢丝圈。钢领是钢丝圈高速回转的跑道，呈圆环状，其截面形状应与钢丝圈（钩）相适应，钢丝圈的作用不仅是完成加捻卷绕，而且有控制和稳定纱线张力的作用。图5－14为B583C型细纱机锥面钢领储油吸油装置及配用钢丝钩示意图。

油槽1与钢领板外侧缘2相配合，也呈狭长形，油槽采用毛毡3储油，通过导油线4将油引向钢领的外槽内，油被吸入钢领的油孔中，锥面含油钢领必须进行定期清洗并再渗油，以延长使用寿命，这种钢领经过热处理表面硬化，并经渗油处理，因钢领本身含油称为“含油钢领”。含油钢领的表面有许多含油孔，在热胀冷缩的作用下能自行渗出或吸回油，在加工过程中钢丝圈高速回转而发热，热量传递给钢领，使油孔中的油析出，在钢领表面形成一层油膜而起润滑作用，钢丝圈回转圆滑平稳，减小纺纱张力的波动，关车后钢领温度下降，润滑油由于油孔的毛细管作用重新被吸入钢领体内。

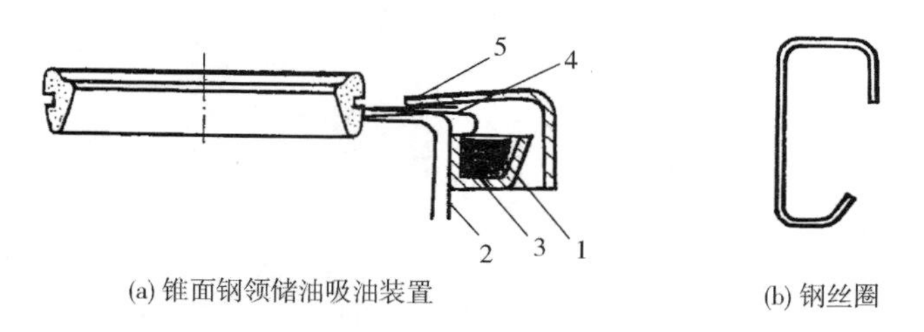

图5－14　B583C型细纱机锥面钢领储油吸油装置及配用钢丝钩示意图

1—油槽　2—钢领板外侧缘　3—毛毡　4—导油线　5—油槽盖

钢丝圈的重量规格用“号数”表示，即对每1000只钢丝圈的重量毫克数进行分号。号数越大，每只钢丝圈越重。

（3）导纱钩、隔纱板和气圈环。导纱钩的作用是把前罗拉送出的须条引向正确的位置，完成加捻卷绕工作。导纱钩小孔位置应在锭子轴线的延长线上，气圈对称于锭子轴线，纱线张力稳定一致。导纱钩尾端固定在叶子板上，头端有一线槽。如遇到纱内有杂质或粗节时，气圈会因纱的重量加大而变大，这时线槽能将纱切断。纺纱过程中，导纱钩随钢领板一起作升降运动，保持气圈的高度和形状不变。

隔纱板的作用是隔开气圈。隔纱板装在各锭子之间，防止两相邻气圈碰撞导致的纱线纠缠，纺纱时气圈碰到隔纱板时会缩小并改变形状，避免气圈过大，稳定张力，使用隔纱板缩短锭子间的距离，缩短机器的长度。隔纱板的表面应非常光滑，以防止刮断纱线。

气圈环的作用是将气圈拦腰分断，使气圈分为上、下两个部分，降低气圈的离心力，稳定张力。为使气圈形状稳定，气圈环可随钢领板一起升降，一般气圈环直径比钢领大5mm左右，气圈环的起始位置距离钢领板15mm左右。

（4）捻向变换机构。图5－15为B583C型细纱机车头齿轮组及捻向变换机构的传动示意图。精梳毛纱品种繁多，有时要求改变纱线捻向，那就要改变锭子转向和钢丝圈旋转方向，而前罗拉是由传动锭子的滚盘传动的，前罗拉的转向也会随之改变，捻向变换机构的作用就是在改变锭子转向时保持前罗拉转向不变。

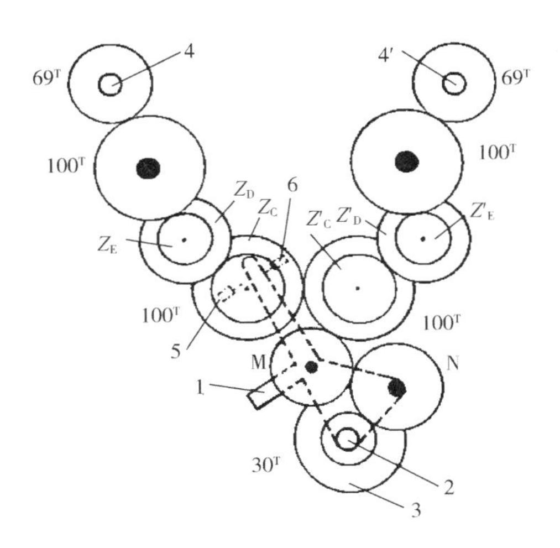

图 5－15　B583C 型细纱机车头齿轮组及捻向变换机构的传动示意图

M、N—过桥齿轮　Z_C、Z'_C、Z_D、Z'_D—捻度对变换齿轮　Z_E、Z'_E—捻度变换齿轮

1—捻向摆动架　2—主轴　3—滚盘　4、4′—前罗拉轴　5、6—行程开关

捻向变换机构由捻向摆动架 1、两个行程开关 5、6 和两个过桥齿轮 M、N 组成，下端以主轴 2 为支点，可以绕支点摆动。图中所示为纺 S 捻纱时的传动图，将捻向摆动架摆至与行程开关 6 接触，过桥齿轮 M 传动车头齿轮组，主轴通过过桥齿轮 N 传动过桥齿轮 M，此时面对车头的主轴转向为顺时针，则过桥齿轮 M 为顺时针。如果需要纺 Z 捻纱时，将捻向摆动架摆至与行程开关 5 接触，传动车头齿轮的过桥齿轮变为 N，此时面对车头的主轴转向为逆时针，过桥齿轮 N 为顺时针，无论哪种情况，传动车头齿轮组的过桥齿轮的转向一致（均为顺时针），机两侧的前罗拉转向始终未变。

捻度的改变，通过改变车头齿轮组中的“捻度对变换齿轮”$Z_C(Z'_C)$、$Z_D(Z'_D)$ 与“捻度变换齿轮”$Z_E(Z'_E)$ 来改变前罗拉速度。其中，$Z_C(Z'_C)$、$Z_D(Z'_D)$ 作粗调，$Z_E(Z'_E)$ 作细调。B583C 型细纱机上捻度齿轮可根据捻度含义及图 5－15 所示的传动关系，推算出：

$$\text{捻度（捻/m）} = \text{锭子速度/（前罗拉转速} \times \pi \times \text{前罗拉直径）}$$
$$= 18751 Z_D / (Z_C \times Z_E) \quad (5-2)$$

（四）卷绕成形机构

在细纱机上，卷绕和成形是同时进行的。由于钢丝圈回转速度比锭子要慢，能够使加捻后的细纱卷绕在筒管上。细纱要卷绕成适当的结构和形状，管纱边缘要不易脱落、容量大，以便于后道工序的搬运和顺利退绕。一般采用短动程式卷绕，如图 5－16 所示。短动程式卷绕又称圆锥形卷绕。这种卷绕方式是从筒管下部开始一层层地卷绕，每一层都比前一层纱绕得高一些，因而形成圆锥形卷装。退卷时细纱是从上部沿着轴线退出的。这种卷绕方式不仅

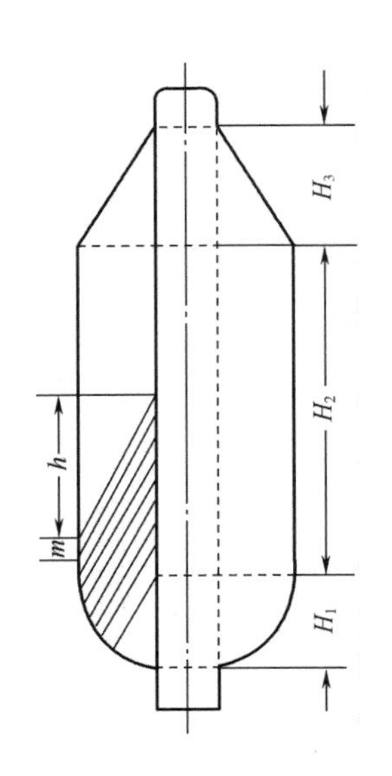

图 5－16　短动程式卷绕成形示意图

退绕方便，而且可增加卷绕容量。

卷满细纱的纱管称纱穗。H_1称穗底高度，H_2称穗杆高度，H_3称穗顶高度，H_2与H_3之和称为穗身高度。在纱穗成形时，每一升降过程由两层纱组成，即卷绕层和束缚层。卷绕层由紧密的纱圈组成，而束缚层则由稀疏的纱圈组成，使各卷绕层互相隔开，以防止退卷时其他卷绕层的纱圈脱出。卷绕层与束缚层是由钢领板或锭子上升和下降的速度不同而形成的，而升降速度是由成形凸轮的外形来决定的。一般卷绕层是由钢领板慢慢上升（或锭子慢慢下降）来完成的，束缚层是由钢领板快速下降（或锭子快速上升）来完成的。钢领板（或锭子）的升降运动应满足下列三点要求。

（1）短动程升降，一般向上卷慢，向下卷快，穗身部分的动程应是恒定的。

（2）每次升降后应有级升，即升高一小段距离后再卷新纱层，以满足新纱层比前一纱层起点高一些。

（3）管底成形时，升降动程和级升距均不恒定，而是逐层由小变大，待穗底完成时，两值均应达到最大值，此后不再变化，直至卷绕结束。

圆锥形卷绕的优点是细纱易于退卷，后道工序退绕时纱既不易混乱，也不致被拉断，容量也大。缺点是由于退卷时直径变化较大，在退卷速度较大时易脱圈。同时，搬运储存时如被沾污，则被沾污的细纱长度较长，形成大量的油污纱疵。

三、精纺细纱的工艺

（一）牵伸倍数

1. 总牵伸倍数　细纱机的牵伸倍数大，纺同特纱所需的粗纱重，粗纱机的产量高，导致细纱牵伸倍数过大，造成细纱条干恶化。全毛纱线比化学纤维和毛混纺纱线的牵伸倍数应小；加工的纤维长度和细度离散系数大，含短毛多的牵伸倍数应小；加工有捻粗纱比无捻粗纱采用的牵伸倍数较大。牵伸形式不同，牵伸倍数也有差异。

2. 张力牵伸倍数　在总牵伸倍数较小时，增加张力牵伸可改善细纱条干，而当总牵伸倍数较大时，增加张力牵伸会使细纱条干明显恶化。

（二）罗拉隔距

1. 总隔距　总隔距在一定范围内变化对细纱条干的影响不明显，纤维长度没有明显改变时总隔距一般不变。

2. 前、后隔距　前隔距是指胶圈钳口与前罗拉钳口之间的无控制区长度，适当缩小对纤维尤其是对短纤维运动的控制，但前隔距也不是越小越好。前隔距太小，纤维运动反而不规则，同样会导致纱条条干的恶化。生产中前隔距一般固定不变，后隔距应根据纤维长度确定。

（三）前胶辊压力

前胶辊要求有足够的压力，压力不足牵伸困难，易出现皱皮纱或硬头，影响细纱条干。羊毛与化纤混纺时前胶辊压力比纺纯毛时适当大些，纺纯化纤时应更大些；纺粗特纱时前胶辊压力应比纺细特纱时适当大些。但胶辊压力不宜过大，否则动力消耗大、前胶辊易磨损、包覆物易脱圈、罗拉易弯曲变形，同样会影响细纱条干。

（四）胶圈滑溜槽深度

胶圈滑溜槽深度影响到对较长纤维的控制能力，根据纺纱原料和纺纱线密度选择。纺化纤或纺粗特纱时滑溜槽深度深些为宜，以减小胶圈后部对纤维的控制力；纺纯毛或细特纱时滑溜槽深度浅一些。

（五）胶圈钳口隔距

胶圈钳口隔距通过变换隔距块的规格进行调节，胶圈钳口隔距影响胶圈对纤维的控制能力和实际的前隔距，应根据纺纱线密度选择。

（六）锭子速度

锭子速度的确定应综合考虑纺纱线密度及细纱产量，在保证细纱加工正常进行的前提下提高细纱产量。在纺中特纱时锭速较高、细特纱时锭速次之、粗特纱时锭速较低。

（七）钢丝圈重量

钢丝圈的重量具有调节纺纱张力的作用，直接影响细纱断头率的高低。纺粗特纱时气圈离心力较大而使气圈变大，钢丝圈偏重为宜，纺细特纱时因纱条强力较低，为降低纺纱张力，钢丝圈偏轻为宜；纺制相同线密度的纱，当锭速较高时纱条张紧程度较大，钢丝圈偏轻为宜；使用新钢领时因表面摩擦系数较大，钢丝圈偏轻为宜，当钢领轨道变光滑后再适当加重钢丝圈至正常重量。

（八）变换齿轮齿数的选择

B583C 型细纱机的变换齿轮通常有牵伸变换齿轮、捻度变换齿轮、卷绕变换齿轮和成形变换齿轮。变化齿轮的齿数可以根据工艺计算的公式，从传动图上找出工艺参数和变换齿轮齿数的关系，根据已知条件计算得到，在生产中也常常查机器产品说明书中相应的表格直接选择。

四、细纱张力及断头控制

（一）细纱张力

1. 气圈及细纱张力　细纱在加捻卷绕时，纱管到钢丝圈的一段纱条拖动钢丝圈随纱管作高速回转，从而使钢丝圈到导纱钩的一段纱条在离心力的作用下形成一个向外突起的空间曲线，即气圈。当气圈达到稳定时，从前罗拉到纱管的整段纱条上均承受一定的张力，这种张力统称为细纱张力。

2. 细纱张力的分布　从前罗拉输出的纱条经导纱钩、钢丝圈后卷绕到纱管上，整段纱线上所受的张力大小随部位不同而有差异，如图 5－17 所示。

从纱管到钢丝圈的一段纱上所受的张力称卷绕张力（T_1），其值最大；从钢丝圈到导纱

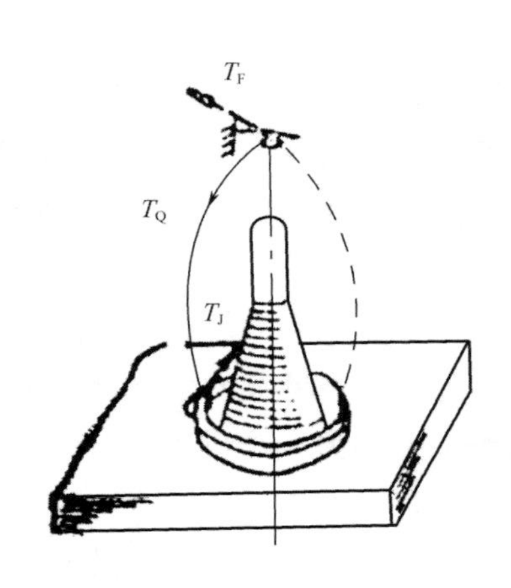

图 5－17　细纱张力示意图

钩的一段纱上所受的张力称气圈张力（T_Q），其值比 T_J 略小，而且它在整个气圈的各微段上也不完全一致；从导纱钩到前罗拉的一段纱上所受的张力称纺纱张力（T_F），其值比 T_Q 要小些。产生细纱张力的根本原因是纱管卷绕纱线时的拖动力，拖动力在通过钢丝圈，导纱钩传向前罗拉时均要消耗掉一部分，用以克服摩擦阻力，于是形成了 $T_F < T_Q < T_J$，这样一种张力分布。细纱张力是纺纱工作得以正常进行的重要条件之一。

T_F 的存在可使成纱中的纤维充分伸直，以便充分发挥纤维的强力。如 T_F 太小，纱中的纤维不能充分伸直，则成纱强力就会降低。T_Q 可控制气圈的形态，T_Q 太小时，气圈膨大而不稳定，纱线碰击隔纱板过于猛烈，容易引起断头。T_J 可使纱线卷绕紧密，如 T_J 太小，管纱会过于松烂，不利于后道工序的退卷，而且，管纱的重量也较小。当然，细纱张力过大时，会增加细纱断头，也将增加动力消耗。

（二）细纱断头及其控制

1. 细纱断头率的概念　细纱断头率是指一千锭细纱在一小时内断头的根数，可用下式表示：

$$Y = \frac{m_1 \times 1000 \times 60}{m_2 t} \tag{5-3}$$

式中：Y——纱断头率，根/（千锭·h）；

m_1——实测断头根数；

m_2——测定锭子总数；

t——测定时间，min。

2. 细纱断头的规律　当细纱的张力超出它本身所具有的强力时则发生断头，断头的地方往往是正在卷绕的纱段的最薄弱环节。

3. 细纱断头的种类及原因　细纱断头根据其部位不同，可分为纺纱前断头和纺纱后断头两大类。

（1）纺纱前的断头。指由粗纱到前罗拉钳口间的断头，这类断头产生的原因有两个方面。

①由于粗纱质量差，强力低或含杂多而阻塞通道引起的粗纱断头。

②由于机械状态不良或工艺不当使得退卷不良、牵伸不正常等造成的细纱断头。

（2）纺纱后的断头。指发生在前罗拉钳口到纱管的卷绕点之间的断头，以前罗拉至导纱钩的一段为最多，筒管到钢丝圈一段次之，气圈处很少。断头的原因主要是由于细纱强力过低或纺纱时细纱张力的波动过大。

4. 细纱张力波动与细纱断头的关系　细纱的强力比纺纱时细纱张力大很多，在纺纱过程中，细纱张力变化一般遵循以下两个规律。

（1）在一落纱中，细纱所受的张力时刻都在变化，总的规律是在纺小纱时纱线张力最大，纺中纱时张力较小，波动也较小，纺大纱时张力也较大。原因是在纺小纱时，气圈长度大，外凸程度也大，使纱线产生的离心力也大，因而纱线的张力就大；纺中纱时，气圈形态逐渐变短、变细，纱线离心力逐渐下降，因而细纱张力也相应减小，且在中纱很长一段时间内张力波动都较小；在纺大纱时，因纱管即将卷满，气圈形态变得很短且非常平稳，纱线本身失去了对张力变化的弹性缓冲作用，张力的波动又重新增大。

（2）在纺制同一高度不同纱层时，纱线的张力变化规律是：卷绕小直径时，纱线张力大，卷绕大直径时，纱线张力小。

5. 细纱张力的影响因素　影响细纱张力的因素很多，主要有以下几个方面。

（1）锭速。纱管拖动钢丝圈转动进行加捻及卷绕的动力来源于锭子的转动。锭速越高，拖动力越大，则卷绕张力、气圈张力及纺纱张力都相应增大。

（2）钢丝圈重量。钢丝圈的重量决定着它回转时产生的离心力的大小，钢丝圈越重，离心力越大，与钢领间的摩擦力越大，卷绕阻力也越大。

（3）钢领半径。钢丝圈在钢领上回转，从而带动纱线回转产生气圈，轨道半径的大小决定着气圈的形态变化，因而也就决定着细纱张力的变化。

（4）纺纱高度。在一落纱中，由于纺纱高度在小、中、大纱时都不一样，影响气圈的形态，因而也影响细纱的张力变化。

6. 降低细纱断头率的措施　细纱断头后，如果挡车工接头稍不注意，就会出现细纱质量问题，从而影响后道工序的产品质量。断头如未能及时接好，不但会使须条变成回毛造成浪费，还可能因飘头打断邻近须条，造成绕罗拉，大大增加挡车工的工作量。降低细纱断头率可以提高产品的质量、产量及机器效率，减轻挡车工劳动强度。

降低细纱断头率应从以下两个方面做好工作。

（1）控制细纱张力的波动。

①调节锭子转速。纱线张力大时，将锭速降低，在纱线张力小时，将锭速提高。

②适当选择钢领及钢丝圈。钢领直径的大小直接影响纺纱过程中细纱的张力。钢领直径越大，纱线张力也越大；但钢领直径过小，将使纱管容纱量减少。所以，纺制较细的纱时采用小钢领。钢丝圈的号数选择主要考虑纺纱线密度、锭速、钢领直径及新旧程度、车间温湿度、原料品质等几个因素。钢丝圈太重，会使纱线张力过大，增加细纱断头，钢丝圈太轻，会使纱穗太大，卷绕不紧。

③采用气圈环。在钢领板上安装气圈环，可以改变气圈的形状，控制气圈的运动，降低细纱的张力，减少细纱断头。

④采用升降导纱钩。导纱钩与钢领板一起作升降运动，保持气圈在大、中、小纱时形态接近，从而使纱线的张力趋于稳定。

⑤采用无气圈纺纱和小气圈纺纱。在锭杆顶端加上带有钩槽的锭帽或指形杆作为气圈控制器，可使纱条以螺旋线状缠绕在锭帽颈部、锭杆上部和纱管上，于是在加捻过程中大大缩小了气圈高度，或使气圈完全消失，从而达到减小细纱张力，降低断头率的目的。

（2）提高细纱本身的强力。

①合理选择原料成分、保证加油均匀、提高梳毛机梳理质量及加强成条时粗纱的搓捻程度，可以提高粗纱的强力。

②细纱车间温、湿度的变化通常也是增加细纱断头的一个因素。一般春秋季温度应控制在22～25℃，相对湿度控制在65%左右；夏季温度不应超过33℃，相对湿度控制在60%～65%；冬季温度不得低于20℃，相对湿度在65%～70%之间。

③加强保全保养工作，锭子要严格检修，保证其运转平稳，才能保证气圈形态正常。因磨损而已不合格的钢领、导纱钩、隔纱板、罗拉、胶辊、针圈等部件应及时调换或修理。要注意调整锭带张力，以保证锭速，保证顺利加捻。加强纱管检修，以防其在运转中跳动。此外，还要加强操作管理制度，做好巡回及清洁工作。

五、精纺细纱的质量要求

（一）细纱质量指标

精梳毛纱的质量有物理指标、外观疵点和条干均匀度三类指标。物理指标包括线密度（支数）标准差、重量不匀率、断裂长度和捻度不匀率，外观疵点包括毛粒、大肚纱等纱疵。

（二）细纱的分等和分级

1. 物理指标 按物理指标分为一等和二等，不符合二等要求的列为等外品，在各项指标中，以最劣一项的等级作为最终评定的等级，精纺细纱的物理指标见表5－1。

表5－1 精纺细纱的物理指标

色泽	等级	支数标准差（%）不超过	重量不匀率（%）不超过	断裂长度（km）不低于		捻度不匀率（%）不超过
				纯毛	混纺或纯化纤	
本色	1	1.5	2.0	5.2	9.5	12
有色	2	2.2	2.5			
	1	1.8	2.3			
	2	2.2	2.8			

支数标准差和重量不匀率为分等项目，断裂长度和捻度不匀率为保证条件，保证条件低于标准的就降为等外纱，测定纯毛细纱的断裂长度应在标准状态（温度20℃、相对湿度65%）下进行。

2. 外观疵点 精纺细纱按外观疵点（毛粒、大肚、纱疵）分为一级和二级，不符合二级要求的为级外品。在各项指标中，以最劣一项的级作为最终评定的级。精纺细纱的外观疵点分级指标见表5－2。

3. 条干一级率 条干均匀度用于考查纱线定级的可靠度，若不符合规定，则予降级。此外，条干一级率也同时作为纱线品质的依据。条干一级率按纱板块数计算。细纱条干均匀度的检验方法是：本色纱用灯光检验，排列密度为3～4根/cm，检验长度为2.5m；有色纱进行灯光透视检验，排列密度为6~7根/cm，检验长度为1.5m。与标样相比，有下列情况之一者，即予降级。

表5-2　精纺细纱的外观疵点分级指标

类别	毛粒（只/450m）		5000m慢速倒筒			
			一级		二级	
	一级	二级	大肚	纱疵	大肚	纱疵
甲类	15	25	不允许	1	1	2
乙类	25	25以上	1	2	2	3

注　1. 甲类为复精梳产品，乙类为未经复精梳的产品及条染涤粘或条染粘锦混纺产品。
2. 公定含油率，纯毛纱和羊毛与化纤混纺纱均为1.5%，纯化纤纱为0.5%。

（1）不论粗节长短，只要有一段粗节粗于标样的。

（2）粗节数量多于标样的。

（3）有一根粗节长度超过10cm的。

（4）不论细节长短，只要有一段细节明显细于标样的。

（5）细节的程度、数量、长度与标样相近，但云斑深于标样的。

（三）常见纱疵及成因

常见纱疵及成因如下。

（1）粗细节纱。由于粗纱退绕不匀、喂入粗纱有意外牵伸、粗纱捻度太大、罗拉隔距不当、总牵伸不当或后牵伸太大、胶圈隔距块与粗纱厚度配合不当、胶辊及胶圈起槽或运转打顿、胶辊包覆物太薄、胶辊偏心、集合器跳动或卡死等因素造成的。

（2）大肚纱。比正常纱条粗四倍以上的枣核状粗节叫作大肚纱。由于化纤集束纤维未拉开、前罗拉和中罗拉压力不足、胶辊太薄或开裂、接头不良等因素造成的。

（3）皱皮纱。皱皮纱又叫泡泡纱或橡皮筋纱，也称弓纱。由于化纤超长纤维太多、未能在牵伸中拉断、罗拉隔距太小、前罗拉压力不足、胶辊太薄、因温度过低而使胶辊发硬、粗纱捻度过大、胶圈变形等因素造成的。

（4）小辫纱。由于关车时纱未卷上筒管自行折转成小辫子、车间湿度太低、钢丝圈太轻等因素造成的。

（5）双纱。由于断头后的须条飘入邻近纱条等因素造成的。

（6）羽毛纱。由于飞毛带入、接头不好、车顶板未扫清使飞毛落下粘在纱上等因素造成的。

（7）毛粒。由于绒板及毛刷等失效或积毛太多、相对湿度不当造成绕毛或飞毛过多等因素造成的。

（8）松紧捻纱。松捻是由于纱管未插紧、锭带松弛、锭盘与刹车块摩擦、锭盘托脚轧刹、锭盘肩胛磨灭、锭子缺油、锭胆磨损、锭子及锭胆配合太紧、锭盘内侧有飞毛、锭带偏长、张力重锤松弛等因素造成的。紧捻是由于锭带跳在锭子轮缘上、接头时刹车放得太早等原因造成的。

（9）油污纱。牵伸和加捻时油污沾在纤维上，或油污飞毛带入纱条；锭子歪斜；钢丝圈偏轻；平车时罗拉沾污或纱管沾污；油手接头；锭带破裂或附有油回丝。

（10）成形不良。由于纱管插得不齐、钢领板打脚过高（冒头）或过低（冒脚）、落纱太迟（冒头）、成形齿轮或撑牙不当（管纱太粗或太细）、成形凸轮尖端磨损（管纱顶部太粗易脱圈）、钢领板动作不均匀、有停顿现象（纱管呈葫芦形）或羊脚卡死、钢领板平衡重锤接触地面等因素造成的。

六、精纺细纱的新型纺纱技术

（一）赛络纺

赛络纺纱是对环锭细纱做改造，在细纱机上直接纺出用于织造的股线，工艺流程短、改装设备费用低、适纺范围广、生产成本低。

1. 赛络纺的成纱原理 图5－18为赛络纺纱工作过程示意图。

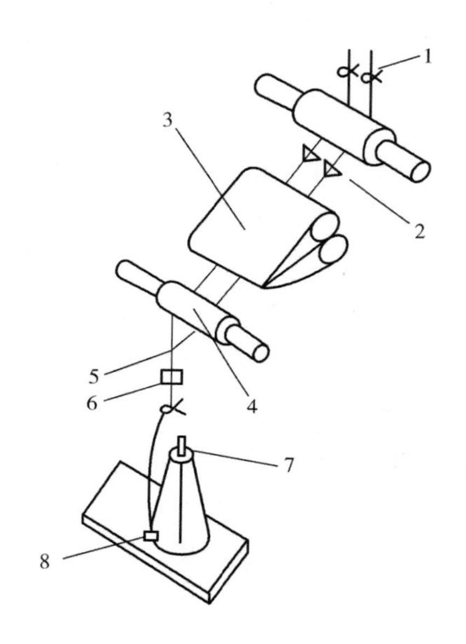

图5－18 赛络纺纱工作过程示意图
1—喂入导纱器 2—集合器 3—牵伸胶圈
4—前罗拉 5—汇聚点 6—单纱断头打断装置
7—锭子 8—钢丝圈

将两根保持一定间距的粗纱平行喂入环锭细纱机的同一牵伸机构，两根粗纱在整个牵伸区一直是平行的，这一点通过改造后的喂入导纱器1和一对集合器2来实现。经牵伸后，由前罗拉4输出两根单纱须条，穿过一专用的单纱断头打断装置6，并从同一个导纱钩进入加捻卷绕成形机构，锭子7和钢丝圈8的回转给纱线加捻。由于捻度自下而上的传递直至前罗拉握持处，使这两根单纱条上带有少量捻度，它们被汇合后进一步加捻成类似股线的赛络纱。

2. 赛络纺的设备特点 为实施赛络纺纱，在环锭细纱机上要进行改装，其特点主要如下。

（1）为确保同一牵伸装置能同时喂入两根粗纱，改装粗纱架，增加粗纱容量，增加吊锭数。

（2）两根粗纱在牵伸过程中不能有干扰，将两根粗纱在喂入牵伸区前分离开，喂入导纱器调换为双喂入导纱器。

（3）为了保证两根须条由前罗拉输出后形成一定的三角区，使单纱能够加上一定的捻回后再并合，两根须条由前罗拉输出时必须保证有一定的间隔，牵伸区中集合器改为双槽集合器。

(4) 扩大中胶辊凹槽宽度，受中胶辊凹槽的限制，导纱横动装置不横动，将导纱器横动装置的偏心距调整为零。

(5) 加装单纱断头打断装置，单纱断头打断装置的作用是当纺纱过程中有一根单纱条意外断头时，立即打断另一根未断头的纱，使挡车工能及时发现并进行接头，以保证赛络纺纱的制成率、生产率及赛络纱的质量。单纱断头打断装置的作用原理可结合单纱条在断头前后纱条的行进路线（图 5－19）加以说明。

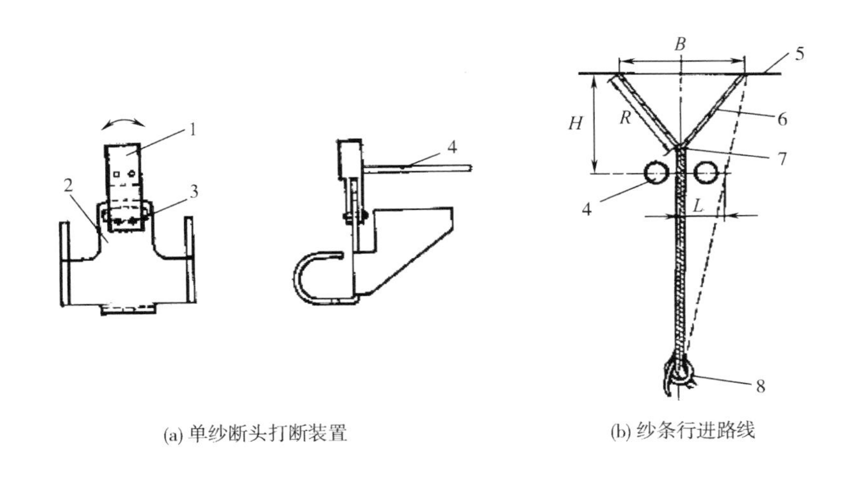

图 5－19 单纱断头打断装置工作原理图

1—重锤体 2—支架座 3—支承轴 4—钢柱 5—前罗拉钳口 6—单纱条 7—汇聚点 8—导纱钩

如图 5－19（a），重锤体 1 可以稳定地支承在其支架座 2 上，也可以绕自身的支承轴 3 左右自由偏倒。当正常纺纱时，从前罗拉输出的双纱在汇聚点 7 汇聚捻合，通过两根钢柱 4 之间，钢柱不受接触和碰撞。当有一根单纱条断头时，平衡被打破，未断的单纱条沿自己的输出路线［图 5－19（b）中虚线］出机。由于纺纱张力的作用使出纱位置发生偏移，接触并压向单纱打断装置上相应的钢柱，立刻使重锤体 1 偏移，单纱打断装置绕支承轴 3 偏倒，未断的纱条弯曲绕在钢针上，摩擦阻力阻碍了纱条下部捻回的向上传递过程，纱条因失捻而强力降低，达到单纱打断的目的。

3. 赛络纺的工艺参数 赛络纺设备的罗拉隔距、罗拉加压、牵伸倍数等可以保持与传统环锭纱时相同，但对于赛络纺纱来说，以粗纱间距、捻系数、钢丝圈重量、锭子速度等工艺参数对成纱质量性能影响最为显著。

(1) 粗纱间距（双喇叭口间距）。粗纱间距是指经过牵伸的两根粗纱在离开前罗拉钳口时的距离。对赛络纺工艺来说，粗纱间距是一个重要的参数。粗纱间距是由双喇叭口间距直接决定的。粗纱间距将影响加捻三角区中从前罗拉钳口输出的两股单纱条到汇聚点处所形成的加捻三角形的大小，如图 5－19（b）所示。如果粗纱间距 B 增加，距离 L 就会增加，汇聚点上侧单纱条长度 R 也增加，单纱捻度增加，有利于纱线强力的提高。距离 L 的增加有利于未断的单纱条有效地接触到单纱打断装置上相应的钢柱，但若 R 的长度大于纤维的长度，则在单纱段一端无握持或两端无握持纤维出现的概率增多，导致纤维在纺纱过程中产生滑移，纱线出现细节，严重时产生断头。因此，粗纱须条的间距应根据纤维的长度选择。一般羊毛和苎麻等毛型长纤维，间距值可取14～18mm，棉及棉型短纤维可取6～12mm。

（2）捻系数。捻系数适当大些时，对提高赛络纱强力有利。捻系数的选择主要根据纱线的品种和用途加以选择，注意保持在传统环锭纱捻度范围之内。捻系数较小（小于55）时，间距增大将导致滑移纤维增多，纱线强力不匀率大，捻度较大时，汇聚点上侧单纱条上的捻度足以防止纤维在纱条中的滑移，粗纱间距适当增大，可使强力不匀下降，强力增高。对于一定长度的纤维来说，粗纱间距值必须与捻系数配合选择。

（3）钢丝圈重量。当钢丝圈重量加重时，汇聚点上侧单纱的张力随纺纱张力的增加而增加，纤维平行顺直，赛络纱毛羽将减少。但赛络纺汇聚点上侧单纱段上的捻度低于同特数的单纱，单纱段强力相对较低，配用钢丝圈时应略轻于同特数的传统环锭纱，否则易产生断头。

（4）锭子速度。赛络纺纱设备上装有单纱断头打断装置，过高的锭速会引起机构震动从而使纱线跳出单纱断头打断装置，会导致断头增加，因此锭速应略低于同特数的传统环锭纱。

4. 赛络纺的纱线特点 赛络纺的同向同步加捻使其纱线具有特殊的结构，截面形状成圆形（传统的股线呈扁圆形）；赛络纱的外观近似单纱，没有传统股线中单纱捻回的纹路，却很容易被分成两股单纱；赛络纱的表面纤维排列整齐、顺直，表面光洁、毛羽少，纱体结构紧密、手感柔软，耐磨性好、不易起球；赛络纱的条干均匀度和强力与传统的股线相近或略差，加工时断头率较低，蒸纱后的缩率较低；赛络纱细节较多，易出现长细节；赛络纱中的单纱与股线捻向相同，易导致纱线自行打结，回丝较多。

（二）赛络菲尔纺

赛络菲尔纺是在赛络纺基础上发展起来的一种纺纱技术，由于含有长丝和短纤两种组分，因此又称为双组分纺纱。在传统环锭细纱机上加装一个长丝喂入装置，使长丝与通过正常牵伸的须条保持一定间距，并在前罗拉钳口下游汇合加捻成纱。

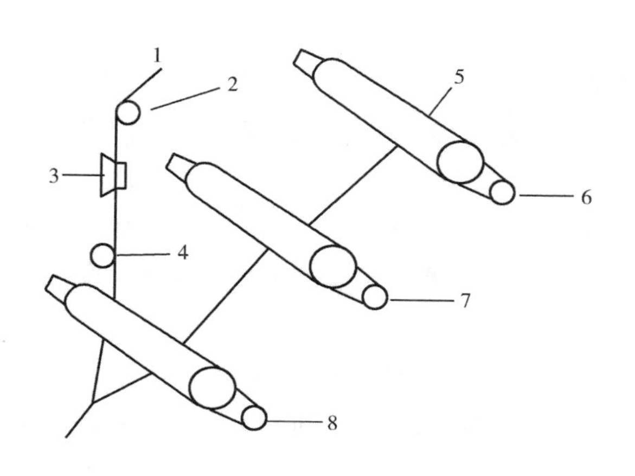

图5－20　赛络菲尔纺纱工作过程示意图
1—长丝　2—导丝钩　3—张力器　4—导丝轮
5—粗纱　6—后罗拉　7—中罗拉　8—前罗拉

1. 赛络菲尔纺的成纱原理 图5－20为赛络菲尔纺纱工作过程示意图。

在传统的环锭细纱机上加装一套长丝喂入装置，长丝1直接通过导丝钩2、张力器3、导丝轮4喂入前罗拉8，在前罗拉出口处，长丝与经过牵伸的短纤须条保持一定的间距输出，经加捻三角区分别轻度加捻后，在接合点处并合，再次加强捻，最后被卷装到纱管上形成赛络菲尔纱。

2. 赛络菲尔纺的设备特点 为实施赛络纺纱，在环锭细纱机上要进行改装，其主要特点如下。

（1）增加纱架，以便放置经过重新倒

筒、卷装改小后的长丝筒管。

（2）加装一个长丝喂入装置，使长丝在受控状态下引入前罗拉。对有弹性的长丝如氨纶丝等，退绕要采用积极式，退绕张力要能控制，是将氨纶丝放置在两根光滑的、积极回转的光罗拉上，光罗拉由前罗拉通过一套传动机构带动，弹性长丝在退绕后通过一个导丝轮喂入到细纱机的前牵伸区，导丝轮固定在摇架上。几乎没有弹性的普通长丝退绕机构比较简单，把原粗纱架做适当的改造，把经过重新倒筒后的长丝放在一个架子上，经过导纱钩、张力调节装置（如张力片式张力器）、导丝轮，适当控制长丝的张力。

（3）在前罗拉钳口和导纱钩之间，安装断头自停装置即切断器，在短纤维纱条断头时，长丝应及时被切断，以保证赛络菲尔纺纱的顺利进行。

3. 赛络菲尔纺的工艺参数　赛络菲尔纺纱工艺参数的选择可参考赛络纺。如长丝与须条之间的距离，毛与毛型短纤维和棉与棉型短纤维不同，适当调节牵伸倍数，复合纱捻系数适当偏小、钢丝圈重量偏轻等。

其与赛络纺的不同点是长丝张力的控制和调节。长丝性质的不同及张力的大小，对长丝在复合纱中的位置、成纱的强度等性质有直接的影响。长丝张力越大，短纤维对长丝的包覆效果越好，成纱强度越高。但长丝的张力也不宜过大，过大反而对成纱强力不利。一般长丝张力大于须条张力，以形成短纤维对长丝较好的包覆。

4. 赛络菲尔纺的纱线特点　赛络菲尔纺纱线毛羽改善明显，赛络菲尔纺纱先“预捻”再“强捻”的特殊方式，使初始阶段毛羽产生量减少；而长丝“外侧缠绕”式结构，有助于减少纱线毛羽；近乎圆形的较紧密纱线结构，保证了后道加工不易产生毛羽；与传统纺纱工艺相比，长丝的支撑作用和特殊的纱线结构，极大地改善了纱线性能，具有闪色效应。纱线的强力和伸长明显增加，因此可以大幅度降低对羊毛细度的要求，如用纤维直径21.5μm及21.0μm（64支及66支）羊毛，可纺出线密度12.5tex以下（80公支以上）的细特（高支）纱线，生产风格独特、服用性能好的细特轻薄产品，既降低了原料成本，又省去并捻工序。

（三）缆型纺

缆型纺纱线具有复杂的类似缆绳的结构，缆型纺是单纱可织造纺纱技术的发展和创新。

1. 缆型纺纱的成纱原理　图5－21为缆型纺纱工作过程示意图。

纱条分割装置由一对沟槽罗拉1和弹簧支架2组成。弹簧支架夹持在牵伸摇架的前胶辊轴上，纺纱时摇架放下，压紧罗拉，弹簧支架随即推压沟槽罗拉与前罗拉3紧密贴合。沟槽罗拉上的若干等距沟槽以及沿圆周的四个凸棱起到阻碍、分割须条的作用，将须条分成若干小须条，这些小须条在沟槽罗拉的分割控制下，单独加上少量捻回，然后再聚集在一起形成缆型

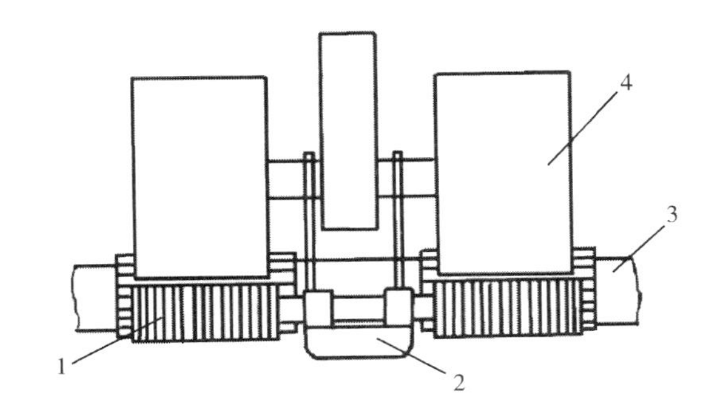

图5－21　缆型纺纱工作过程示意图

1—沟槽罗拉　2—弹簧支架　3—前罗拉　4—前胶辊

纺纱线。

2. 缆型纺的设备特点 为实施缆型纺纱，在环锭细纱机上要进行改装，其特点主要有：缆型纺纱关键就是在前罗拉前面附加一个分束装置，国外和国内研发的缆型纺装置的不同点在于，所附加的特殊结构——分束辊的结构不同，分束方法也各有特色。国外分束辊表面的沟槽是每 1/4 圆周上下交错，被分束的细纱须条纤维束组也随之边上下交换边加捻，即错位槽上下交替兼水平分割；而国内分束辊是过渡段水平间隙分割，因为尽管在细纱纺制阶段纱条中的纤维平行顺直度已经很高，但彼此难免仍有交叉甚至纠缠，这种分束辊的过渡段结构设计，避免和减少了细纱须条被分束时，造成纤维意外断裂的可能性，同时也有助于纤维束彼此更紧密抱合。

3. 缆型纺的工艺参数 缆型纺工艺参数设计应考虑以下几点。

（1）单纱截面纤维根数。适当增加截面纤维根数，可以进一步改善单纱条干，减少细节。为保证织造的可织性，缆型纺单纱截面纤维根数至少为 60 ~ 65 根。

（2）原料选用。缆型纺对原料的要求主要是指原料的细度与长度的选择，一般与相同线密度的传统单经单纬纱的原料相仿。原料纤维较细、纤维根数增加时，缆型纱的条干 *CV* 值、细节、断裂伸长率各项质量性能指标都有所提高，但耐摩擦性能却明显下降，这是由于羊毛纤维细度越细，单纤维的强度就越小，在条干的品质指标符合要求的情况下，尽可能选用粗的原料，这不仅可以降低原料成本，而且还可以提高缆型纺纱的耐摩擦性能。当原料细度一定时纤维长度较长，可提高纺纱性能和织造效率。短纤维含量不宜过高，否则细节明显增多，单纱条干恶化，无法满足织造要求。

（3）捻系数选择。在临界范围内，纱线捻系数增加，强力随之增加。一般全毛单纱捻系数在 125 ~ 135 之间，毛/涤单纱捻系数在 140 左右。

（4）钢丝圈和锭速的选择。钢丝圈号数和锭速直接影响纺纱张力，纺纱张力过小，罗拉沟槽对纤维束握持力较弱，纺纱张力过大，罗拉沟槽对纤维束握持力较强，有可能产生意外牵伸，产生较多细节。细纱工序应合理选择钢丝圈号数，适当降低锭速，减少纺纱张力。

4. 缆型纺的纱线特点 缆型纺纱中的细纱须条被分割辊随机地分成了若干小股纤维束，每束的纤维根数不相同，纤维束之间的间距也不同。在前后分股数不同的情况下，经轻度加捻的纤维束交替缠绕，几乎每根纤维都被邻近纤维束所束缚，这使得纱中纤维间结构紧密，抱合力和摩擦力变大，缆型纺纱线的毛羽少、强力高、耐磨性好；与同工艺条件下传统的单纱相比，纱的强力、条干、光洁度、纺纱断头率等指标均有改善和提高，具有单纱可织造性能，可降低织造单纱的特数，一般单经单纬产品在传统捻度下，可用线密度 28. 57 ~ 31. 25tex（32 ~ 35 公支）的纱织造，毛涤产品采用线密度 18. 52tex（54 公支）的纱，部分产品可以免浆织造。

（四）紧密纺

紧密纺也叫集聚纺、卡摩纺等。在传统的环锭纺生产中，加捻三角区对纱线表面毛羽的形成及飞花的产生有着重要影响，同时也是传统的环锭纺纱的较大缺陷。紧密纺根据“牵伸不集束，集束不牵伸”的理论，在传统的环锭细纱机前罗拉输出口附加集束装置，使得纤维须条在被加捻前，在气流力或者机械力的控制下有一个整理集束的过程，减小细纱须条宽度与细纱直径的比值，减小以至消除加捻三角区，使细纱须条中纤维在平行、紧密的状态下实现加捻，细纱中各纤维受力均匀，抱合紧密，单纱毛羽数量大幅度下降。紧密纺细纱机有棉型和毛型之分。毛型紧密纺纱技术是由德国绪森公司开发而成的，其设备以“Elite”为商标，其所纺产品的中文名为“倚丽紧密纱”。

1. Elite 紧密纺纱的成纱原理　图 5－22 为 Elite 紧密纺纱工作过程示意图。

Elite 紧密纺纱装置由翼形吸风管 1、网格圈 2、输出胶辊 3 所组成。翼形吸风管 1 内部处于负压状态，吸风管上每个纺纱位置上开一个斜槽，即吸风窄口，其长度要与纱条 B［图5－22（b）］和网格圈 2 的接触长度相对应。吸风窄口相对纱条流动方向有一定的倾斜角度，它使纱条在运动中产生横向握持力，使其绕轴心旋转，使纤维端紧贴于纱条主体上。网格圈套在吸管外面并受输出胶辊 3 的摩擦传动，而输出胶辊通过小齿轮 5 受前胶辊 6 传动。输出胶辊比前胶辊直径稍大，使纤维束在集聚过程中产生纵向张力作用，使弯曲的纤维拉伸，提高了纤维的平行伸直度，确保纤维在吸风窄口内受到负压作用而产生积聚效应。当纤维束离开前钳口 A 时，纤维束受真空作用被吸附在网格圈的吸风窄口，并向前输送到输出钳口，即到达吸风窄口的终点，然后离开输出钳口 C 并被进一步输向导纱钩从而加捻卷绕形成紧密纱。

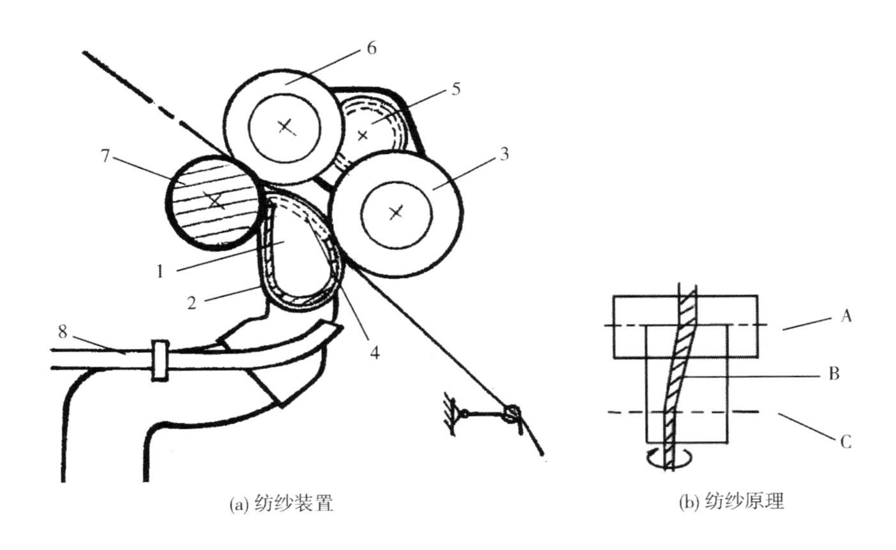

图 5－22　Elite 紧密纺纱工作过程示意图

1—翼形吸风管　2—网格圈　3—输出胶辊　4—吸风窄口　5—小齿轮　6—前胶辊
7—前罗拉　8—断头吸风管　A—前钳口　B—纱条　C—输出钳口

2. Elite 紧密纺纱的设备特点　为实施紧密纺纱，在环锭细纱机上要进行改装，其特点主要如下。

（1）加装紧密纺纱装置。紧密纺纱装置是一种气流积聚装置，加装于现有的环锭细纱机上紧接着前罗拉的输出之处。

（2）取消原牵伸机构中的后区及前区集合器。

（3）调整断头吸风装置的位置。将断头吸风装置安装于紧密纺纱装置网格圈的前下方，其吸风管口与纱条输出点上下对准。

3. Elite紧密纺纱的工艺参数 Elite紧密纺纱系统中，牵伸装置的尺寸和工艺部件基本保持不变，翼形吸风管安装在罗拉座之间，翼形吸风管上的窄口可根据所加工的原料及纺纱细度设计成不同的宽度和不同的倾斜角度。如当加工的纤维较短时，异形吸管窄口的长度方向倾斜角适当大些，使纱条通过窄口区域时更为有效地受到一个横向的作用力，有效地绕自身轴线回转，以加强对纤维端的控制作用。

4. 倚丽紧密纱的特点 倚丽纱明显降低了纱的毛羽，完全取消了3mm以上的有害毛羽，可以在多数情况下取消后整理加工中的烧毛工序；单纱的强力和耐磨性可以与同种双股线相比，使单纱织造时可以不上浆或只需上轻浆；而股线织造时，可以使生产效率大大提高；克服了原加捻三角区边缘短纤维的失落所形成的飞毛问题，改善了工作区的空气环境，降低了细纱加工过程中的断头率；当纱的强力已满足要求时，纱的捻度可以降低20%，从而使纱的手感柔软顺滑；纱的条干有所提高、各种纱疵有所减少；染色后，产品显色鲜艳且富有光泽；有效减少了产品在使用过程中的起毛起球现象。

第二节　精纺后加工

一、并线

（一）并线的目的

精梳毛织物的特点是表面光洁、质地紧密、坚牢而又柔软，挺括而有弹性，对用纱的要求很高。精纺细纱机生产的毛纱无论在条干、强力及手感方面都还不能满足以上要求。解决的办法是将若干根单纱加工成股线。为了保证捻合后的股线品质优良，在捻线之前先经过并线。并线的目的是：使股线中各根单纱的张力一致，保证捻线机正常加捻，避免在加捻时由于张力差异而产生捻幅不匀或小辫子线等疵点；除去毛纱上的杂质、飞花、结子、粗节等外观疵点，保证股线的条干光洁；将管纱重新卷绕成容量较大的筒子卷装纱，以提高捻线机的生产效率。

（二）并线的设备

图5-23为1381型并线机工作过程示意图。

管纱2插于机架两侧的铁锭1上，毛纱通过导纱杆3、张力装置4、断头自停装置5、导轮6、导纱杆7后进入导纱瓷牙10的小槽内，通过胶木滚筒9的摩擦传动，交叉卷绕在筒管8上。并线机的主要机构包括卷取、成形、防叠、断头自停和张力装置等几部分。

1. 卷绕机构 滚筒由电动机传动，筒子紧压于滚筒表面，依靠摩擦使筒子转动，将纱卷绕在筒管上。

2. 成形机构 并线机采用的成形大多为交叉卷绕，与平行卷绕相比交叉卷绕的纱不易脱落，筒子纱染色时染液也容易浸透，筒子的交叉卷绕是由导纱器的往复运动来完成的，导纱

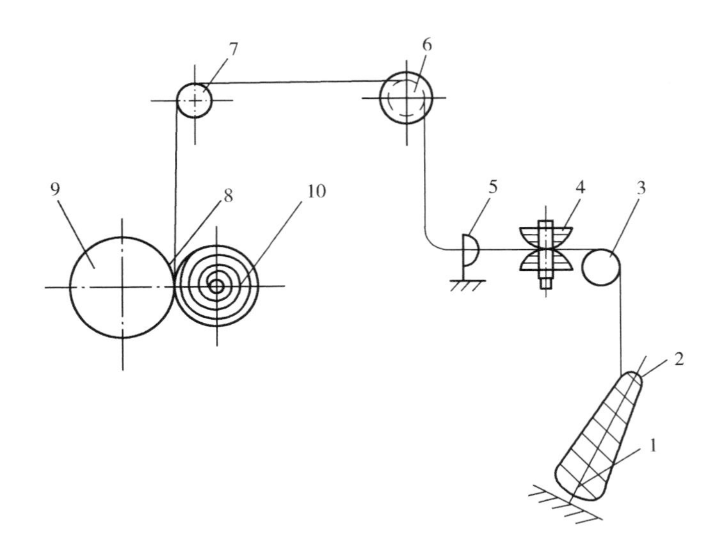

图 5－23　1381 型并线机工作过程示意图

1—铁锭　2—管纱　3—导纱杆　4—张力装置　5—断头自停装置

6—导轮　7—导纱杆　8—筒管　9—胶木滚筒　10—导纱瓷牙

器是由成形凸轮传动的。

3. 防叠装置　在并纱时，为了使纱圈在筒子表面上分布均匀，采用防叠装置，使绕到筒子表面的每圈纱都和其前次所绕的纱圈有一定位移。

4. 断头自停装置　断头自停装置要有一定的灵敏度，当细纱断头或管纱用完时，可使筒子与滚筒表面脱开，以免筒子表面的一层纱因与滚筒摩擦而损伤，或因摩擦而使纱头嵌入纱层内造成接头时找头困难，也可避免产生单股纱。

5. 导纱机构　导纱机构包括导纱装置与张力装置，导纱机构的作用主要是改变纱段通过的方向，给纱线以一定的张力，并通过对纱线的摩擦来达到清洁纱线的作用。

导纱装置主要是改变纱线的方向，张力装置是给纱线必须适当的张力，使纱线紧密分布在筒子上，如果张力过大，纱线会产生伸长并造成纱线强力下降，同时断头后纱头易嵌入纱层里面，寻头困难。张力过小，则在卷绕过程中成形松散，纱圈易于脱落。张力装置应满足下列要求。

（1）张力装置的摩擦表面应平滑光洁，不易磨损。

（2）张力装置应该保持对纱线的均匀制动。

（3）机构应简单、精细，易于调节所需要的张力。

（4）并线时纱上的毛绒和杂质应不易遗留在张力装置内。

（三）并线的质量要求

造成并线疵点的原因，除了有细纱本身的疵点外，还有由于并线机机械状态不良和操作不良等造成的疵点，并线疵点主要有以下几种。

（1）蛛网（滑边）筒子。纱圈在筒子两端滑出崩脱成蛛网，造成后工序中退绕困难甚至严重断头。由于导纱器螺丝松脱、导纱瓷牙内有垃圾或飞毛、筒管弯曲振动、筒管游动和操作不良等因素造成的。

（2）纱圈重叠。由于防叠装置的工作失灵等因素造成的。

（3）筒子有大小端。由于纱架安装不正确、两边进出不一致等原因造成的。

（4）筒子卷绕太松。由于滚筒振动导致张力小、重锤位置不正确等因素造成的。

（5）筒子形状不正确。由于成形凸轮受损破坏了凸轮曲线形状等因素造成的。腰带筒子是由于运转时纱线没有嵌入瓷牙内而失去往复运动等因素造成的。

（6）缺股。由于断头自停装置失灵，一根单纱断头或纱穗退完后机器还在继续运转，使并线缺股等因素造成的。

（7）纱线伸长过大，弹力下降。由于并线张力过大，纱拉得过紧，伸长太大，弹力下降等因素造成的。

（8）皱皮纱。由于细纱穗成形不良，退绕困难，使一根单纱张力过大，造成一根松一根紧等因素造成的。

（9）小辫子纱。由于接头时从筒子上拉出的两根纱头没有并齐或从管纱上拉出的纱没有伸直等因素造成的。

（10）多股纱。由于单纱退绕时管纱脱圈等因素造成的。

二、捻线

（一）捻线的目的

捻线是对并线机上并好的毛纱施加捻度，以提高纱线强力、均匀度、光滑度、弹性和手感，把两股或两股以上不同颜色或不同原料的并合细纱捻合在一起，可得到股线，在合股机上可以用多股细纱捻合成绒线。

捻线机的种类很多，有环锭、翼锭、帽锭、离心锭、倍捻机及花式捻线机。

（二）捻线的设备

1. 环锭捻线机 图5－24为FB722型捻线机工作过程示意图。

FB722型捻线机作为普通的毛型捻线机，其与环锭细纱机基本相似，所不同的就是没有牵伸机构。它具有结构合理、运转平稳、机件通用化程度高、生产效率高及使用简便等特点，适合于全毛纱、化学纤维纯纺及混纺纱的加捻。

FB722型捻线机主要由喂入部分、罗拉部分、断头自停装置和加捻卷绕成形部分组成，捻线工艺过程如图5－24所示，从并线筒子1上引出的纱，经过导纱杆2，导纱钩3，从下方绕过上罗拉（上铁辊）4一周后，从上罗拉4的上方折回到导纱钩3后，穿过上、下罗拉4、5之间，然后经自停钩6、导纱钩7，穿过套在钢领9上的钢丝圈8，卷绕在随锭子回转的纱管10上。

2. 倍锭捻线机 倍捻捻线机的锭子（杆）每一个回转能在纱线上加上两个捻回。

（1）加捻原理。图5－25为倍捻加捻原理示意图。

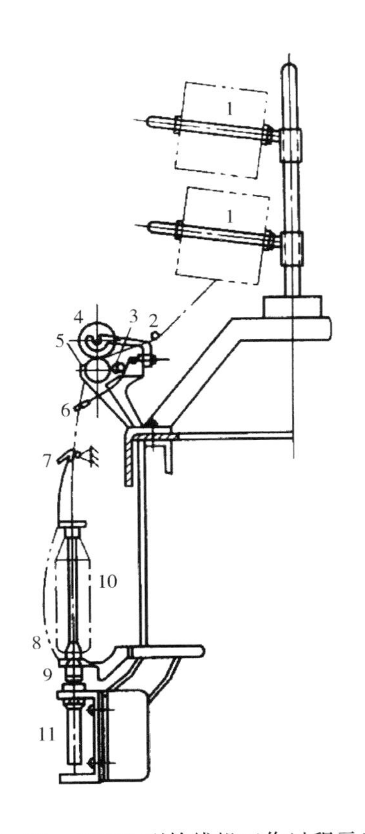

图5-24　FB722型捻线机工作过程示意图

1—筒子　2—导纱杆　3—导纱钩

4—上罗拉　5—下罗拉　6—自停钩　7—导纱钩

8—钢丝圈　9—钢领　10—纱管　11—锭子

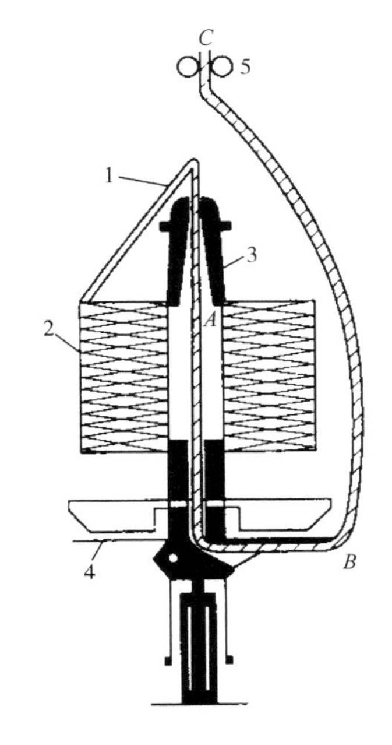

图5-25　倍捻加捻原理示意图

1—合股纱（丝）　2—供纱（丝）筒子

3—空心锭杆　4—储纱盘　5—导纱（丝）钩

需加捻的合股纱1从静止的供纱筒子2上退解下来，从顶端进入空心锭杆3，然后从底部的储纱盘4上的边孔出来。当锭杆转一周，纱线在这里被加上一个捻回（*A*段）。纱线从储纱盘出来后，向上经过导纱钩5被引离加捻区域，由于储纱盘的回转作用。这里的纱线又被加上一个捻回（*B*段）。锭杆、储纱盘一起同速转动，所以锭子转一转，纱线被加上了同捻向的两个捻回。

从以上所述可知，被加捻纱线的加捻点在底部，而两个握持点（导纱钩，空心锭杆的顶部）在加捻点的上方（一侧），并且离开储纱盘后的纱线所形成的环圈包围住了空心锭杆顶部这个握住点，只有这样才能形成倍捻。

（2）工作过程。图5-26为竖锭式倍捻机工作过程示意图。

纱线从筒子1退解下来，先穿过锭翼2。锭翼为活套在空心管3上的一根钢丝，上有导纱眼，随退绕张力慢速转动。纱线自锭翼导纱眼引出后，进入静止的空心管3，再穿入高速旋转的中央孔眼，并从储纱盘4的横向穿纱眼5中穿出。纱线在贮纱盘的外圆绕行90°~360°后进入空间形成气圈6。经导纱钩7、超喂罗拉8、往复导纱器9卷绕到筒子11上。筒子由滚筒10摩擦传动。倍捻机的锭子则由传动龙带12集体摩擦传动。纱线在盛纱罐和气圈罩间旋转加捻。

（3）张力调节。图5-27为倍捻锭子结构示意图。

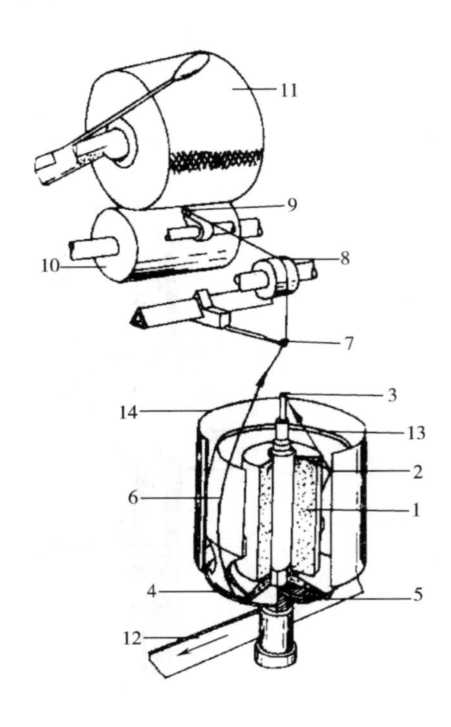

图5-26 竖锭式倍捻机工作过程示意图

1—并纱筒子 2—锭翼 3—空心管 4—储纱盘
5—横向穿纱眼 6—气圈 7—导纱钩 8—超喂罗拉
9—往复导纱器 10—滚筒 11—股线筒子
12—传动龙带 13—盛纱罐 14—气圈罩

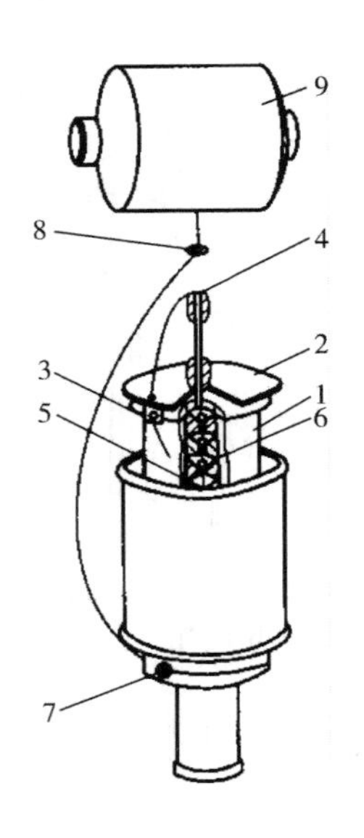

图5-27 倍捻锭子结构示意图

1—供纱（丝）筒子 2—衬锭
3—衬锭脚 4—空心锭杆
5—进纱管 6—钢珠 7—储纱盘
8—导纱（丝）钩 9—卷取筒子

纱线从储纱盘边孔出来后，并不是马上就被引离向上，而是在储纱盘上绕一段长度，该段纱线长度所对的储纱盘的圆心角称为出丝角。空心锭杆的内部是张力调节装置，可以在里面放置钢珠6或塑料珠，通过选择不同直径、不同材料的珠子数量可以调节张力。一般要求调节出丝角在180°~270°之间，出丝角太大或太小都会造成纱线断头增加。出丝角太大可增加珠子数量或增大珠子直径，反之则减少珠子数量或直径。

（4）捻回方向。倍捻同样取决于锭子的旋转方向，从上面往下看锭杆，锭杆顺时针回转得Z捻，逆时针回转则得S捻。

（5）捻度计算。倍捻捻度T计算公式如下：

$$T = \frac{Cn_1}{v} \tag{5-4}$$

式中：C——捻度系数，理论上为2；

n_1——锭子转速，r/min；

v——卷取筒子线速，m/min。

倍捻机由于锭子一转理论上可得到 2 个捻回，产量比一般捻线机高，并且捻度不匀率也较低。

3. 花式捻线机 花式捻线由三个系统的纱，即芯纱、装饰纱和加固纱所组成。芯纱一般用 1－2 根纱或长丝组成。装饰纱是起环圈或结子的纱。加固纱是包绕在装饰纱外面的纱或长丝，它起着稳定环圈或结子形态的作用。

花式捻线品种多，可运用单纱的不同原料、粗细、捻向、颜色、光泽等特征之外，还可采用变化的送纱速度来生产不同捻线品种。花式捻线一般用于机织物的纬纱。由于花式捻线表面有结子或环圈，通过综眼时，特别是钢筘时容易造成断头。

（1）花式捻线种类及结构。花式捻线种类主要有结子线、环圈线、结子环圈线和短丝线。

图 5－28 为常见花式捻线的结构示意图。图 5－28（a）、（b）为结子线，由芯线、装饰线和加固线组成，如三根线的色彩都不相同，就可形成三色结子线。图 5－28（c）～（e）为环圈线，其中图 5－28（c）为环圈线中的花环线，它的环圈形状圆整，透孔明显；图 5－28（d）为环圈线中的毛圈线；图 5－28（e）为毛圈线中的辫子线，它的毛圈绞结抱合且长度较长。图 5－28（f）、（g）为结子环圈线，它是用结子线作环圈线的加固线而形成的。图 5－28（h）为断丝线，在断丝线中，有一根纱条是不连续的，以一段一段的形式出现，纱端暴露在花式线的表面。

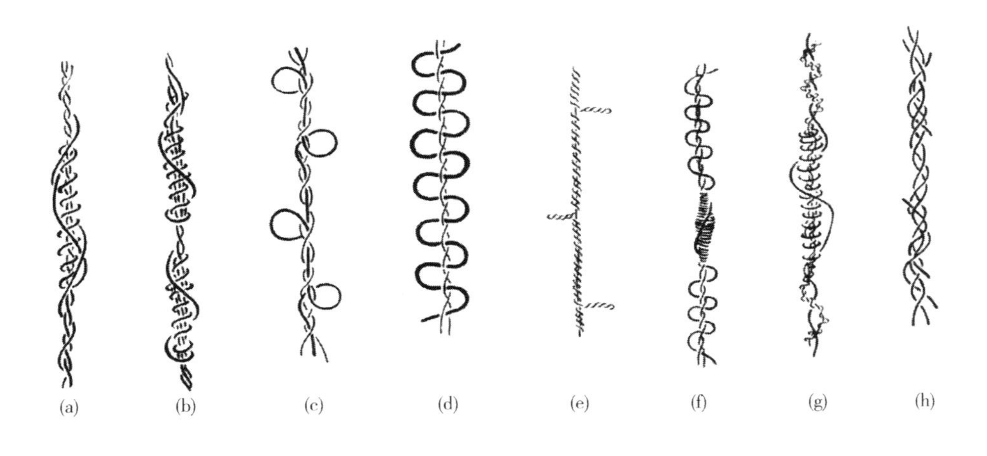

图 5－28 常见花式捻线的结构示意图

花式捻线的表示方法有三种。第一种，由三种纱线系统纺制的花式捻线可用下法表示：前列代表芯纱、中列代表装饰纱、末列代表固纱。第二种，由两种纱线系统纺制时，前列代表芯纱，后列代表装饰纱。第三种，若短纤维不注明原料种类的一般指棉纤维。

例如：

14）14）14）表示一根 14tex 棉芯纱、一根 14tex 棉装饰纱和一根 14tex 棉加固纱所纺制成的花式捻线。

14 ×2）14）14 表示一根 14tex 棉股线做芯线、一根 14tex 棉纱做装饰纱和一根 14tex 棉加固纱所纺制成的花式捻线。

$\frac{13}{13}$）R13）13 表示两根 13tex 棉并线作芯纱，一根 13tex 化纤长丝作装饰丝和一根 13tex 棉纱作加固纱所纺制成的花式捻线。

$\frac{36}{36}$）$\frac{13}{13}$表示两根 36tex 棉并线作芯纱和两根 13tex 棉并线作装饰丝所纺制成的花式捻线。

（2）花式捻线机的工艺原理。图 5－29 为花式捻线机工作过程和结子成形机构。

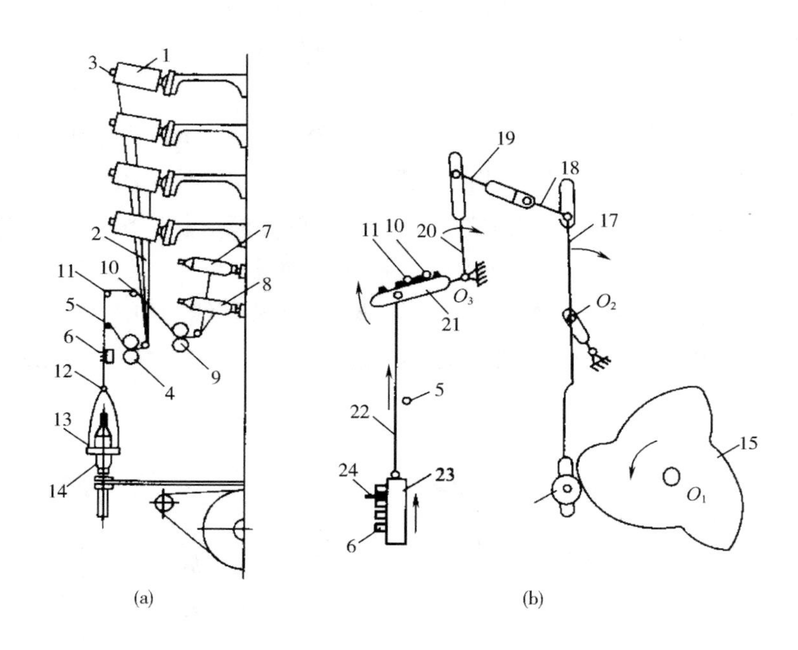

图 5－29　花式捻线机工作过程和结子成形机构

1、2—芯纱　3—筒管插锭　4—前罗拉　5—固定导纱杆　6—梳栉　7、8—装饰纱　9—后罗拉　10、11—摆动导纱杆　12—导纱钩　13—钢丝圈　14—筒管　15—成形凸轮　16—成形凸轮转子　17—双臂杆　18、19—可调节长度的连杆　20、21—摆臂　22—连杆　23—横木条　24—小凸钉　O_1—成形凸轮轴　O_2—双臂杆轴　O_3—摆臂轴

芯纱筒子插在筒管插锭 3 上，芯纱 1（有时连同芯纱 2）往下通过前罗拉 4 和固定导纱杆 5，沿着梳栉 6 左侧向下。装饰纱 7（有时连同装饰纱 8）从筒子上引出，经过后罗拉 9、摆动导纱杆 10 和 11，绕过横木条 23 上的小凸钉 24，穿过芯线 1 所在梳栉的导槽后绕在芯纱的纱身上。芯纱和装饰纱初步形成的花式线再往下通过导纱钩 12、钢丝圈 13，最后绕到花式线筒管 14 上。

成形凸轮 15 是形成花式捻线的关键器件，它决定了一个循环中有几个结子组成，决定了梳栉和凸钉的上下运动动程与速度，以及所形成的结子的紧密、疏松及大小。

成形凸轮 15 经转子 16 推动双臂杆 17 以支点轴 O_2 为中心摆动，经连杆 18 与 19，使摆杆

20以摆动轴 O_3 为中心摆动。由于导纱杆10、11和梳栉6都装在连杆22的摆动臂上，因而导纱杆和梳栉产生上下升降运动。

调节连杆18、19与双臂杆17、摆杆20的连接位置，或调节导纱杆10、11、梳栉6在摆动臂上的连接位置，可以确定导纱杆10和梳栉6的升降动程。

梳栉形似梳子，右侧有一导钉a，如图5－30所示。饰线引入梳栉时，先绕导钉a，然后穿过梳齿，喂入导纱钩和加捻区。

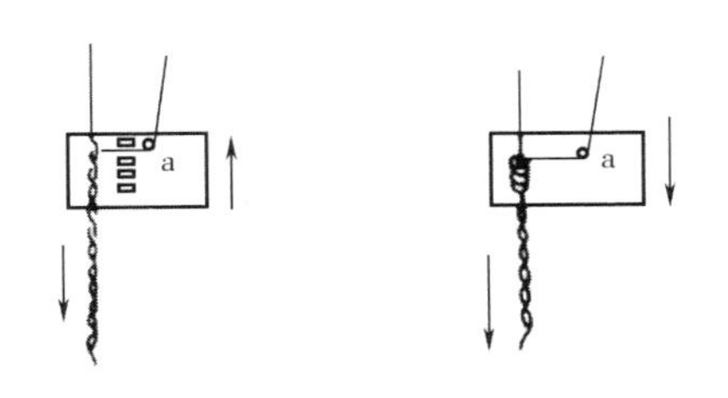

图5－30　梳栉

（3）几种花式捻线的形成原理。

①结子线。头道工序是先制成具有结子的半成品花线。结子线的芯纱由转速较慢的前罗拉输送，装饰纱由转速较快的后罗拉输送。当梳栉在成形凸轮上升弧的推动下上升时，装饰纱稀疏均匀地缠绕在芯纱上。当梳栉在成形凸轮下降弧的推动下下降时，梳栉下降速度比芯纱下降速度略快，但两者同方向运行，因而装饰纱以较紧密的形式再次绕在稀疏状的装饰纱外面。当梳栉再次上升时，装饰纱又较稀疏地绕在较紧密卷绕的装饰纱外面，这样就形成了一个自固结子。

从以上一个结子的形成过程可知，成形凸轮的一个凸瓣形成一个结子，凸瓣的上升弧、下降弧及凸瓣所对的圆心角的大小，都对结子的大小、长短有影响。通常使用的成形凸轮有7个瓣，并且7个瓣的大小、形状均不相同。

第二道工序是在头道工序纺成的结子线上，外加一根加固线。制作方法是：在双罗拉捻线机上，以半成品结子线为芯线，以加固线为“饰线”，同时改装捻线机的梳栉使之不作升降动作，加固线便稀疏地包卷在结子线的周围。

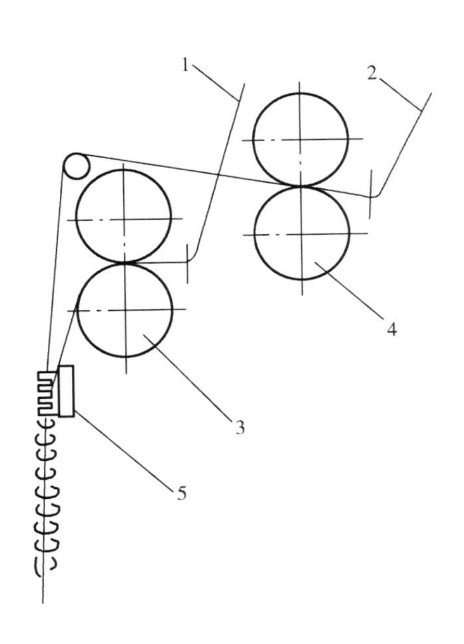

图5－31　环圈线的形成过程示意图
1—饰线　2—芯线　3—前罗拉
4—后罗拉　5—梳栉

装饰纱和芯纱的送出量是不相同的，它们的比值称为喂送比。喂送比大，送出的装饰纱量多，所形成的结子长且大。可以通过调节喂送比来改变结子大小、长短，一般的喂送比为（1.3～1.8）∶1。

②环圈线。用双罗拉捻线机纺制环圈线时，梳栉导纱装置不升降，只起喂入饰线或喂入加固线作用。图5－31为环圈线的形成过程示意图。

将饰线1喂入快速旋转的前罗拉3，芯线2喂入慢速旋转的后罗拉4，速比为（2～2.5）∶1。先在双罗拉捻线机上，制成饰线包卷在芯线周围的环线。前后罗拉的速差越大，包卷的饰线越多。将已纺制成的环线，在普通捻线机上反方向退捻。捻度减少后，饰线在芯线周围形成松弛纱圈。再将已制成的带有松弛纱圈的环线为芯线，在双罗拉捻线机上加一根加固线。加固线的绕纱圈数较稀，加捻方向与第一次加捻方向相同。

纺制环圈线时，装饰纱与芯纱的喂送比约为（1.4～2.0）∶1，而加固纱与半制品纱的喂送比为（1.0～1.1）∶10。

③断丝线。图5－32为断丝线的形成过程示意图。线速度较高的后罗拉1送出加固线2，线速度较低的前罗拉3送出芯纱4、5（2根）和断丝纱6。芯纱从中罗拉7两侧的凹槽中通过，而断丝纱被中罗拉7控制。中罗拉是间歇转动的，当它停转时，处于罗拉3与7之间的断丝纱6被拉断，并被芯线和加固线固定在纱线上，形成断丝线8。

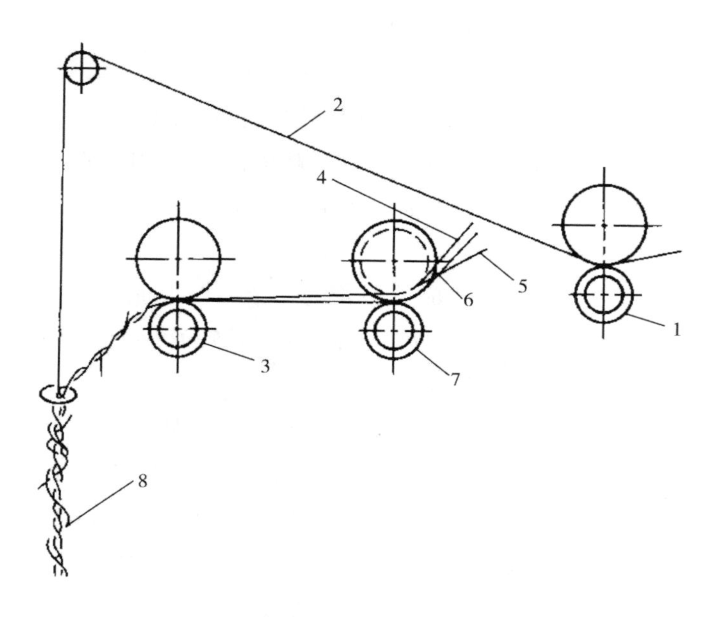

图5－32　断丝线的形成过程示意图

1—后罗拉　2—加固线　3—前罗拉　4、5—芯纱　6—断丝纱　7—中罗拉　8—断丝线

（4）环圈结子线和断丝结子线。这两种花式线是前面三种单一外形花式线的组合，它们的形成分成两个阶段。

①先加工成未加加固线的半成品环圈线或者断丝线。

②把这半成品作为芯线与加固线并合加捻，此时这根加固线如同生成结子线时的装饰纱，并捻的同时生成自固结子，这就形成了环圈结子线或断丝结子线。

（三）捻线的质量要求

这里的捻线质量要求主要是指普通环锭捻线质量要求。股线质量的好坏，对后道加工有很大影响。股线质量差，将直接影响织物质量、生产率和回丝量。

1. 股线的主要疵点和造成原因

（1）多股线、单股线。由于钢丝圈太轻、气圈相碰、断头后纱头飘入相邻锭子、并线筒子本身有多股线或单纱等因素造成的。

（2）紧捻纱。由于喂入筒子回转不灵活、上罗拉运转不正常、接头刹锭放得太早等因素造成的。

（3）松捻纱。由于锭带过松或边缘磨破、锭子缺油、钢丝圈过轻等因素造成的。

（4）螺旋纱（泡泡纱）。由于并线时单纱张力不一致、细纱有严重粗细节、合股的细纱特数不一致或纱批搞错等因素造成的。

（5）小辫子纱。由于木锭子回转太快、张力松、单纱强捻而自行扭结等因素造成的。

（6）油污纱。由于罗拉及钢领等毛纱通道有油污、挡车工手上有油污、毛纱落地等因素造成的。

2. 捻线生产注意事项

（1）选用的钢丝圈要轻重适当，过重或过轻都会增加断头。

（2）正确执行操作法，接头纱尾要符合规定长度，定时做好清洁工作，不宜拍打飞花，防止产生羽毛纱。

（3）并线筒子应采用分段装纱法，核对好纱批，并定时检查股线质量，卷装不宜过大，以免刮毛或形成油纱、坏纱等。

（4）强捻或同向捻的股线，如果一次加捻，断头后容易解捻，因此可分成两次加捻，第一次加捻后蒸纱定形，第二次补加捻后再蒸纱。

（5）改捻向的股线，退捻和加捻不宜一次进行，否则，成纱毛糙。可先退捻到零，经蒸纱后再按要求的捻向加捻。

（6）机械运转应正常，锭带松紧要一致，钢领（包括含油钢领）必须定时加油。

三、蒸纱

（一）蒸纱的目的和原理

1. 蒸纱的目的

（1）羊毛纤维在梳理、精梳和多次针梳过程中，因纤维受力和摩擦而产生静电，使羊毛内部分子结构产生不平衡，影响后道工序加工的正常进行，蒸纱可以消除静电和羊毛纤维的内应力。

（2）细纱和捻线都给纱条加以大量的捻回，使纤维产生扭转、弯曲和伸长，羊毛分子的胱氨酸链的弹性力图松解捻回，因而产生扭结，蒸纱能够稳定捻度，防止后道加工中因退捻而产生的扭结现象。

（3）蒸纱可以减少纱疵，促进织物上染，改善织物的光泽，可以控制织物的长缩，使呢面清晰、手感滑爽。

（4）可以缩短生产周期，稳定纱线的回潮率，缩短毛条、粗纱的存放时间，节约用地面积。

2. 蒸纱的原理　利用纤维具有的松弛特性和应力弛缓过程，把纤维的急弹性变形转化成缓弹性变形，而纤维总的变形不变，通过加热和加湿，可以使这种应力弛缓过程加速，在较短的时间内完成定形、定捻工作。

纱线定形一般有自然定形、加热定形、给湿定形、热湿定形。“自然定形”是把加捻后的纱线在常温常湿下放置一段时间，纤维内部的大分子相互滑移错位，纤维内应力逐渐减少，从而使捻度稳定，这种方法时间长。“加热定形”是把需定形的纱线置于一密室中，通过热交换器（用蒸汽或电热丝）或远红外线，使纤维吸收热量温度升高，分子链节的振动加剧，分子动能增加，使线型大分子相互作用减弱，无定形区中的分子重新排列，纤维的弛缓过程加速，使捻度暂时稳定。“给湿定形”是使水分子渗入到纤维长链分子之间，增大彼此之间的距离，使大分子链段的移动相对比较容易，加速弛缓过程的进行。“热湿定形”通过热湿的共同作用下，定形的速度大大加快，蒸纱通常就是采用这种热定形方式。

（二）蒸纱机的设备

蒸纱工序的设备是蒸纱机，有抽真空蒸纱机和不抽真空蒸纱机，抽真空蒸纱机有普通抽真空蒸纱机和自动抽真空蒸纱机。

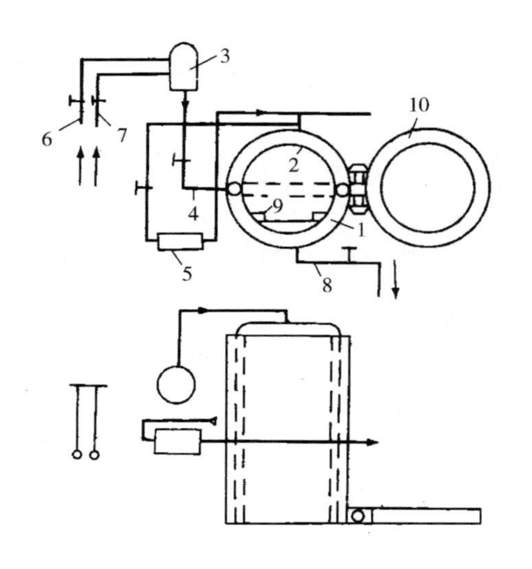

图5－33　普通真空蒸纱机工作过程示意图

1—蒸纱罐　2—隔层　3—热水罐
4—进汽管　5—抽真空电动机　6—蒸汽管
7—水管　8—排水管　9—轨道　10—盖子

1. 普通真空蒸纱机　图5－33为普通真空蒸纱机工作过程示意图。

将管纱盛于金属箱里，放在蒸纱罐1中进行汽蒸，为了防止蒸汽直接喷入，在蒸纱罐1内有一带有小孔隔层2，蒸汽通过隔层2后进入蒸纱罐内，将管纱从轨道9推入，装完后用盖子10封闭，蒸汽管6及水管7将蒸汽和水送入热水罐3中，加到一定程度后停止加热，开动抽真空电动机5，将蒸纱罐中的空气抽出，达到一定真空度后关闭抽真空电动机5，将热水罐中预热的水通过进汽管4送入罐内，由于蒸纱罐内形成真空，热水很容易煮沸，蒸汽分子就向管纱内层渗透，保持蒸纱罐内一定的压力和温度，蒸一定时间后放入空气，开启排水管8，将凝结水排出，最后取出蒸好的毛纱。

2. 自动真空蒸纱机　自动真空蒸纱机在一体化、智能化、自动化、高效率，特别是在质量保证体系上（真空装置、间接蒸气装置、载纱装置、控制装置、安全装置）具有明显优势。图5－34为VFV350/VP/175型自动真空蒸纱机工作过程示意图。

按工艺参数设定后，打开进软化水管阀门、蒸汽管阀门、压缩空气阀门（3个阀门的作用是保护蒸纱机），打开电源，PLC开始工作，进水阀V_6打开进水，到达标准水位后（罐内配有水位计），进气阀V_5打开，热气压力上升为（2.5～3）$\times 10^5$Pa，罐体6内水成为饱和蒸汽。按控制盘上的开始钮，载纱平台9两侧踏板升起，推纱小车8进入罐内并关门，气动锁紧罐门，排空气阀V_3关闭，抽真空阀V_2打开，真空泵4工作，达到设定值时真空泵停止工作；真空阀 V_2 关闭，以保持罐内真空度，同时进蒸汽阀 V_1 打开，饱和蒸汽进入罐内，蒸汽沿罐内壁上隔层进入载纱车底部，穿过纱车底面网眼由下而上进入罐内，罐内风扇吹动使蒸汽不断循环，温度均匀，并快速透入纱线内部，罐内温度逐渐上升到工艺设定温度、停止升温，进入保温阶段。此时温控器控制进气阀 V_1 的流量，随时调整来维持罐内温度保持不变，同时保温时间控制器倒计时工作，达到设定时间后进气阀 V_1 关闭，抽真阀 V_2 打开真空泵 4 启动，进入抽真空阶段。此时冷却时间控制器倒计时运转至设定时间，真空泵停机，空气阀 V_3 打开，空气进入罐内，负压为零，使内外压力相同，空气控制罐门打开，推纱小车出罐，整个过程均由监控器同步绘制温度、真空度曲线。

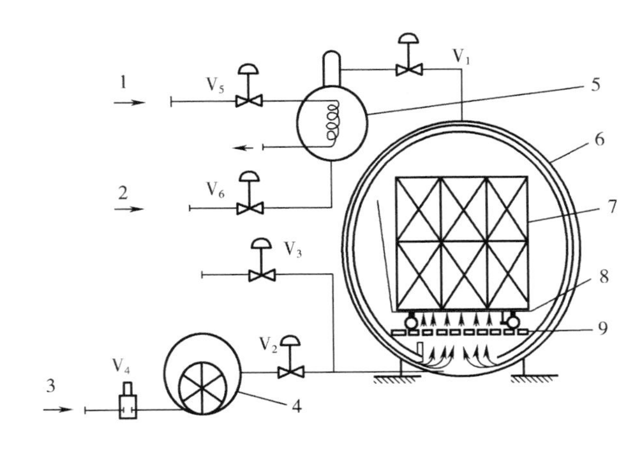

图 5－34　VFV350/VP/175 型自动真空蒸纱机工作过程示意图

1—蒸汽　2—水　3—软化水　4—真空泵　5—蒸汽锅炉　6—罐体　7—蒸纱网框　8—推纱小车　9—载纱平台

（三）蒸纱的工艺

蒸纱工艺主要根据产品种类及要求、细纱或股线的捻度情况来确定。

1. 抽真空蒸纱工艺　使用 H032 型真空蒸纱机蒸股线的工艺条件见表 5－3，在用真空蒸纱机蒸细纱、股线时，要求蒸汽管的压力达到 4×10^5Pa（4 个大气压），热水罐中温度达到 120℃。压力达到 $2.2\times10^5\sim2.4\times10^5$Pa（2.2～2.4 个大气压），将热水管的蒸汽通到蒸纱罐时，要求真空度达 -9.9×10^4Pa（－740mm 水银柱），蒸纱温度和密闭时间，根据品种而定。

表 5－3　使用 H032 型真空蒸纱机蒸股线的工艺条件

毛纱品种	捻向	蒸纱温度（℃）	蒸纱时间（min）	蒸纱次数
全毛纱	Z/S 或 S/Z	80	20	1
毛粘混纺纱	Z/S 或 S/Z	80	20	1
粘腈锦混纺纱	Z/S 或 S/Z	85	20	1
粘锦混纺纱	Z/S 或 S/Z	85	30	1
毛涤混纺纱	Z/S 或 S/Z	95	40	1
粘毛涤混纺纱	Z/S 或 S/Z	95	40	1
纯涤纶纱	Z/S 或 S/Z	100	60	1
纯毛、毛粘混纺、纯化学纤维、毛与化学纤维混纺	Z/Z 或 S/S	85～105	30～70	1

蒸同向捻股线时，蒸纱的温度要高5℃，时间长10min，纯涤纶产品的蒸纱温度应高些，时间长些，毛涤混纺纱经过蒸纱工序后，为减少在织造过程中产生吊经吊纬现象，可再经过一道烘纱工序，强捻单纱的蒸纱工艺见表5－4。

表5－4　强捻单纱的蒸纱工艺

毛纱品种	捻向	蒸纱温度（℃）	蒸纱时间（min）	蒸纱次数
纯毛、毛粘混纺	Z或S	90	60	1
纯化纤、毛与化纤混纺	Z或S	90～95	90	2

2. 不抽真空的工艺　不抽真空的蒸纱箱的工艺见表5－5。

表5－5　不抽真空的蒸纱箱的工艺

毛纱品种	蒸纱温度（℃）	蒸纱时间（min）
全毛、毛粘、粘锦异向捻及单捻	80	30
毛涤、异向捻全毛、毛混纺同向捻	90	30
涤纶及其混纺纱同向捻	95	40～60

（四）温度、时间的选择

蒸纱的温度和时间在选择时要捻度、线密度、股数、原料、pH等因素。

捻度大或同向捻的纱蒸纱时间应长些，温度应高些；对于较细的纱蒸纱时间应长些，温度应高些；对于合股纱蒸纱时间应长些；纯毛纱的蒸纱时间可短些，毛纱的蒸纱温度为80～85℃，时间为25～35min，涤纶纱的蒸纱温度和时间应高些和长些；蒸纱线抽出液的pH一般在4.5～8之间，pH为7的纱线蒸纱温度可达95℃，pH高于7的温度不能超过95℃，pH低于7的温度不能超过105℃，否则纱线会泛黄。

（五）蒸纱的质量要求

1. 蒸纱质量要求

（1）捻度稳定情况是衡量蒸纱质量的好坏的主要指标，定形不足和定形过度都不符合要求，在生产现场可粗略确定定形效果，其方法是将1m长已蒸过的毛纱或股线对折自然下垂，以自动回捻的圈数标志。若在5转以下，则认为已完全定形，若在15转以下，则认为可供织造用，自动回捻数与纱的粗细及捻度的多少无关。

（2）蒸过的纱不能影响毛纱原来的色光，白色纱蒸后不可以泛黄，蒸过的纱不能影响毛纱强力。

（3）蒸纱机内不同部位的纱管及纱管内外层都要均匀蒸透，捻度稳定要基本一致。

（4）出机的纱管表面不能有露滴。

2. 蒸纱注意事项

（1）根据产品种类及要求、细纱或股线的捻度情况确定蒸纱工艺。

（2）蒸纱操作时应注意：要严格分清纱批，不同批号的纱线在机内同时蒸时，要区别标志，色泽比较接近的尽可能分先后蒸，蒸过的、待蒸的和不同蒸纱条件的都应有记号；同一纱批分批蒸纱，自始至终必须采用同一的工艺及操作方法；凡加着色和毛油的毛纱最好不蒸纱；蒸纱用的纱管必须耐汽蒸，不变形，不褪色；蒸纱的盛器最好采用铝、不锈钢或藤作材料，竹或其他毛糙，不耐热、易脱色、易变形的材料不宜使用；盛器内部必须光滑平整，防止孔眼边缘粗糙，焊接处不平，盛器的四角损裂等拉坏纱线；盛器使用日久后造成的油污积垢要及时清洁，以免沾污毛纱；装纱不宜太多，以免进出机时纱管跌落，浸湿沾污；蒸纱时每个盛器的上面应覆盖毛毯或绒布，使纱不露面，既防止水滴又避免沾污，覆盖物要经常洗涤洁净；蒸透的毛纱对纱管的束缚较松，容易造成整个管纱脱出，特别是较粗纱线，转换盛器时要注意脱落，避免造成浪费；已蒸的纱线出机后，应有适当时间（一般 16～24h）储藏冷却；蒸纱完成后放入空气，必须待真空表指示值为零时才可开门。

四、络筒

（一）络筒的目的

络筒工程的目的是将捻线机下来的管纱重新卷绕成一定形状，容量较大的筒子，同时消除纱线上的杂质和疵点，从而提高以后各工序的劳动生产率和设备生产率。

络筒应满足以下的工艺要求。

（1）尽量保持纱线的物理性能（弹性、伸长和强力）；张力力求均匀，以保持卷绕条件不变。

（2）筒子的成形要正确，卷绕密度要适当，确保退绕轻快。

（3）结头要小而牢，保证在以后各工序不脱结。

（4）清除多股纱、粗节纱和其他纱疵。

（5）尽量减少络纱下脚。

（二）络筒的设备

图 5－35 为 AC338 型自动络筒机工作过程示意图。

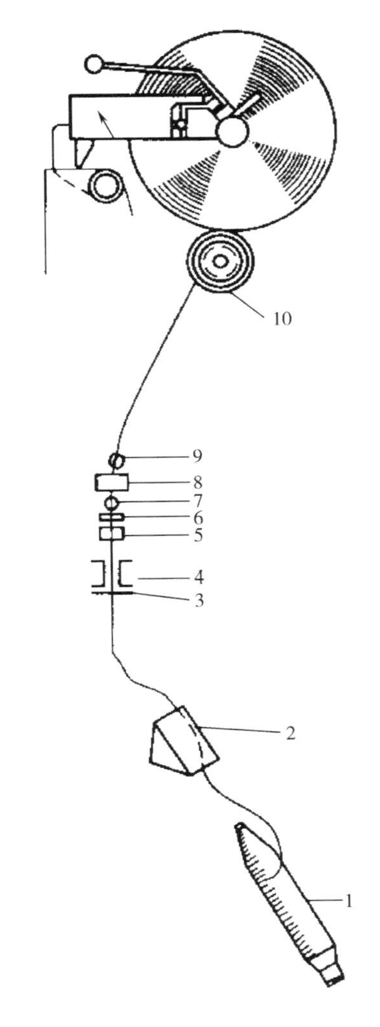

图 5－35　AC338 型自动络筒机工作过程示意图
1—管纱　2—气圈破裂器　3—预清纱器
4—张力装置　5—捻接器　6—电子清纱器
7—张力检测头　8—上蜡装置　9—捕纱器　10—槽筒

纱线自管纱 1 上退绕下来，经气圈破裂器 2、预清纱器 3、张力装置 4、捻接器 5、电子清纱器 6，再经过张力检测头 7、上蜡装置 8、捕纱器 9，进入槽筒 10 的沟槽，卷绕成筒子。气圈破裂器能有效地降低和均匀气圈张力，并能防止纱线退绕过程中的脱圈。下剪刀的作用是在换管时，剪断纱路上可能存在的预留纱，以防双纱的产生。下探纱器的作用是在纱线接头过程中，探测纱线的有无，以通过锭位电子系统激发换管动作。上探纱器位于大吸嘴内，用来探测大吸嘴的吸纱情况。在槽筒前下方的防绕杆可防止断头卷绕在槽筒上。

（三）络筒的工艺

络筒工艺参数主要有被加工纱线线密度、络筒速度、导纱距离、张力装置形式及工艺参数、清纱器形式及工艺参数、筒子卷绕密度、筒子卷绕长度及长度修正系数或者筒子卷绕直径（mm）、结头规格、管纱长度，以及防叠装置参数、槽筒启动特性参数、空气捻接器的工作参数、自动速度控制参数等项。络筒工艺要根据纤维材料、原纱质量、成品要求、后工序条件、设备状况等诸多因素来统筹制订。合理的络筒工艺设计应能达到：纱线减磨保伸，缩小筒子内部、筒子之间的张力差异和卷绕密度差异，筒子卷绕成形良好，去疵、去杂及降低毛羽。

1. 络筒速度 络筒速度影响络筒机器效率和生产率。自动络筒机的设计比较先进、合理，适宜于高速络筒，络筒速度一般达 1200m/min 以上。用于管纱络筒的国产槽筒式络筒机络筒速度低一些，一般为 500～800m/min，各种绞纱络筒机的络筒速度则更低。当纤维材料容易产生摩擦静电，引起纱线毛羽增加时，络筒速度可以适当低一些，如化纤纯纺或混纺纱。纱线较细、强力较低或纱线质量较差、条干不匀时采用较低的络筒速度，以免断头增加和条干进一步恶化。

2. 导纱距离 普通管纱络筒机采用短导纱距离，一般为 60～100mm，合适的导纱距离应兼顾插管操作方便，张力均匀和脱圈、管脚断头最少等因素。自动络筒机的络筒速度很高，采用长导纱距离并附加气圈破裂器或气圈控制器。

3. 张力装置形式及工艺参数 络筒张力的影响因素很多，生产中主要是通过调整张力装置的工艺参数来加以控制。因此，张力装置的工艺参数是络筒工艺设计的一项重要内容。张力装置有许多形式，它们都是以工作表面的摩擦作用使纱线张力增加，达到适当的张力数值。设计合理的张力装置应符合结构简单，张力波动小，飞花、杂物不易堆积堵塞的要求。

4. 清纱器形式及工艺参数 电子清纱器的工艺参数（即工艺设定值）包括纱线特数、络筒速度、纱线类型以及不同检测通道（如短粗短细通道、长粗通道、长细节、棉结通道等）的清纱设定值。每个通道的清纱设定值都有纱疵截面积变化率（%）和纱疵长度（cm）两项，棉结通道工艺参数为纱疵截面积变化率。电子清纱器的短粗短细通道的清纱工艺参数（纱疵截面积变化率和纱疵长度）对应着清纱特性曲线，清纱特性曲线是乌斯特纱疵分级图上应该清除的纱疵和应当保留的纱疵之间的分界曲线。在短粗区域曲线以上的疵点应予清除，在短细区域曲线以下的疵点应予清除。生产中可根据后工序生产的需要和布面外观质量的要求，以及布面上显现的不同纱疵对布面质量的影响程度，结合被加工纱线的乌斯特纱疵分布实际情况，制订最佳的清纱范围，选择清纱特性曲线，达到合理的清纱效果。部分清纱器还兼有捻接的检验功能，其参数以捻接部位的直径和长度来表征。

机械式清纱器有隙缝式清纱器、梳针式清纱器、板式清纱器，三者的工艺参数分别是隙缝的宽度（为纱线直径的1.5～3倍）、梳针与金属板的隔距（为纱线直径的4～6倍）和上下板之间的隔距（为纱线直径的1.5～2倍）。

5. 筒子卷绕密度 筒子的卷绕密度与络筒张力和筒子对槽筒（或滚筒）的加压压力有关，筒子卷绕密度的确定以筒子成形良好、紧密，又不损伤纱线弹性为原则。因此，不同纤维不同线密度的纱线，其筒子卷绕密度也不同。

6. 筒子卷绕长度和管纱长度 络筒工序根据整经或其他后道工序所提出的要求来确定筒子卷绕长度或者筒子卷绕直径。新型自动络筒机上一般都配备电子定长装置，筒子卷绕长度达到工艺设定值时，筒子自动停止卷绕。实际使用中，筒子的设定长度和实际长度会不一致，必须进行长度修正。

7. 结头规格 部分络筒机仍采用打结接头。结头规格包括结头形式和纱尾长度两方面。接头操作要符合操作要领，结头要符合规格。

8. 防叠装置参数 防叠装置通过周期地改变槽筒转速，使筒子和槽筒发生滑移来抑制纱圈重叠。

9. 槽筒启动特性参数 槽筒启动特性参数为槽筒加速到正常速度时所需时间。恰当的槽筒加速时间可以减少筒子启动时槽筒对筒子的摩擦，减少纱线磨损以及毛羽增长；同时，也因减少了筒子与槽筒之间的滑移，从而提高了筒子定长精度。

10. 空气捻接器的工作参数 空气捻接器的工作参数包括纱头的退捻时间、捻接器内加捻时间、纱尾交叠长度和气压，允许重捻次数、热捻接温度等，可根据不同的纱线品种设定和调整上述参数的代码值。

11. 自动速度控制参数 管纱直径退绕到某一尺寸时，由于气圈形状突然变化导致摩擦纱段增长，从而络筒张力增加。为抑制络筒张力的增加，达到均匀络筒张力、减少纱线毛羽的目的，部分自动络筒机配备了自动速度控制功能，起到络筒速度自动降低的作用，通过减速起到均匀络筒张力、减少毛羽的作用。自动速度控制参数包括减速的起点与幅度，配有络筒张力自动控制装置的络筒机，以张力传感器探测络筒张力，当张力超过一定数值时，自动降低络筒速度，通过降速实现络筒张力的均匀。

（四）络筒的质量要求

络筒的质量指标主要有络筒去疵除杂效果和毛羽增加程度、筒子外观疵点和筒子内在疵点等。

1. 络筒去疵除杂效果和毛羽增加程度 络筒去疵效果可用乌斯特纱疵分级仪来测定，经络筒去疵之后，纱线上残留的纱疵级别必须在织物外观质量及后道加工许可的范围之内。除杂效率则以一定量的纱线在经过络筒除杂之后，杂物减少的粒数来衡量。络筒去疵除杂的质量标准根据织物成品及后道加工要求、原纱质量、纤维材料、纱线结构等因素确定。

管纱络卷成筒子后，纱线上的毛羽明显增加，纱线的毛羽量以纱线毛羽仪测定。对比筒子上相对管纱的纱线毛羽增加程度，用以衡量络筒的质量。部分自动络筒机装有络筒毛羽减少装置，对抑制络筒纱线毛羽的增长起到十分明显的效果。

2. 筒子的外观疵点 筒子的外观疵点主要有以下几种。

（1）蛛网或脱边。络筒张力不当，筒管和锭管轴向横动过大，操作不良，槽筒两端沟槽损伤等原因，引起筒子两端，特别是筒子大端处纱线间断或连续滑脱，程度严重者形成蛛网筒子。这种疵点将造成纱线退绕时严重断头。

（2）重叠起梗。由于防叠功能失灵、槽筒沟槽破损或纱线通道毛糙阻塞等原因，使筒子表面纱线重叠起梗，形成重叠筒子。重叠起梗的纱条受到过度磨损，易产生断头，并且退绕困难。

（3）形状不正。当槽筒沟槽交叉口处很毛糙、清纱板上飞花阻塞、张力装置位置不正时，导纱动程变小，形成葫芦筒子；操作不良，筒子位置不正，造成包头筒子；断头自停机构故障，则形成凸环筒子；络筒张力太大，或锭管位置不正，形成铃形筒子；在锭轴传动的络筒机上，由于成形凸轮转向点磨损，或成形凸轮与锭子位置有移动，则造成筒子两端凸起或嵌进。

（4）松筒子和紧筒子。张力装置的工艺设置不当或筒子托架压力补偿不适当，使张力偏大或偏小，前者造成紧筒子，后者为松筒子；张力盘中有飞花或杂物嵌入，车间相对湿度太低等原因，形成卷绕密度过低的松筒子，纱圈稳定性很差，退绕纱线时产生脱圈。

（5）大小筒子。操作工判断不正确，往往造成大小筒子，影响后道工序的生产效率，并且筒脚纱也增加。采用筒子卷绕定长装置可克服这一疵点。

3. 筒子的内在疵点 筒子的内在疵点主要有以下几种。

（1）结头不良。捻接器捻接不良；络筒断头时接头操作不规范，引起结头形状、纱尾长度不合标准，如长短结、脱结、圈圈结等。这些不良结头在后道生产工序中会重新散结，产生断头。

（2）飞花回丝附入。电子清纱器失灵；捕纱器堵塞、吸嘴回丝带入；当纱线通道上有飞花、回丝或操作不小心，都会引起飞花回丝随纱线一起卷入筒子的现象。

（3）接头过多。电子清纱器灵敏度设置过高或验结调整不当。

（4）原料混杂、错特错批。由于生产管理不善，不同线密度、不同批号，甚至不同颜色的纱线混杂卷绕在同只或同批筒子上。在后道加工工序中，这种疵筒很难被发现，最后在成品表面出现“错经纱”“错纬档”疵点。

（5）纱线磨损。断头自停装置失灵，断头不关车或槽筒（滚筒）表面有毛刺，都会引起纱线的过度磨损，纱身毛羽增加，单纱强力降低。

筒子的内在疵点还有双纱、油渍、搭头等。

习题

1. 解释下列概念。

捻度、捻系数、捻向、捻缩、细纱断头率、倍捻机、花式捻线。

2. 精纺细纱的目的是什么？

3. 说明B583C型细纱机的工作原理及组成。

4. 说明细纱短动程式卷绕形状的特点。
5. 说明精纺细纱的工艺原则。
6. 说明细纱断头及其控制。
7. 简述精纺细纱的质量要求。
8. 说明赛络纺纱的成纱原理及特点。
9. 说明赛络菲尔纺纱的成纱原理及特点。
10. 说明缆型纺纱的成纱原理及特点。
11. 说明 Elite 紧密纺纱的成纱原理及特点。
12. 并线的目的是什么？
13. 说明 1381 型并线机的工作原理。
14. 简述并线的质量要求。
15. 捻线的目的是什么？
16. 说明 FB722 型捻线机的工作原理。
17. 说明倍捻加捻原理。
18. 如何计算倍捻捻度。
19. 说明花式捻线的组成、种类、表示方法。
20. 说明结子线的形成过程。
21. 说明环圈线的形成过程。
22. 说明断丝线的形成过程。
23. 说明捻线的质量要求。
24. 蒸纱的目的是什么？
25. 说明普通真空蒸纱机的工作原理。
26. 说明 VFV350/VP/175 型自动真空蒸纱机的工作原理。
27. 说明蒸纱的工艺原则。
28. 简述蒸纱的质量要求。
29. 络筒的目的是什么？
30. 说明 AC338 型自动络筒机的工作原理。
31. 说明络筒的工艺原则。
32. 简述络筒的质量要求。

第六章　粗梳毛纺

本章知识点

1. 粗纺配毛的目的、工艺，和毛加油的设备、工艺。
2. 粗纺梳毛的目的、设备、工艺及质量要求。粗纺梳毛设备包括自动喂毛机、梳理机、过桥机、成条机等。
3. 粗纺细纱的目的、设备。粗纺细纱有粗纺环锭细纱机和粗纺走锭细纱机两大类。

粗梳毛纺工程的任务是对洗净毛进行混合、加油、梳理，使不同品种、不同颜色的纤维充分混合均匀，使其相对平行顺直，制成一定重量的粗纱（小毛条），并将粗纱牵伸、并合、加捻，纺成一定细度和捻度的细纱。粗梳毛纺包括粗纺配毛、和毛加油、粗纺梳毛、粗纺细纱等工序。

第一节　粗纺配毛及和毛加油

一、粗纺配毛

（一）粗纺配毛的目的

粗梳毛纺原料品种多，资源丰富，各种纤维的性质不完全一样，有的甚至差异很大。配毛目的是合理利用羊毛，充分发挥混料中各种纤维的性能，提高产品质量，扩大原料来源，降低生产成本。

（二）粗纺配毛的工艺

粗纺配毛要考虑产品的风格特征和用途、原料的性能和特点、设备的性能、状态和加工条件等因素。

1. 粗纺配毛工艺原则　粗纺配毛的一般原则有以下几方面。

（1）满足织物要求。产品风格特征和用途不同，对原料要求也不同。如麦尔登和海军呢类产品属重缩绒织物，对呢面要求较高，要求呢面平整、细腻、耐磨不起球、弹性足等。选用较细的60支毛或一二级毛，且要求原料卷曲多、缩绒性好，还可加入10%～30%的精梳短毛。混纺时化纤用量不能过大，不超过30%。毛毯、立绒大衣呢和顺毛大衣呢等产品属重起毛产品，加工时要经反复起毛加工。这些产品风格特征的要求是绒面丰满、绒毛密立或平顺、整齐、不脱毛、手感柔软、有弹性。选用长度较长、强力大、弹性好的原料（如48～64支毛或1～4级毛），混纺时化纤比例可大些，甚至可用纯化纤加工。

（2）满足毛纱用途。经纱在织造中承受张力大，要选用强力大、长度较长的原料；纬纱虽然在加工过程中承受的张力小但弯曲大，易浮于织物表面形成呢面，选用长度较短、细度较细和光泽较好的原料。

（3）满足加工的要求。每种原料都有各自的可纺线密度，几种原料搭配使用后，混和原料的可纺线密度可由各成分原料的可纺线密度、混和比例按加权平均值计算法求得，配毛时要求混料的可纺线密度小于实际纺纱线密度的12%～40%。

加工短纤维或下脚毛（回用毛）比例大的产品时，加入一定量的化纤（一般30%左右），以改善混料的平均细度和长度，增加纱条强力。在加工兔毛等难于纺纱的产品时，兔毛等的用量不宜过大，能满足该类产品的风格特征要求即可。

（4）考虑生产成本。毛纺原料的成本占产品成本比例很大，合理选用和搭配原料，可以降低原料成本。

（5）扩大原料资源。我国特种动物纤维资源丰富，性能优良，新型纤维不断研究开发。在配毛时，要合理使用这些纤维，扩大毛纺的原料资源，增加毛纺产品的花色品种。

（6）考虑长度和细度选配。在确定混料成分的长度和细度时，要能满足产品对原料长度、细度离散的要求。羊毛纤维与羊毛纤维搭配时，其长度和细度要接近；化纤与羊毛混纺时，化纤的长度要略大于羊毛，其细度要略细于羊毛，以改善混料的平均长度和平均细度，但差异不能过大。

（7）考虑化纤含量。混纺产品中化学纤维含量一般不应超过总量的1/3，以利于缩绒，保持粗纺毛织物特有的风格和手感。在主要混纺产品中，羊毛与化学纤维的常用混纺比例见表6－1。

表6－1　常用的羊毛与化学纤维混纺比表

混纺比 原料	羊毛（%）	粘胶纤维（%）	涤纶（%）	锦纶（%）	腈纶（%）
毛粘	70	30	—	—	—
毛涤	65	—	35	—	—
毛粘涤	65	25	10	—	—
毛腈粘	40	20	—	—	40

2. 粗纺配毛工艺举例

例1　纯毛拷花大衣呢：毛纱为142.9tex（7公支）。

拷花大衣呢属缩绒织物，要求绒面丰满，有拷花纹路，手感丰厚，有弹性，耐磨。58/56支外毛、64支精梳短毛、3.3dtex锦纶的比例分别为76%、20%、4%，精梳短毛起到缩绒效果，锦纶提高织物的耐磨性。

例 2　混纺海军呢：毛纱为 100tex（10 公支）。

混纺海军呢属缩绒后轻起绒织物，质地紧密，身骨挺括，弹性较好，不板不烂，呢面细洁平整、丰满匀净，基本不露底，耐起球，要求混纺比例合理。60 支炭化改良、64 支精梳短毛、5.5dtex×70mm 粘胶纤维分别占 40%、28%、32%。

例 3　纯毛提花毛毯：纬纱为 333.3tex（3 公支）毛纱，经纱为 47.6tex×3 合股棉纱。

长毛水波纹提花毛毯为起毛产品，毯面水纹明显顺伏，手感丰厚，有身骨，净白度好。要求原料长度较长，光泽好。50 支马海毛、8 支或四级毛分别占 60%、40%。也可以用 100% 新西兰的 46～48 支羊毛进行纺制。

3. 粗纺配毛的计算

（1）混料各指标平均值的计算。混料成分和比例确定后，应对混料各主要指标的平均值，如细度和长度等进行计算，以判断原料搭配后能否符合要求。

混料某指标平均值为：

$$\overline{X} = a_1 x_1 + a_2 x_2 + \cdots + a_n x_n \tag{6-1}$$

式中：a_1，a_2，…，a_n——各成分重量百分比；

x_1，x_2，…，x_n——各成分相应指标平均值。

混料某指标的不匀率可按下式计算

$$C^2 = a_1 C_1^2 \left(\frac{x_1}{\overline{X}}\right)^2 + a_2 C_2^2 \left(\frac{x_2}{\overline{X}}\right)^2 + \cdots + a_n C_n^2 \left(\frac{x_n}{\overline{X}}\right)^2 + 10^4 \left[a_1 \left(\frac{x_1}{\overline{X}} - 1\right)^2 + a_2 \left(\frac{x_2}{\overline{X}} - 1\right)^2 + \cdots + a_n \left(\frac{x_n}{\overline{X}} - 1\right)^2 \right] \tag{6-2}$$

式中：C——混料某指标的离散系数；

C_1，C_2，…，C_n——各成分相应指标的离散系数。

（2）混料中各成分纤维含量的计算。成品混纺比是指成品中各成分之间的干重百分比。而配毛时的混合比例是指混料中各成分之间的标准重量百分比。当羊毛与化纤混纺时，由于各种原料的制成率及公定回潮率的不同，在配毛时应考虑投料时各纤维成分与成品中各纤维成分所占比例的变化。需根据相应成品混纺比的要求，确定不同原料在配毛时应有的混合比例。

例　在毛条制造时，采用 66 支国毛和 3.33dtex×86mm 的涤纶混合生产毛涤混梳条。已知羊毛制条的制成率为 80%，涤纶制条的制成率为 95%；羊毛的公定回潮率为 16%，涤纶的公定回潮率为 0.4%。求配毛时，投料量各为多少才能达到成品毛条中羊毛占 35%，涤纶占 65% 的比例。

解：

①首先考虑制成率的不同，计算两种纤维的干重百分密度。

羊毛的干重百分比 F_A：

$$F_A = \frac{\dfrac{P_A}{Z_A}}{\dfrac{P_A}{Z_A} + \dfrac{P_B}{Z_B}} \times 100\% \tag{6-3}$$

涤纶的干重百分比 F_B：

$$F_B = \frac{\frac{P_B}{Z_B}}{\frac{P_A}{Z_A} + \frac{P_B}{Z_B}} \times 100\% \qquad (6-4)$$

式中：P_A——成品毛条中羊毛百分比；

P_B——成品毛条中涤纶百分比；

Z_A——羊毛的制成率；

Z_B——涤纶的制成率。

代入，即得：

$$F_A = \frac{\frac{35\%}{80\%}}{\frac{35\%}{80\%} + \frac{65\%}{95\%}} \times 100\% = 39\%$$

$$F_B = \frac{\frac{65\%}{95\%}}{\frac{35\%}{80\%} + \frac{65\%}{95\%}} \times 100\% = 61\%$$

②再考虑公定回潮率的不同，计算两种纤维的投料百分比。

羊毛的投料百分比 G_A：

$$G_A = \frac{F_A(1+W_A)}{F_A(1+W_A)+F_B(1+W_B)} \times 100\% \qquad (6-5)$$

涤纶的投料百分比 G_B：

$$G_B = \frac{F_B(1+W_B)}{F_A(1+W_A)+F_B(1+W_B)} \times 100\% \qquad (6-6)$$

式中：W_A——羊毛的公定回潮率；

W_B——涤纶的公定回潮率。

代入，即得

$$G_B = \frac{39\%(1+16\%)}{39\%(1+16\%)+61\%(1+0.4\%)} \times 100\% = 43\%$$

$$G_B = \frac{61\%(1+0.4\%)}{39\%(1+16\%)+61\%(1+0.4\%)} \times 100\% = 57\%$$

羊毛、涤纶的投料百分比分别为43%与57%。

二、粗纺和毛加油

梳毛机使用的原料统称为混料。混料准备包括对组成混料的各种纤维进行开松、除杂（有的还需染色），按配毛比例将开松后的各种纤维进行均匀混合（和毛），并按工艺要求均匀加入和毛油。

（一）粗纺和毛加油的设备

粗纺和毛系统比精纺和毛系统复杂，因为粗纺原料杂，加工工序短，所以和毛相对来说比较重要，粗纺和毛系统中必须要用“S”型喷头铺毛，精纺和毛系统中可以不用，所以在

第四章精纺和毛中没有介绍“S”型喷头铺毛。和毛机的工作原理在第四章已经详细介绍，所以本章重点介绍铺层。

1. 粗纺和毛设备 图6－1所示为“S”头型半机械式和毛系统的铺层和毛流程示意图。

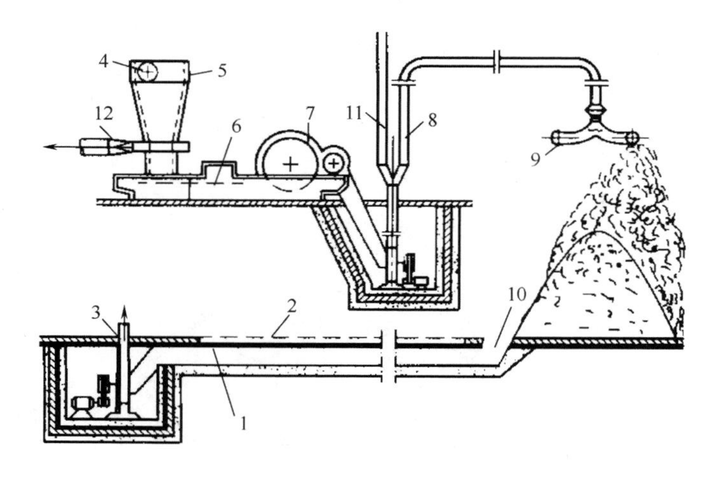

图6－1 “S”头型半机械式和毛系统的铺层和毛流程示意图

1—运输地道 2—活动盖板 3—运输地道出口 4—尘笼原料进口 5—尘笼 6—喂毛帘 7—和毛机 8—回料管道 9—“S”型喷头 10—和毛仓地面上的喂料口 11—出料管道 12—尘笼尘屑出口

运输地道1的上部是一排活动盖板2，既可方便运输地道的清洁工作又可成为各成分原料的初始喂料口。加工时将需要混合的各种原料按铺层层次的要求，依次推入运输地道上相应的喂料口，在相应风机的作用下，从运输地道出口3输出，通过管道从尘笼原料进口4进入尘笼5，经尘笼后落到和毛机的喂毛帘6上。原料经和毛机7的开松、除杂与混合后，在输出风机的作用下，从和毛机的回料管道8输送到位于和毛仓顶部中间的“S”型喷头9处。“S”型喷头直接由电动机传动回转，或由喷出有冲力的空气和羊毛混合体而使“S”头自行转动。“S”型喷头转动时，将原料喷出，使原料在喷力、自身重力与离心力的作用下一层一层地铺散在和毛仓地面上。铺完后，打开毛仓，人工将原料自上而下垂直截取，经翻动推入设在和毛仓地面上的喂料口10。原料再次在进料风机的作用下经运输地道及管道送入和毛机，各种原料成分经混合及进一步开松后，可以在输出风机的作用下，从和毛机的出料管道11直接送至梳毛仓。如果原料复杂、混合要求又高，需经1~3次“S”型喷头铺毛及和毛机混合后，再送至梳毛仓。在粗纺和毛系统中，一般需设2台和毛机、3~4个和毛仓，以适应大批量生产时，需多次铺毛、混合以及连续加工的需要。

原料在运输地道及各管道内运动的过程中，是靠相应风机所产生的气流输送的。气流对原料不仅有运输作用，还能对原料产生分散、疏松的作用，这对均匀混合是有利的。

“S”头型半机械式和毛系统结构简单，效率较高。但当原料的毛块重量差异较大时，由于离心力和空气浮力的影响，较轻的毛块多数落在和毛仓的中间，而较重的毛块则飞散在四周，容易造成铺层不均匀的现象。

在和毛机喂毛帘上所装的尘笼起到一定的除杂作用，图6－2为和毛机上尘笼的作用示意图。

加工过程中，呈块状或束状的纤维原料在输料气流的作用下从尘笼的原料进口1被吹入漏斗形网笼2，然后在气流及自身重力作用下从网笼的上部下落。夹杂在原料中轻且微小的杂质在气流的作用下与纤维原料分离并随气流由内而外地穿过网笼的孔眼，在机壳3内表面的导流作用下落入集尘槽，在气流的作用下从尘屑出口经管道进入相应的集杂箱或集杂袋。纤维则经原料出口5落到和毛机的喂毛帘上。

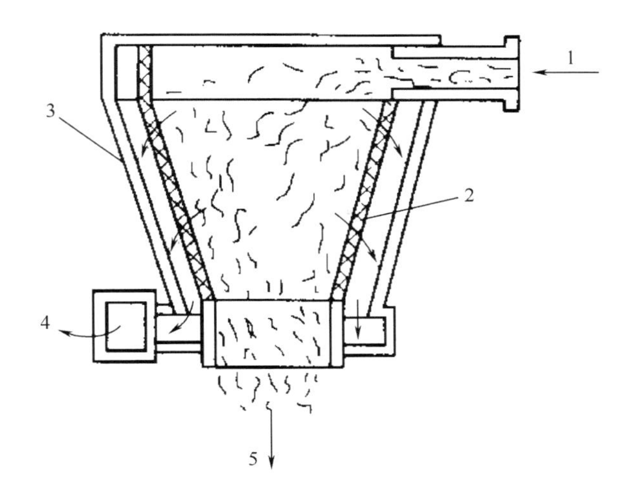

图6－2　和毛机上尘笼的作用示意图

1—原料进口　2—网笼　3—机壳

4—尘屑出口　5—原料出口

2. 加油装置　喷嘴可以安装在和毛机的喂毛帘上、和毛机出口处及“S”型喷头上部，也可以安装在和毛仓的顶部及输料管道内。

在和毛机喂毛帘上进行加油，原料经开松后，和毛油分布较为均匀，缺点是进机原料潮湿，羊毛容易缠绕在锡林角钉上，设备清洁工作量大，并容易产生油污毛；和毛机出口处进行加油不利于混料中和毛油的均匀分布；“S”型喷头旋转加油会有一部分油被甩在和毛仓的四周墙壁上而导致和毛油的浪费；在输料管道内加油效果较好。图6－3装在输料管道内的加油装置示意图。

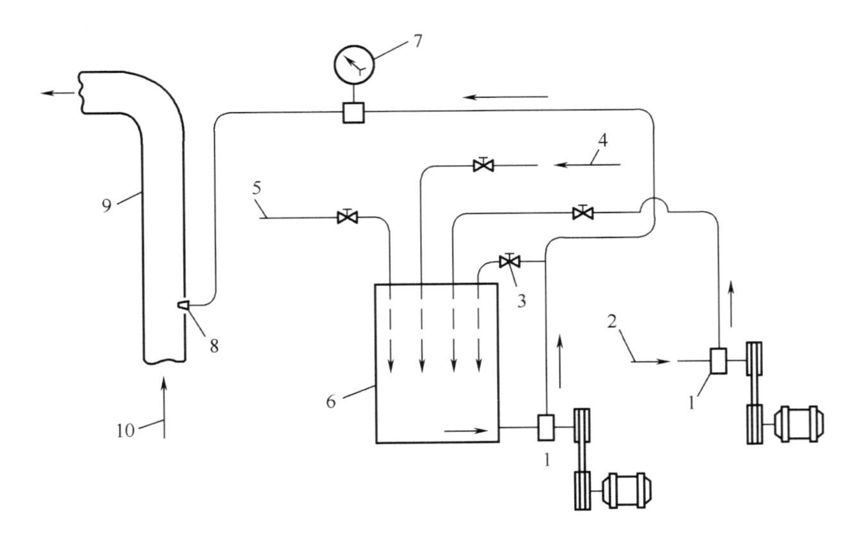

图6－3　装在输料管道内的加油装置示意图

1—泵　2—油　3—回油阀　4—蒸汽　5—水　6—储和毛油桶

7—油压表　8—喷嘴　9—输料管　10—原料

和毛油在专门的和毛油配制间进行配制，在油泵的作用下，经管道送至和毛系统相应的加油点。加油量通过油阀控制，并通过油压表显示。和毛油送至喷嘴处时必须以雾状喷出，这样才能保证将油均匀地喷洒在原料上。喷油装置可以采用液压式，也可以采用气压式。

（二）粗纺和毛加油的工艺

粗纺和毛加油的工艺与精纺毛条制造中梳条配毛的和毛加油工艺类似，以下简单介绍其中几个工艺。

1. 粗纺和毛工艺流程 表6－2为粗纺混料的混和方法举例。

表6－2 粗纺混料的混和方法举例

混料种类	混和方法
纯羊毛或纯羊绒	第一次混和、开松、加油水→第二次混和→第三次混和→装包或进毛仓 混料储存8h以上再使用，使油水渗透均匀
粘胶纤维（或其他化纤） 羊毛（或精梳短毛、下脚毛）	开松 开松、加油水 } 混和→混和→装包或进毛仓 羊毛与化学元素纤维混纺时，不能在化学纤维上加油水，而是先在羊毛上加油水等2h后方与化学纤维混和，否则化学纤维易粘结
兔毛 羊毛（或精梳短毛、下脚毛）	分梳 开松、加油水 } 混和→混和→装包或进毛仓 羊毛第一次和毛加油后应先闷放8h，让油水渗透均匀，再将兔毛与羊毛混和开松两次，然后闷放16h以上方可使用
原料种类多或色泽多	当原料种类或色泽多时，可先将几种比例小的原料经过一次或两次的和毛混和（当原料种类少时，可将其中比例少的原料与比例大的部分进行混合），这一过程称为假和。对色差大、比例小的原料，为防止色点，应先进行预梳，具体工艺如下： 比例小的几种先“假和”、开松 比例大的 } 混和加油水→混和→混和→装包或进毛仓 混料储存8h以上再使用，使油水渗透均匀
对立色的拼和：白（浅）色少黑（深）色多	白色与黑色中的小量先“假和”、分梳 黑色原料 } 混和加油水→混和→混和→装包或进毛仓 混料储存8h以上再使用，使油水渗透均匀
呢面要求白抢效应：兔毛（白） 羊毛（色）	分梳 混合 } 混和分梳→混和、加油水→混和→装包或进毛仓 混料储存8h以上再使用，使油水渗透均匀

2. 和毛机主要工艺 喂毛帘上喂入毛层厚度：不超过200mm。锡林转速有两档，分别为200r/min、230r/min。为防止纤维损伤，一般都选择第一档速度，即200r/min。主要工艺部件之间的隔距见表6－3。

表6-3 主要工艺部件之间的隔距

作用区	正隔距（mm）	负隔距（mm）	作用区	正隔距（mm）	负隔距（mm）
喂毛罗拉—锡林钉尖	2	5~8	道夫钉尖—锡林顶尖	20	
工作辊钉尖—锡林钉尖	5	5~8	道夫皮翼—锡林顶尖		4~6
剥毛辊钉尖—工作辊钉尖	7	4~6	漏底尘棒表面—锡林钉尖	15	
剥毛辊钉尖—锡林钉尖		5~8	漏底尘棒表面—道夫钉尖	50	

3. 粗纺加油量的确定 粗纺厂一般加油量在1.5%~4%之间。

回毛不加油。化纤可少加油或不加油。细羊毛或经炭化染色、开松不良的羊毛应多加油。马海毛的加油量应比细羊毛少30%~40%。混料中掺有兔毛或较多精梳短毛时，可加适量（1%~2%）的硅胶溶液，以增加纤维间的抱合力，降低细纱断头，但成品手感略板。兔毛的加油量较大，一般为4%~8%。

4. 加水量的确定 追加水量应根据羊毛本身的回潮率、气候条件、相对湿度、加油量的多少而定，以梳毛机的下机回潮率达18%左右为宜（在两节锡林的梳毛机上，梳理过程中原料含水量可挥发掉20%左右）。在纺纱过程中，回潮率如低于12%，会因静电现象严重使生产难以正常进行；如回潮率过高，则易损伤针布。此外，金属针布应比弹性针布的上机回潮率小些。表6-4为粗纺加油水量及梳毛上机回潮率参考范围。

表6-4 粗纺加油水量及梳毛上机回潮率参考范围

原　料	加和毛油乳化液量（%）	上梳毛机回潮率（%）		备　注
		弹性针布	金属针布	
外毛64支、60支	4~5	25~30	20~22	
国毛1~3级	3~4	25~28	20~22	
国毛4~5级	4~5	25~28	20~22	加硅胶溶液2%
毛粘混纺	以羊毛总量计算	22~26	17~20	
毛涤混纺	以羊毛总量计算	15~17	12~15	加抗静电剂0.5%~1%
纯粘胶纤维	~	15~17	12~15	加抗静电剂0.5%~1%
羊　绒	4~5	23~26	22	加硅胶溶液1%~2%
羊毛与兔毛混纺	4~5	25~30	22	加硅胶溶液1%~2%

注 和毛油乳化液的油水比为1∶3。

和毛油的加入量与上机回潮率是以油水率来控制的（表6-5）。油水率指混料加入油水量占投料标准重量的百分率。夏季空气湿度大，原料的实际回潮率较大，上机回潮率可相对减小（油水率较小）；反之冬季空气湿度较小，原料的实际回潮率较小，上机回潮率应相对加大（油水率较大）。根据工厂所处的地理位置的不同，酌情增减上机回潮率的范围。

表 6-5 各季节油水率与上机回潮率范围

	春季	夏季	秋季	冬季
油水率（%）	22~24	19~21	21~23	21~23
上机回潮率（%）	27±2	23±2	25±2	24±2

第二节 粗纺梳毛

一、粗纺梳毛的目的

在粗梳毛纺工程中，梳毛工程占有极重要的地位，粗梳毛纺的工艺流程比较短，原料比较复杂，梳毛工序能够将和毛机输出的混料直接加工成供细纱工序使用的粗纱。对细纱质量的好坏起着决定性的作用。粗纺梳毛的目的主要有以下几项。

1. 彻底梳松混料 喂入梳毛机的混料，一般只经过开毛、洗毛、和毛工序的简单开松，其开松程度很不彻底，纤维基本呈块状或束状。通过梳毛机多次反复梳理，可使纤维全部呈单纤维状。

2. 混料中的各种纤维充分混和 喂入梳毛机的混料，各种成分之间只是呈块状或束状进行混和，只有通过梳毛机开松、梳理成单纤维状后，纤维间才能得到充分混和。

3. 去除草杂、死毛及粗硬纤维 羊毛中一些体积较大的草杂虽经开毛、和毛等工序去除了一部分，但一些细小的草杂不易除去，梳毛机可以将混料彻底开松，为去除这些草杂及粗死毛创造了有利条件。

4. 使纤维逐步伸直平行 纤维经过梳理机时，受到一定张力，逐步趋向伸直平行，伸直方向趋向于毛层前进方向，这种取向有利于粗纱中纤维的平行程度。粗纱中的纤维平行程度越好，纱条越光洁，条干越均匀，结构也越好。但梳毛机的分梳方式决定了纱条中纤维存在大量的弯钩和卷曲现象。

5. 将毛网制成粗纱 梳理机对混料进行梳理后，首先把纤维制成毛网，再将毛网制成小毛带，对小毛带进行搓捻，制成光、圆、紧的粗纱，卷绕成若干个粗纱毛饼，以供细纱机使用。

二、粗纺梳毛的设备及工艺

图 6-4 为 BC272B 型二联式粗纺梳毛机工作过程示意图。从和毛工序下来的混料，首先送入自动喂毛机。自动喂毛机定量地将混料送入预梳机中。混料被预梳机的胸锡林和工作辊梳理，由大块状分解成小块状和纤维束。然后通过运输辊将小块状纤维转移给第一梳理机。第一梳理机的大锡林与五对工作辊、剥毛辊对块状和束状纤维进行充分混合梳理，将其松解成单纤维，然后经风轮从大锡林针隙中起出，凝聚在道夫上。斩刀将道夫上的纤维斩下形成毛网，送入过桥机。毛网在过桥机上通过纵向折叠混和和横向折叠混和，使纤维得到进一步

混合。然后出过桥机，先后进入第二预梳机和第二梳理机，接受进一步梳理、混合，又被梳理成单纤维状，最后通过风轮、道夫和斩刀等，又一次形成毛网。将毛网喂入成条机，在成条机中毛网被皮带丝切割成若干个小毛带，最后经过搓板，搓捻成光、圆、紧的小毛条（粗纱），并进一步卷绕成粗纱毛饼。

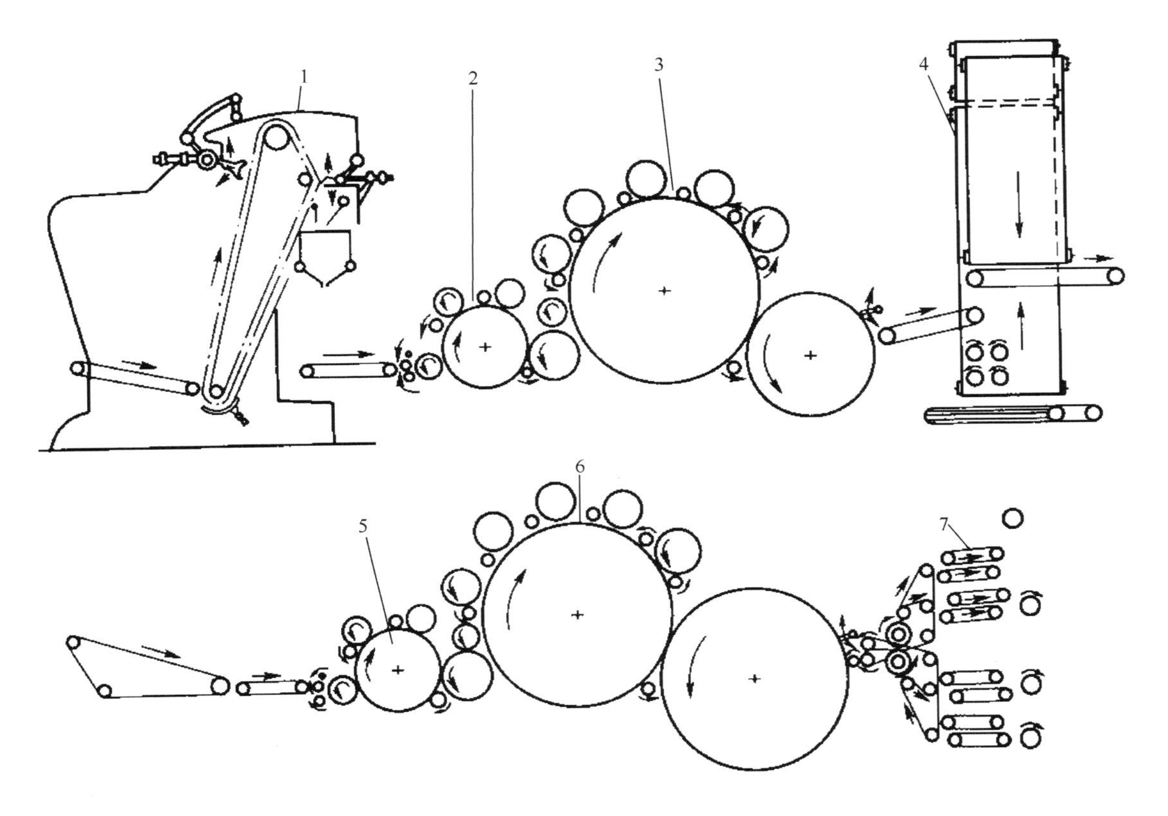

图 6－4　BC272B 型二联式粗纺梳毛机工作过程示意图

1—自动喂毛机　2—第一预梳机　3—第一梳理机　4—过桥机　5—第二预梳机　6—第二梳理机　7—成条机

（一）自动喂毛机

1. 自动喂毛机的工作过程　图 6－5 为称重式自动喂毛机工作过程示意图。

在一个喂毛周期之内发生以下一些动作：升毛帘 3 的针齿从储毛箱 2 中抓住一层混料向上运行，均毛耙 4 不断摆动，把升毛帘上过厚的毛层剥落下来重新落到储毛箱中，使升毛帘上的毛层尽可能地均匀。当升毛帘带着混料转到前边时，由剥毛耙 5 把混料全部剥落下来，通过由挡毛板 6 构成的通道落到称毛斗 7 中。当称毛斗中的混料到达规定的重量之后，称毛斗本身稍稍下降，经过一套控制机构使升毛帘立即停止转动，并使挡毛板闭合，使升毛帘上的混料不再落入称毛斗中，减少每次称毛量的差异。称毛斗完成称毛动作之后自动打开，使称过重的混料落到喂毛帘 10 上。毛落完之后，称毛斗自然稍稍上升，恢复到原来的位置。接着是称毛斗的闭合动作，为下一个周期的称毛做好准备。自控机构启动升毛帘并打开挡毛板，开始了下一个喂毛周期的工作。除了上述基本动作之外，还有一些辅助动作。一是底帘 1 与

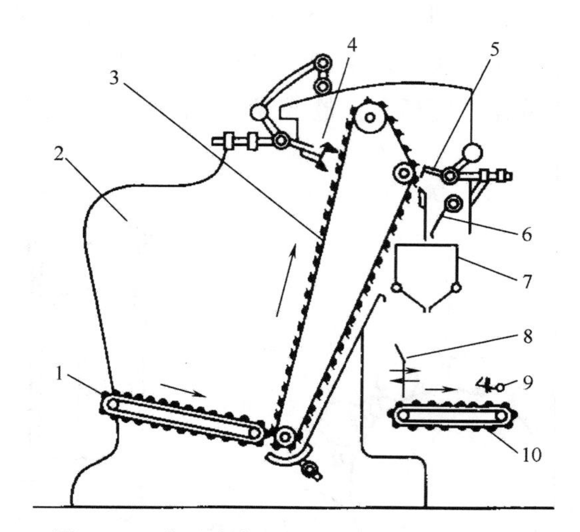

图6-5　称重式自动喂毛机工作过程示意图

1—底帘　2—储毛箱　3—升毛帘　4—均毛耙　5—剥毛耙　6—挡毛板　7—称毛斗　8—推毛板　9—拍毛板　10—喂毛帘

升毛帘同时运动，使储毛箱内的混料向升毛帘靠拢，目的是使升毛帘部分所挂毛层的密度均匀一些。二是推毛板8将每次落到喂毛帘上的混料向前推进一些，使其向前集中。三是拍毛板9不断上，下摆动，拍打推毛板推过来的毛层，使其厚薄尽可能均匀一些。

2. 自动喂毛机的工作分析　自动喂毛工作的周期性是指喂毛工作由称重机构一次接一次实现的，每次喂入的重量要一样，每次喂毛的时间也相同。自动喂毛机构要完成从升毛、称毛到落毛等一系列动作，这些动作都是由一个喂毛凸轮控制的。一个喂毛周期可分为五个阶段，如图6-6所示。

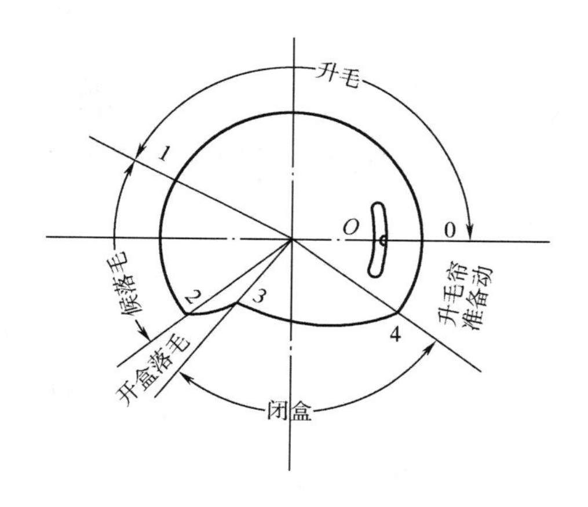

图6-6　喂毛凸轮工作阶段示意图

（1）升毛帘喂毛阶段。当控制凸轮的工作位置处于0~1位置时，凸钉*O*启动自控机构。使升毛帘启动，带着混料上升，将混料送入毛斗中。此阶段所用的时间是可以改变的，即图6-6中的1位置不完全固定，这是由于每次喂入称毛斗中的混料达到规定重量所需的时间是变动的。

（2）等候落毛阶段。凸轮上1~2位置为等候落毛阶段，称毛斗中的混料达到规定重量，称毛斗自动下降，通过自控机构使升毛帘停止喂毛。凸轮上0~2的位置是一定的，所以喂毛阶段长了，等候落毛阶段的时间就短了。注意不能使喂毛帘喂毛时间大于0~2段所占的时间，否则就会没有等候落毛阶段，等候落毛时间也不可太长。

（3）开盒落毛阶段。控制凸轮的工作位置处于2~3位置时，凸轮作用半径急剧变小，通过自控机构使称毛斗的下扇板打开，混料落于喂毛帘上。

（4）关闭称毛斗阶段。凸轮上处于3~4位置时，称毛斗在瞬间完成落毛后自然上升，此时凸轮作用半径逐渐增加，通过自控机构使称毛斗闭合。

（5）准备喂毛阶段。控制凸轮的工作位置处于4~0位置时，称毛斗已闭合上升，等待凸钉*O*启动升毛帘在下一喂毛周期的上升动作。

3. 自动喂毛机的工艺　自动喂毛机的喂毛量是随着粗纱细度的变化而变化的。粗纱特数小，喂毛周期长；粗纱特数大，喂毛量大，喂毛周期短。此外，喂毛周期和每一斗喂毛量还受喂毛均匀程度的影响，在生产中要注意掌握。

（1）喂毛周期的调整。粗纱细度改变时，喂毛周期的调整是通过调整喂毛凸轮的转速来实现的。单位时间内的喂毛次数可通过传动来计算，也可以用实测的方法得到。

（2）称毛斗每斗喂毛量和调整。称毛斗每斗喂毛量的计算如下：

$$q = \frac{4L \times n_w \times g \times (1+\varphi) \times T}{n} \qquad (6-7)$$

式中：q——每斗喂毛量，g/斗；

L——卷绕滚筒周长，m；

n——喂毛次数，次/min；

n_w——卷绕滚筒转速，r/min；

T——喂毛周期，s；

g——卷毛辊上粗纱的定重之和，g/m；

φ——消耗率。

（3）升毛帘速度调整。升毛帘速度大小与纺纱特数有关，特数越小，升毛帘速度越小。同时，升毛帘的速度还要与喂毛周期相配合，以确保升毛帘喂毛时间与等候落毛时间的比例合理。

（4）升毛帘与均毛耙的隔距。升毛帘与均毛耙的隔距影响到单位时间的喂毛量。纺纱特数低，隔距应小些，单位时间向毛斗的喂毛量少些；纺纱特数高，隔距大些，这样升毛帘单位时间内向毛斗的喂毛量就多些。

4. 自动喂毛机的质量要求

（1）自动喂毛机的喂毛不匀率。自动喂毛机的喂毛不匀率对粗纱质量有较大的影响，喂毛不匀率的大小是自动喂毛机工作性能的重要标志。不匀率试验方法一般是对连续喂毛二十次的喂入量称重，并算出其极差、极差不匀率及重量不匀率三个数据。极差一般不大于15g，极差不匀率不大于7%，重量不匀率不大于1.5%。纺纱特数高，指标可低些；纺纱特数低，指标可高些。计算公式如下：

$$\text{极差} = \text{最大喂入量（g）} - \text{最小喂入量（g）} \qquad (6-8)$$

$$\text{极差不匀率} = \frac{\text{极差}}{\text{平均重量}} \times 100\% \qquad (6-9)$$

$$\text{重量不匀率} = \frac{2(q - q_1)}{q \times n} \times 100\% \qquad (6-10)$$

式中：q——平均喂入量，g；

q_1——平均以下的平均量，g；

n——试验次数（一般为20次）；

n_1——平均以下的试验次数。

（2）影响喂毛不匀的因素与降低不匀率措施。

①称重机构与自控机构的灵敏度。机械式称重机械与自控机构的灵敏度低，易产生喂毛不匀，所以支点刀口要锐利，支持面要光洁。自控机构要灵活，动作时间要准确。如挡毛板闭合时间直接影响毛斗落毛量的多少，挡毛板闭合不及时，会使毛斗落毛量超过规定，造成喂毛不匀。

②喂毛量。喂毛量过大，会造成一些不匀因素。如每斗喂毛量增加会造成喂入毛层不匀；升毛帘速度提高，使称重不准确；喂毛周期缩短，会使自控机构误差增加。

③均毛耙与升毛帘的隔距。均毛耙与升毛帘的隔距会影响喂毛时间。隔距过大，喂毛时间短，落毛对毛斗的冲击力大，影响称毛的精度。隔距太小，喂毛时间太长，会造成升毛帘喂毛与开盒落毛无等候时间，造成喂毛不匀。

④储毛箱内混料的容量。储毛箱内的混料容量应保持在一定的水平，使底帘与升毛帘受到混料的压力稳定，为升毛帘上的角钉挂毛均匀创造一个良好的条件。

（二）梳理机

梳毛机中的梳理机是最基本的组成部分。梳毛机的梳理、混合、均匀、除杂等主要任务都由它来完成，它的性能好坏对小毛条质量有决定性的影响。

1. 梳理机的质量要求工作过程及工作分析 梳理机由三大部分组成，即喂入开毛部分、预梳理部分和主梳理部分。各部分主要机件的表面都包裹着不同类型的针齿或针布，以完成对混料梳理、混合任务。图 6 -7 为梳理机工作过程示意图。

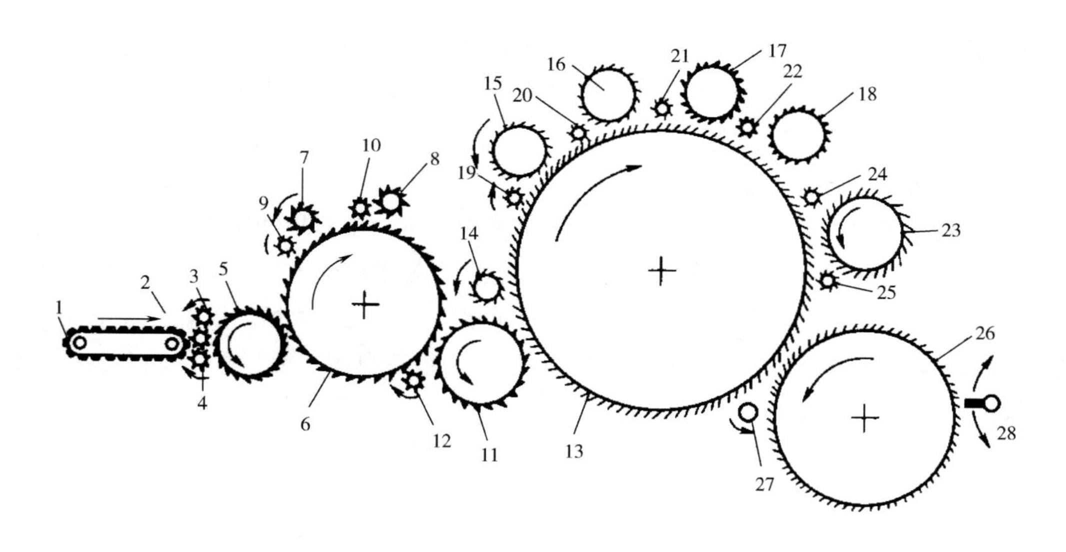

图 6 -7 梳理机工作过程示意图

1—喂毛帘 2—下喂毛罗拉 3—上喂毛罗拉 4—清洁罗拉 5—开毛辊 6—胸锡林 7、8—胸锡林工作辊 9、10—胸锡林剥毛辊 11—运输辊 12、27—托毛辊 13—大锡林 14、15、16、17、18—工作辊 19、20、21、22—剥毛辊 23—风轮 24、25—挡风辊 26—道夫 28—斩刀

（1）喂入部分。混料由喂毛帘 1、喂毛罗拉 2、3 喂入机内。由开毛辊 5 对混料进行初步开松。

（2）预梳部分。由于胸锡林6与开毛辊5之间有剥取作用，因而胸锡林将混料剥为己有。在胸锡林6之上有两个工作辊7与8，其针齿与锡林针齿平行排列，具有分梳作用，因而胸锡林与两工作辊之间形成两个分梳作用区。剥毛辊9、10与工作辊7、8及剥毛辊与胸锡林之间均有剥取作用，剥毛辊可以把工作辊上的毛层剥下来交给胸锡林，接受进一步的开松。剥毛辊的线速度大于工作辊而小于胸锡林。

（3）主体梳理部分。运输辊11把胸锡林上的混料转至大锡林13上，在大锡林13与工作辊14、15、16、17、18之间，具有分梳条件而形成五个分梳区域，使纤维束受到多次分梳作用，并经可能分解为五个分梳区域，使纤维素受到多次分梳作用，并尽可能分解为单根纤维。剥毛辊19、20、21、22是把各工作辊上的纤维转移至大锡林上，完成主要的梳理作用。风轮23两侧有上挡风辊24和下挡风辊25，可控制气流，并有转移纤维的作用。在风轮的下方有道夫26，27为托毛辊。毛块或毛束经过梳理机的梳理之后变成单纤维或小毛束。道夫上的毛层由斩刀28剥下形成毛网输出。

2. 梳理机的风轮　风轮是粗纺梳理机的重要部件，由于风轮和大锡林之间针向、转向和速度的相互关系，它们之间存在起出作用，风轮钢针可以把锡林针面上的纤维层提出一些，把针隙中的纤维向针尖移动一些，浮得高一些，使锡林上的纤维能较容易并能均匀地转移到道夫上。其次，风轮可以减少锡林的负荷，使锡林针隙保持一定的清晰程度，有利于锡林钢针对工作辊和道夫上的纤维进行有效的梳理。另外，加强风轮的作用，可以提高工作辊和道夫分配系数，有利于提高梳理效能。

图6－8风轮起出作用示意图。风轮与大锡林的钢针互相插入，两个弧形针面互相交叉，形成“起出作用区”，即$ACBDA$围成的区域。在锡林针面上的弧长$\overset{\frown}{AB}$，叫作接触弧长，C点为锡林针面与锡林风轮中心线的交点，D为风轮针面与中心连线的交点，CD为风轮钢针对锡林针面的插入深度。接触弧长与插入深度对起出作用均有重要影响，它们之间的关系，可以用下式计算：

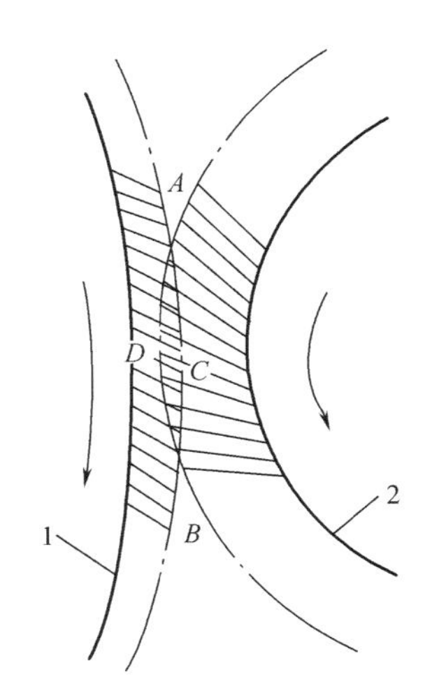

图6－8　风轮起出作用示意图

1—大锡林　2—风轮

$$\overline{CD} = (R + r) - \left(\sqrt{R^2 - \frac{\overline{AB}^2}{4}} + \sqrt{r^2 - \frac{\overline{AB}^2}{4}}\right) \qquad (6-11)$$

式中：R——大锡林半径；

r——风轮半径。

或用以下简化式计算：

$$\overline{CD} = \left(\frac{1}{d_1} + \frac{1}{d_2}\right) \times \frac{\overline{AB}^2}{4} \qquad (6-12)$$

式中：d_1——大锡林直径；

d_2——风轮直径。

在BC272型梳毛机上，$d_1 = 1252\text{mm}$，$d_2 = 348\text{mm}$，则有面$\overline{CD} \approx \dfrac{\overline{AB}^2}{1088}$。

由式（6－11）可以看出，插入深度基本上与接触弦长的平方成正比。

3. 梳理机的针布 粗纺梳毛机的针齿分两大类，一类是金属针布，另一类是弹性针布。金属针布主要使用在开毛部分和预梳理部分，如喂毛辊、开毛辊、胸（开毛）锡林、预梳工作辊和剥毛辊。因为在这个阶段梳理的对象是没有开松好的块状，束状混料，梳理力比较大。弹性针布用于主体梳理部分，如大锡林、道夫、工作辊、剥毛辊和风轮等。金属针布在第三章精纺梳毛部分已经介绍，这里主要介绍弹性针布。

弹性针布一般是条状的，分为普通针布与风轮针布。普通针布用于大锡林、道夫、工作辊、剥毛辊及运输辊等。不论哪种弹性针布，都由钢针及底布组成。钢针形状为 U 形，穿过底布而成针布。条形针布的底布由若干毛毡、棉布、麻布和橡胶等采用不同组合而制成，底布应强力高、伸长小，使用不松弛、富有弹性，并且在梳针受力而发生变形时能恢复到原来的位置。

图 6－9 所示为弹性针布构造示意图，条状针布钢丝的形状，由正面看为 U 形，以便于植在底布上；由侧面看为“ < ”形，其下段藏在底布里，上段露出底布外，与纤维发生作用。普通针布的钢针不能是直的，否则受力较大时会升高或降低，引起隔距的变动。当钢针采用“ < ”状时，就有一种补偿作用，即上段下降时下段会上升；上段上升时，下段会下降。

图 6－10 为风轮针布形状示意图，主要特点是钢针较长，底钢针形状有直形及弯形两种，针布的底布由帆布或牛皮制成。

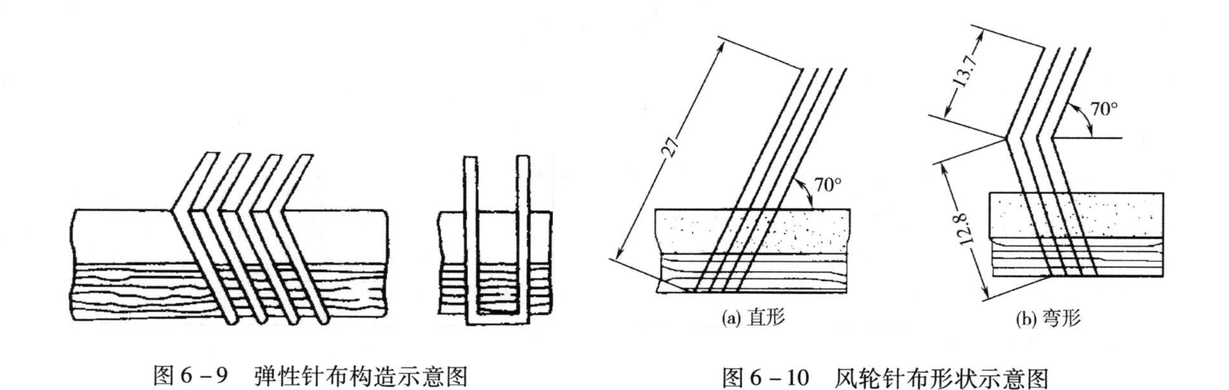

图 6－9 弹性针布构造示意图

图 6－10 风轮针布形状示意图

图 6－11 为植针法示意图，钢针在底布上按一定方式植列。由针布的背面观察，最常见的植针法叫条植法，少数情况下使用斜植法，斜植法仅用于风轮针布。

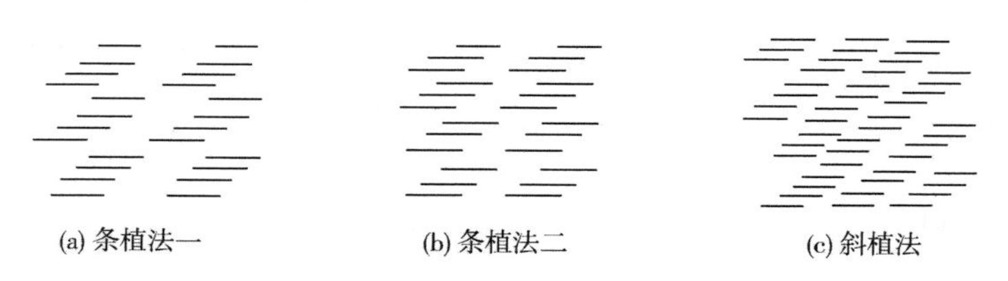

图 6－11 植针法示意图

随着针布号数的加大，钢针号也加大，钢针的直径减小，植针的密度增加。针布号数选用原则主要有以下几项。

（1）应根据经常处理的原料考虑选用针布号数，粗原料可用低号针布，细原料采用高号针布。

（2）从喂入至出机方向，纤维逐渐松散，针布号数应逐步提高。

（3）工作辊平均号数与锡林同号，同一锡林上的几个工作辊，从后至前应逐个稍提高。

（4）剥毛辊针布号数，可比工作辊稍低。

（5）道夫针号比锡林略高。

（6）风轮针布号数略高于锡林一号，但风轮针布规格不同于锡林。

（7）运输辊和风轮挡风辊的针号要与相应的滚筒针号相适应，一般可与锡林的针号相同或稍低。

4. 梳理机的工艺　影响梳理作用的工艺因素主要有隔距、速比、大锡林速度、针布状态、纤维的负荷状况等。

（1）隔距。大锡林与工作辊、道夫之间的隔距，对梳理效能起着决定性的作用。减小隔距可以加强梳理作用。

①减小隔距可以增加分梳作用范围，使纤维受到的分梳时间加长。

②减小隔距可使被梳理的纤维更深地进入针隙，使纤维受钢针梳理的长度加大。

③减小隔距可使工作辊（道夫）钢针握持纤维的能力加强，从而增加从锡林钢针上转移纤维的机会，使参与分梳的纤维量增加。

对于锡林上的五个工作辊的隔距，根据混料情况与梳理机的前后位置，应该从第一到第五工作辊逐渐减小。这样既有利分梳作用的加强，又可减小纤维的损伤。锡林与道夫之间的隔距也应比较小，因为混料到了道夫工作区间时，纤维基本呈单纤维状态，梳理状态比较好，减小隔距可以加强道夫工作区的分梳作用，而且对纤维的损伤也不会大。

（2）速比。在大锡林速度一定的情况下，改变工作辊或道夫的速度可以改变它们的速比。速比的大小反映了大锡林与工作辊、大锡林与道夫针面钢针在分梳区中相对运动速度的大小。速比越大，两针面钢针的相对运动速度越大，在单位时间内工作辊或道夫针面与大锡林针面的作用区越长，受到分梳的纤维量就越多，从而加强了梳理效能。

速比的大小要考虑喂入负荷的大小与混料状态。喂入负荷大时，速比应小些，即增加工作辊或道夫的速度，使它们以较大的面积来接受锡林转移的纤维，以免针面纤维负荷太大，造成梳理质量下降。此外，混料状态比较好时，速比可考虑大些，以提高分梳作用效果。

（3）大锡林速度。在梳理机中，大锡林直接影响产量的高低，其他各机件的速度及梳理作用效果。提高锡林速度，各工作辊与道夫的速度也按比例地提高，它们的针面线速度的提高会使纤维在分梳区受到的梳理力加大，纤维容易受到损伤，影响梳理效果。

（4）纤维的负荷状况。梳理机上的各种负荷对梳理效能都有一定的影响，但以喂入负荷与抄针毛负荷影响较为明显。喂入负荷的增加，可适当提高工作辊负荷，有利于提高参与梳理的纤维数量。但喂入负荷过大，会使各工作部件上的纤维负荷量增加过多，妨碍钢针的正常分梳，使毛网的质量恶化。一般较细的混料喂入负荷要小些，较粗的混料，喂入负荷可放大些。

抄针毛负荷是生产过程中逐步形成并增加的。它虽不参与梳理，但对梳理效能影响很大。当它增加到一定量时，纤维充塞针隙，钢针有效梳理长度下降，握持纤维能力减弱，影响对纤维的分梳作用，此时必须停车抄针，否则毛网质量会下降。

（5）针布状态。针布状态主要包括针齿密度、整齐度，针尖锐利度和倾斜角度等。针齿密度影响梳理区中纤维梳理点的多少。针齿密度越高，梳理点越多，有利分梳作用的加强。针齿过密，会使纤维充塞针布，反而降低了分梳效果。针布的整齐度与锐利度对梳理的效果都有影响。如果针面钢针不整齐，有缺针、浮针或针尖锐利度不够的现象会导致毛网毛粒增加或分梳能力下降，要定期磨针以恢复针尖的锐利、修复倒针、浮针等。此外，弹性针布经长期使用，钢针的倾斜角度会增大，握持纤维的能力就会下降，梳理效能也就大大减弱。

（6）风轮工艺。风轮的起出作用大小要适当，起出作用太小，纤维不能从锡林针隙中上浮，会使参与梳理的纤维量减小，增加抄针毛负荷的形成。起出作用太大，钢针的回弹大，会破坏毛网的结构，产生飞毛，磨损针布。

风轮工艺是指风轮与大锡林针面的作用范围和风轮与大锡林的速比。起出作用范围（接触弧长）越大钢针插入越深，锡林钢针受到的阻力越大，越易产生变形磨损，增加钢针的回弹。插入过浅，则不能将锡林针隙中的纤维起出，影响道夫的分梳与转移纤维。

锡林与风轮的速比是风轮表面线速度与锡林表面线速度的比值。由于风轮表面速度大于锡林表面速度，所以比值大于1。速比越大，风轮与锡林钢针之间纤维受到的张力越大，通过纤维给予钢针的拉力也就越大，起出作用就越显著。但速比过大，会使飞毛增多，还会使风轮钢针对锡林针面的冲击力过大，破坏纤维层，同时造成机器的振动太大，速比一般掌握在1.2～1.4之间为宜。此外，由于设备前、中、后的混料状态不同，前车混料梳松状态好，所以前车的速比应比后车的速比大一些。

风轮与锡林、毛刷辊与锯齿辊之间，因针齿是互相插入的，不用隔距来表示，用插入深度或两滚筒针布接触的弧面长度来表示。风轮钢针插入锡林针面的深度影响到起出作用的强弱。插入深度过深，易损伤锡林针布，破坏毛网，插入过浅，起出作用太弱。此外，插入深度也应考虑速比的影响，速比大，插入深度应浅些。插入深度在实际生产中用接触弧长（图6－8），接触弧长 *AB* 越大，插入深度 *CD* 越深。一般 *AB* 弧长在26～34mm之间，相当于插入深度为0.6～1.1mm。工艺参数选择得越合理，粗纱质量就越好。

（三）过桥机

过桥机的主要任务是改善毛网的横向不匀，同时增加纤维的混和进而创造有利于纤维进一步受梳理的条件。因为从喂毛斗喂入的毛块当它们被平铺在喂毛帘上时，不可能是十分均匀的，毛网纵向均匀通过梳理机来改善，毛网横向均匀则需要依靠过桥机构来加以改善。

1. 过桥机的工作过程 图6－12为过桥机工艺过程示意图。

毛网从道夫1上被斩刀剥下后送到出毛帘上，经由滚筒3和滚筒4之间下落，滚筒3和滚筒4既转动又前后摆动。转动可使毛网顺利下垂，摆动可使毛层在下斜帘7上前后铺层。

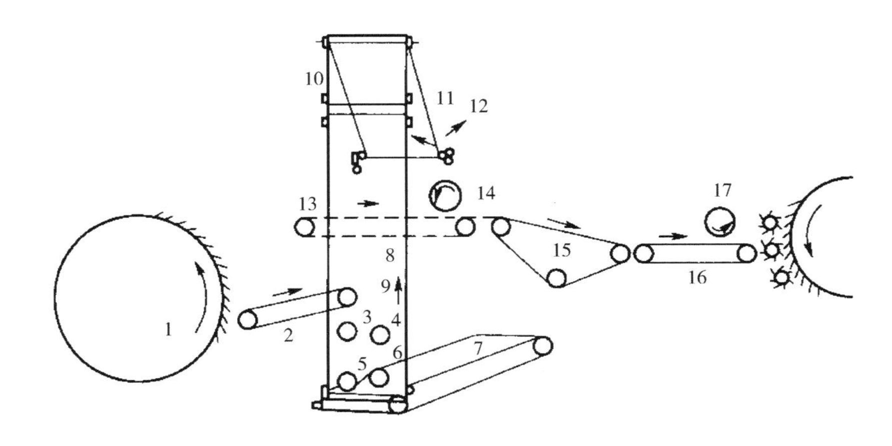

图 6－12　过桥机工艺过程示意图

1—道夫　2—出毛帘　3、4、5、6—滚筒　7—下斜帘　8、9—立帘　10—横帘
11、12—铺毛帘　13—水平帘　14、17—木滚筒　15—三角过桥帘　16—喂毛帘

滚筒 3 和滚筒 4 要表面光洁，不粘毛网，且转向相反。滚筒 3 和滚筒 4 之下还有滚筒 5 和滚筒 6，也发生摆动和转动，但转动方向相同，其任务是把铺在下斜帘 7 上的毛层压实。

下斜帘 7 上的毛层经过铺叠之后形成一个宽毛帘，被带到机侧的立帘 8 与立帘 9 之处，由它们携带向上，然后到横帘 10 上，接着向下进入铺毛帘 11 与铺毛帘 12 之间，滑车带着铺毛帘 11 和铺毛帘 12 在水平帘 13 上左右摆动，并将带来的宽毛带在水平帘 13 上进行横向铺层。水平帘 13 将铺好的毛层带向前，经过木滚筒 14 时被压实，然后带到三角过桥帘 15 上，送到下一节梳理机的喂毛帘 16，再经过木滚筒 17 将毛层压实，最后进入喂入罗拉。

由第一梳理机道夫输出的毛网就经过了两次铺层：一次铺在下斜帘 7 上，主要是进行纵向折叠，形成一个宽毛带，毛带的方向变成横向；另一次铺在水平帘 13 上，主要是进行横向铺层，以达到横向均匀的目的。

2. 过桥机的工作分析

（1）过桥机的工作原理。过桥机的混合均匀作用是靠它对毛网的纵向折叠与横向折叠铺层来完成的。

①纵向折叠。图 6－13 为过桥机纵向折叠机构示意图。

第一节梳理的大锡林皮带盘 1 经过几个齿轮将动力传递给齿轮 2，该齿轮上的偏心销钉 3 通过一偏心杆 4 使摇架 7 摆动，摇架带动滚筒 9、滚筒 10、滚筒 13 和滚筒 14 边转动边做前后摆动，使从出毛帘 5 送出的毛网通过滚筒 9 和滚筒 10、滚筒 13 和滚筒 14 在下斜帘上做纵向折叠，达到对毛网纵向混合的作用。

纵向折叠时毛网的铺叠方式很重要，如果铺放不好，不但影响纵向均匀效果，还要影响下一步横向折叠后的毛层均匀状态。

下斜帘的运动方向如果采用与道夫轴线平行的方式，纵向折叠后的毛层宽带两边不易折齐，而且两边较厚。所以，在过桥机上，下斜帘的运动方向与道夫的轴线方向成一夹角 θ

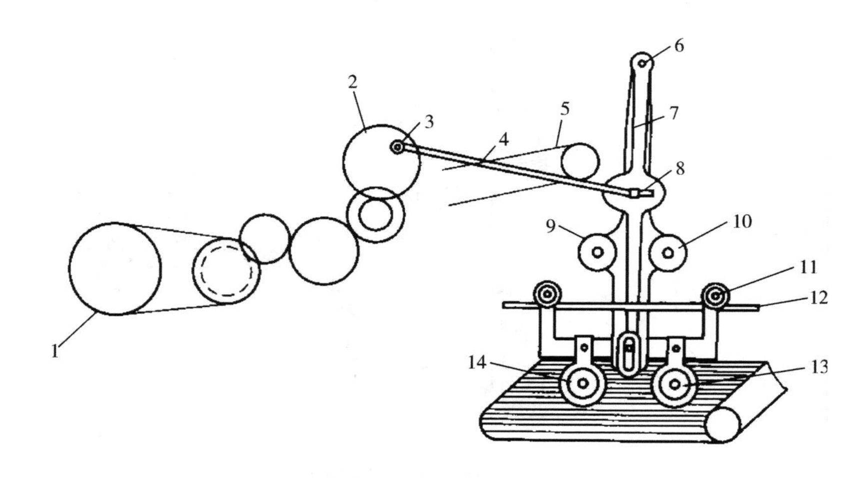

图 6-13 过桥机纵向折叠机构示意图

1—皮带盘 2—齿轮 3—偏心销钉 4—偏心杆 5—出毛帘 6—支点 7—摇架 8—连接销 9、10、13、14—滚筒 11—滑轮 12—滑杆

（一般 6°～10°）。图 6-14 为下斜帘上的铺层示意图。图 6-14（a）为下斜帘上毛网的折叠情况与下斜帘的走向，*A* 为毛网的宽度，*B* 为毛网折叠后毛层的宽度，v_1 为出毛帘速度，v_2 为斜帘速度。这样的折叠方式，使宽毛层带的两边较薄，有利于横向折叠时毛层的均匀性。毛层的断面近似平行四边形，图 6-14（b）为毛层断面示意图。

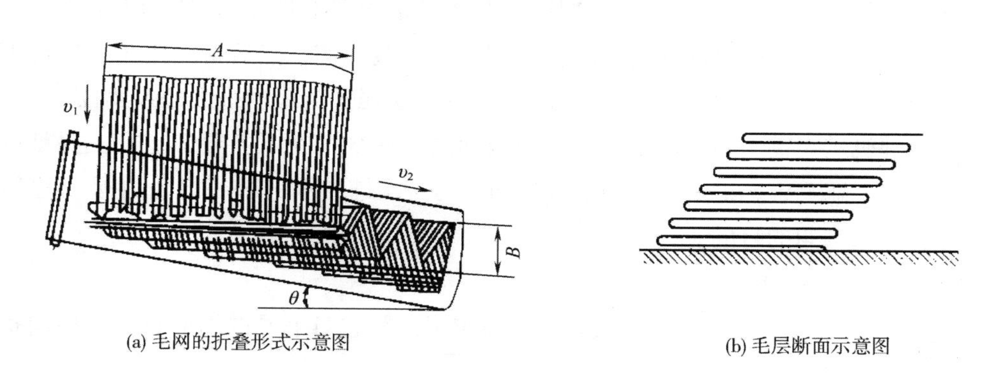

(a) 毛网的折叠形式示意图　　(b) 毛层断面示意图

图 6-14 下斜帘上的铺层示意图

纵向折叠的运动速度必须调节适当，保持毛网折叠的松紧均匀。如果折叠过松，则毛网不平整，铺层不匀。如果折叠过紧，则毛网张力大，轻者造成毛网的意外牵伸，重者造成毛网破裂。

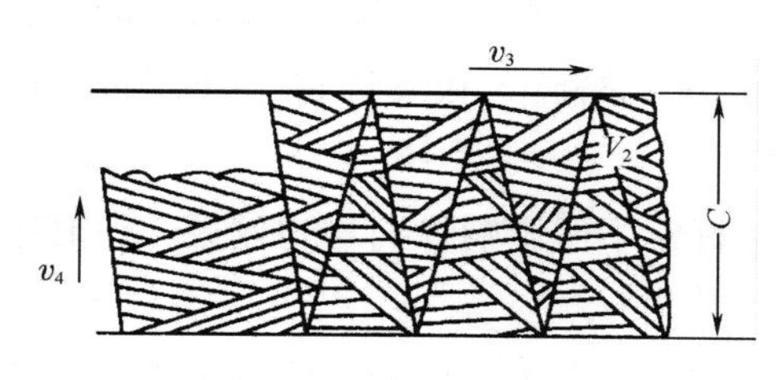

图 6-15 横向折叠毛层示意图

②横向折叠。图 6-15 为横向折叠毛层示意图。

铺毛帘在滑车的带动下左右摆动，使纵向折叠后的毛层在铺毛帘的引导下横向铺叠在水平帘上。通过水平帘的传递，再将横向折叠后的毛层送到三角毛帘上。毛层的宽度 C 应与下道梳理机的喂毛罗拉宽度相配合，可通过调节铺毛帘的横向动程或调节滑车的横向速度 v_3 来调整。铺毛帘横向速度加快时，毛层宽度变窄。过桥机横向铺层后的毛层将送到下一节梳理机再次进行梳理混和，毛层的输出厚度将影响下一节梳理机的喂入负荷。在铺毛帘表面速度与滑车横动速度不变的情况下，加快水平帘的输出速度 v_4 可使毛层变薄。

（2）过桥机的铺层工艺分析。在实际生产中，为了达到混和均匀的目的，对过桥机纵向、横向铺叠层数有一定的要求。

①斜帘纵向折叠铺层。如图 6－14 所示，在下斜帘上毛网折叠后的层数应近似地等于出毛帘单位时间输出毛网的面积与单位时间下斜帘输出宽毛带面积的比值，即：

$$M = \frac{A \cdot v_1}{B \cdot v_2} \tag{6-13}$$

上式表明，铺叠后宽毛带的层数与出毛帘的速度和毛网宽度成正比，与下斜帘速度和折叠后宽毛带的宽度成反比。当然这个计算结果只是一个近似值，因为下斜帘的运动方向与道夫轴有一夹角，这样宽毛带的宽度 B 只是个近似值。毛网在从道夫到下斜帘的运动过程中有回缩现象，在重力作用下有伸长，这些都会影响计算的准确性。

②平帘横向折叠铺层。如图 6－14、图 6－15 所示，水平帘上经横向折叠后的毛片层数 M 应近似地为：

$$M = \frac{v_1 \cdot A}{v_3 \cdot C} \tag{6-14}$$

一般纺纱细度较细时，M 值选大些，这样有利于提高混合均匀作用。还须指出，由于折叠层数受到多种因素的影响，M 值只是做一个参考，在生产中还应根据具体的情况加以调节，使之满足工艺要求。

（四）成条机

成条机的任务是将末道梳理机输出的毛网经过割条、搓条、卷绕制成具有一定数量、一定细度、一定强度的光、圆、紧的粗纱（小毛条），以供细纱机加工粗纺毛纱使用。

成条机由以下三部分组成：割条机构，将末道梳理机输出的毛网分割成数量一定、宽度相同的小毛带；搓条机构，将割成的小毛带搓捻成具有一定强度的光、圆、紧的粗纱；卷绕机构，将搓捻成的粗纱分别卷绕成厚度适当，大小一样、松紧一致的粗纱毛饼，便于搬运、储放以及细纱机使用。

1. 成条机的工作过程及工作分析

（1）割条机构。图 6－16 为割条机构的组成示意图。托毛辊托着由道夫上剥取下来的毛网进入成条机。进网轴上有浅槽，其深度与皮带丝的厚度相接近，宽度与皮带丝的宽度基本一样。浅槽用于控制皮带丝的位置，把皮带丝分成上行与下行两大组。假使皮带丝总数为 120 根（两根边丝未计算在内），下行与上行皮带丝为 60 根。在这 60 根皮带丝中有 30 根是长皮带丝，30 根是短皮带丝。

上行长皮带丝的行进路线：2→5→7→9→11→13→2；上行短皮带丝的行进路线为 2→5→7→11→13→2；下行长皮带丝的行进路线为 3→4→6→8→10→12→3；下行短皮带丝的行

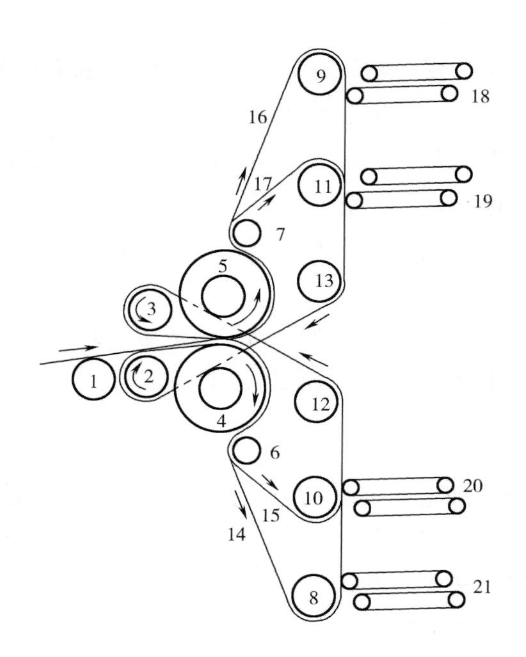

图6－16　割条机构的组成示意图

1—托毛轴　2、3—进网轴　4、5—割条轴
6、7、8、9、10、11—张力辊　12、13—导条辊
14、15、16、17—皮带丝　18、19、20、21—搓板

进路线为3→4→6→10→12→3。上下皮带丝分别在12和3之间以及13和2之间都要转过180°（翻身），其目的是为了使皮带丝容易通过割条轴的深槽而到达进网轴上（避免发生摩擦），沟槽很深（约70mm）也是为了这个目的。此外，还可以使皮带丝的正反面都可以利用，有利于延长使用寿命。

皮带丝的根数即是梳毛机的出条根数。出条根数一般要根据纺纱细度来选择，如60、80、120和160根等。进网轴浅槽的宽度一般比皮带丝稍宽一些，以利于皮带丝的运动。凹槽部分与凸起部分的宽度完全一样。上进网轴的凹槽部分与下进网轴的凸起部分对准，不允许有偏离现象。

上下割条轴上均有深槽，其宽度和突起部分的宽度完全一样，相互位置对准，要求十分精确。图6－17为割条轴的构造和位置关系示意图，每个割条轴的一端有一个较宽的突起，供割边条使用。

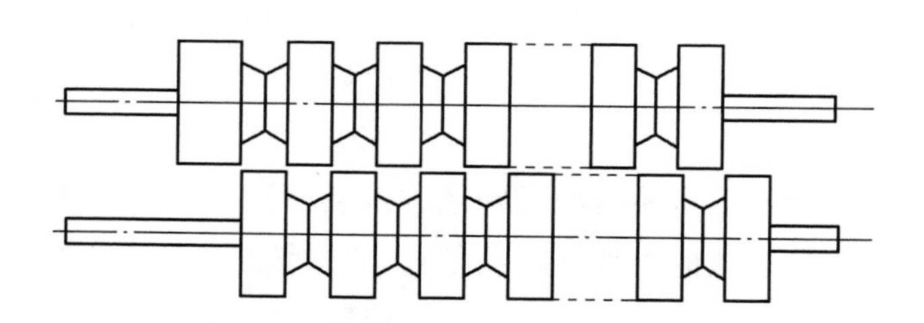

图6－17　割条轴的构造和位置关系示意图

道夫上的毛网被剥下后，由托毛辊托着毛网进入上下进网轴之间，皮带丝把毛网夹在中间，当毛网靠近上下割条轴时，就分别被皮带丝分割成窄毛带，其宽度等于皮带丝宽度，根数等于皮带丝的总根数。毛网分割成窄毛带后，跟随皮带丝继续前进，并分别被搓条机构的搓皮板（共四对）所剥取，搓捻成小毛条。

各皮带丝将毛带分别送进各对搓板之后，经过上下导条辊（它们均有浅槽控制皮带丝的位置）之后；穿过割条轴的深槽又回到上下进网轴上。

皮带丝在分割毛网时，如果每根皮带丝的张力不一致，张力大的皮带丝与割条轴凸起部分夹持的毛网较紧，握持纤维的能力强，所带的毛多，割下的毛带较宽，反之就窄。所以皮带丝的张力不匀，会造成粗纱单头细度不匀。因此，对皮带的质量提出如下要求。

①各组皮带丝长度必须一致，使用时张力也须一致。割条时，皮带丝的张力越大，分到

毛带上的纤维量越多。新的皮带丝在使用前要进行张力伸长预处理，使其有同样的伸长，起到一定的定形作用。

②皮带丝的宽度一致，否则毛网分割不匀，各根粗纱的重量就不一致。皮带丝的截面要切成矩形，以使割条工作准确进行。

③皮带丝的厚度必须一致，同长的皮带丝，愈厚则张力愈大。

④皮质要求均匀，弹性均匀，伸长一致，坚韧性强，伸长率小。

⑤皮带丝接头长度在40～60mm之间，接头的两端要削成斜坡形，胶接时需要扭转180°，一正一反，使其在工作中正反两面轮流与割条轴突起部分夹持毛网进行割条，接头处的厚度应与其他处一致。

（2）搓条机构。从割条机构送出的毛带进入搓条机构，经过搓板搓捻成粗纱。粗纺梳毛机上均采用四对搓板。每对搓板的根数为总出条根数的四分之一，搓板表面有浅沟槽，以加强对毛带的搓捻摩擦力。

搓板有两种运动：一种是回转运动，其作用是将搓捻的粗纱输出；另一种是往复运动，其作用是对小毛带进行搓捻。

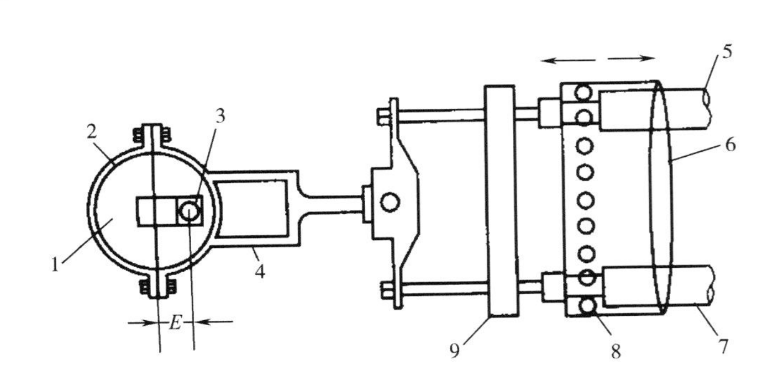

图6－18　搓板传动示意图

1—偏心盘　2—偏心环　3—方形立轴　4—牵手
5、7—搓板轴　6—搓板　8—凸钉　9—固定轴架

图6－18为搓板传动示意图。在立轴上有8个偏心盘，偏心盘的偏心距E是可以调节的。每个偏心盘带动一块搓板，偏心盘外套有偏心环，它与牵手为一体，以一个球形接头与活动轴架连接，而活动轴架带着两个搓板轴，搓板套在搓板轴上，搓板两头的内部，各有一排凸钉，用以防止搓板在搓板轴上窜动。由于搓板是紧套在搓板轴上的，所以它随着搓板轴作往复运动。立轴每转一周，搓板往复一次。往复的单向动程为偏心距的两倍。搓板除了随着搓板轴进行往复运动外，还进行转动，这是由立轴对面一侧的齿轮传动的。搓板的回转运动是搓板轴用摩擦力带动的。

对搓板的质量要求如下。

①搓板各部分尺寸要符合要求。内侧周长各处要一样，否则上机后左右张力不一致，对毛条的搓捻程度就不一致，而且搓板也易损坏。搓板宽度，特别是两排凸钉间的距离，不能小于搓板轴的长度，否则就装不上去。搓板厚度要十分均匀，厚度的差异对搓捻程度和表面速度都有影响。

②新皮板加油后应空转一定时间再过毛，这样可使搓板柔软，以保证搓捻效率。

③当搓板老化和磨光时，要把表面打毛并重刻沟槽，以恢复搓捻效率。

（3）卷绕成形机构。

①卷绕机构。图 6-19 为卷绕结构示意图。

由搓板间出来的粗纱 1 穿过导纱架 2 达到卷绕滚筒 3 上。卷绕滚筒 3 上有毛条木辊 4，它的轴芯铁辊 6 靠在支架 7 的斜坡上，由于滚筒 3 的摩擦传动，使毛条卷绕在毛条木辊 4 上成空心毛条饼 5。

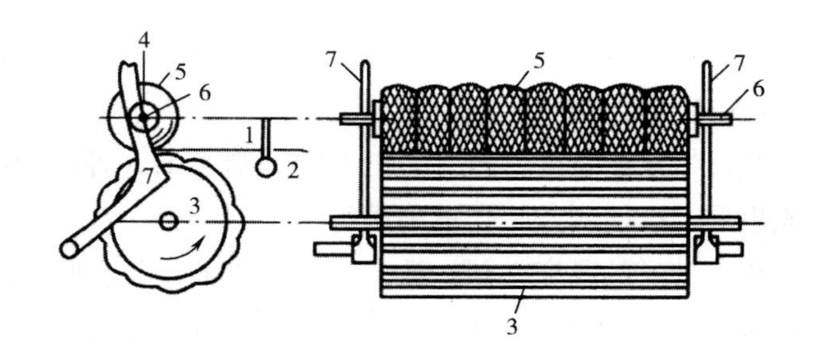

图 6-19　卷绕结构示意图

1—粗纱　2—导纱架　3—卷绕滚筒　4—毛条木辊　5—毛条饼　6—轴芯铁辊　7—支架

②成形机构。成条机的卷绕速度是一个复合速度，它是由卷绕滚筒的纵向速度和导条的横向速度复合而成的。常用的成形机构有两种，一种为导纱架横动机构，另一种为卷绕滚筒横动机构。图 6-20 为导纱架横动机构示意图。

卷绕滚筒 1 转动时带动圆锥齿轮 2 和圆锥齿轮 3 转动，与齿轮同轴的小椭圆齿轮 4，与大椭圆齿轮 5 相啮合。下方的曲柄滑块 6 插入滑槽 7 中，可在滑槽中滑动。当大椭圆齿轮转动时，通过曲柄滑块推动滑槽带动立杆 8 横动，从而使导纱架 9 做横向往复运动。

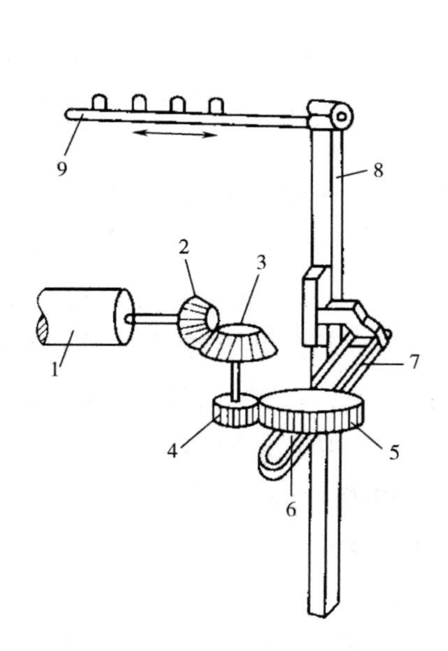

图 6-20　导纱架横动机构示意图

1—卷绕滚筒　2、3—圆锥齿轮　4—小椭圆齿轮　5—大椭圆齿轮　6—曲柄滑块　7—滑槽　8—立杆　9—导纱架

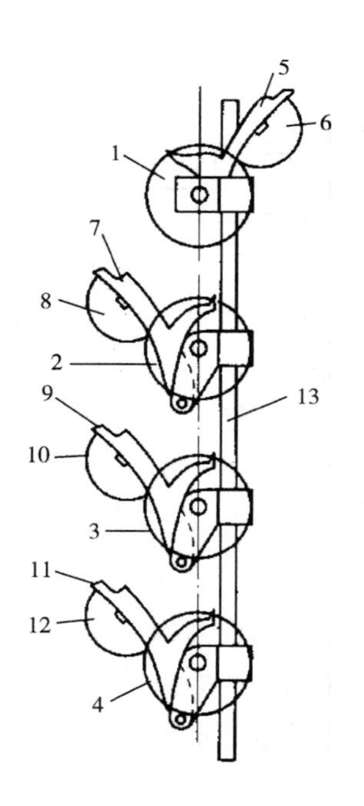

图 6-21　滚筒横动机构示意图

1、2、3、4—卷绕滚筒　5、7、9、11—毛条轴架　6、8、10、12—挡板　13—立杆

图 6-21 为滚筒横动机构示意图。1、2、3、4 为四个卷绕滚筒，5 和 6，7 和 8，9 和 10，11 和 12 分别为各个卷绕滚筒处的毛条轴架及挡板，挡板用以防止靠边的一个毛条饼的毛条

塌落。所有这些机件都装在立杆13上，机器的另一侧也有这样的立杆并装有同样的零部件。这些机件组成卷绕机构。这个机构在卷绕过程中做横向的往复运动，而导条架却是固定不动的。卷绕滚筒的横向运动也是由一套椭圆齿轮及曲柄传动的，曲柄推动立杆13进而推动卷绕滚筒发生往复运动。在此机构中，使卷绕滚筒转动的一些齿轮和链条也装在立杆13上，所以它们也随着滚筒做往复运动。

采用卷绕滚筒横动式对毛条张力的波动影响很小，有利于提高粗纱的条干均匀度和减少意外牵伸。但由于滚筒往复机构复杂笨重，不利于提高车速。这种卷绕方法，多数用于出条头数多的阔幅梳毛机和粗纱饼成形较宽的梳毛机。

2. 成条机的工艺

（1）速比。成条部分的速比是否适当，对粗纱的短片段不匀和横向不匀有很大关系，会影响细纱机的断头率、粗纱线密度及条干的不匀。

①进网轴（导进轴）与道夫之间的速比。如原料为具有较大卷曲和抱合力的羊毛，则被斩刀剥下的毛网将会自然回缩，纺细特纱时，速比偏小掌握。

②搓板与割条皮带丝之间的速比。速比太大时，易出现粗细节，速比太小时，易出现环头纱。若发现毛带离开皮带丝后有弯曲状态，表示速比小了，若毛带紧贴搓板上表示速比大了。

③卷绕滚筒与搓板之间的速比。速比对毛条饼的卷绕松紧程度有影响。张力太小时，毛条饼松软，不利于退绕；张力大时；毛条伸长大，容易断头，并产生粗细节。

（2）张力。

①皮带丝张力调节。皮带丝长度、宽度、厚度及张力一致、皮带丝新旧程度一致。

②搓板张力的调节。前后两搓板轴平行、搓板左右张力一致才能保证搓板各处速度一致。

③搓捻程度。经过搓捻的毛条，要求达到光、圆、紧，才有利于成形和在细纱机上的退绕。

④搓板隔距。进口处搓板隔距大，出口处搓板隔距小。随着隔距的减小，毛条滚动速度越来越快，毛条的结构也越来越紧密、外表越来越光洁，强力越来越大。粗特纱采用较大一些的隔距，细特纱采用较小一些的隔距。隔距过小时，可能使毛条不易滚动，搓捻效率反而下降；隔距过大，毛条搓不紧，搓板左右两侧的隔距要求一致。

⑤导纱杆动程。导纱杆动程的大小对毛条饼的成形有一定影响。在导条架宽度一定的情况下，导条架的动程小，毛条饼之间的空隙大，易造成毛条饼两边塌陷，影响退卷，且细纱机断头率大，回条多。但动程过大，易造成毛条饼挤得过紧，也不利于退卷。导条杆动程以略小于毛条饼在毛条轴上所占的平均空位宽度为宜。

三、粗纺梳毛的质量要求

（一）质量指标

粗纺梳毛的半成品是粗纺粗纱，粗纺粗纱的质量指标主要包括重量不匀、条干不匀、强力、毛粒、色泽及其他疵点。重量不匀分纵向不匀和横向不匀，纵向不匀指粗纱出条重量的变化，以粗纱定重的差异来衡量。横向不匀是对每只毛条轴的毛条进行逐根称重，并计算其不匀。其他疵点主要指大肚纱、并头、粗节、细节、粗纱松软和色泽不匀等。

因粗梳毛纺使用的原料较杂、工序少、流程短，要纺出十分均匀的毛纱比较困难。从提高质量的要求来说，必须把好梳毛工序这一关。通常需要控制的指标是毛粒、粗细节、重量不匀三项。

（1）毛粒。产生毛粒的原因，主要在于原料及设备两方面。原料呈毡缩、呈小辫状、混料上机回潮率过高、梳理困难等均易产生毛粒。设备方面，风轮与锡林速比不当，工作辊与锡林速比不当，风轮与锡林隔距不当、工作辊与锡林隔距不当，以及针布不够锋利，均影响梳理效能。抄针周期过长，加工原料不洁，使针布堵塞，也会降低梳理效能，产生毛粒。

（2）粗细节。粗纺短毛成分较大，当回潮率低、温湿度不当时、混料中短毛混用比例大时，会使飞毛过多，积存在滚筒两端及风轮盖板上，如被卷进毛网，即产生短粗节；斩刀齿尖不光滑，毛纤维挂在上面，积聚后带入毛网；梳理滚筒运转不灵活，造成毛网不能均匀分布；风轮挡板的圆弧与风轮吻合不好，挡板不光洁，内弧面上藏有油垢；以及开毛辊及清洁辊绕毛等，均会造成粗细节。

（3）重量不匀。重量不匀主要在于喂入量不均匀，应注意检查称毛斗是否灵活、过桥铺毛帘毛层搭头衔接是否匀整等。另外，各皮带丝的松紧、厚薄、宽窄不一致也会使重量产生波动。

（二）质量控制

影响粗纺梳毛机粗纱质量的主要因素较多，主要是梳毛机的机械状态、工艺条件、操作方法、原料情况、温湿度条件等方面。

（1）机械状态。梳毛机要定期磨针、检修、抄针、擦车及加油。锡林、道夫及工作辊针布在长期梳理纤维而受力的状态下，倾斜角会逐渐加大，握持纤维的能力也逐步减弱；针尖由锋利变为圆钝，影响梳理效能。所以，要定期磨针，以恢复钢针倾角及针尖的锐利程度。

（2）温湿度条件。车间温度过低，混料中的油脂黏度加大，对梳理不利；温度过高混料中的水分蒸发过快。夏季车间温度不高于33℃、冬季车间温度不低于20%、春秋季车间温度为22～25℃。生产中要求梳理过程中的回潮率在20%左右，下机粗纱回潮率不小于16%～18%。相对湿度太低，混料中的水分挥发很快，纤维干燥，静电现象严重，毛条容易绕搓板，粘皮带丝，飞毛现象严重，尘土飞扬，粗纱容易断头，毛网质量也难保证；相对湿度太大，针布的梳针容易生锈，粗纱回潮率不容易控制。冬季相对湿度控制在65%～70%，其他季节控制在60%～70%。

（3）操作。在自动喂毛部分，要经常保持喂毛箱内混料在一定高度，使升毛帘的持毛量稳定，喂毛均匀，喂毛变动太大会引起出条重量的波动。

成条机部分的毛饼大小，对出条重量也有影响，要按规定尺寸落卷，应按操作法进行分头、引头、生头和落卷等操作，经常巡视并做好清洁工作。

（4）工艺。上机工艺对粗纱的影响主要考虑两个方面。

①上机工艺设计。自动喂毛机的每斗喂毛量、喂毛周期，梳理机的速比、隔距，成条机

的出条速度和出条重量等工艺参数选择合理，粗纱的质量就有保证。

②工艺技术管理。确定工艺参数后，在生产中应严格执行，发现问题应及时调整，以保证产品质量。

第三节 粗纺细纱

一、粗纺细纱的目的

细纱工程是粗梳毛纺的后道工序，目的是将粗纺梳毛机下机的粗纱（或称小毛条）纺制成具有一定强力、一定重量、一定质量要求的细纱，以供织制粗纺呢绒、毛毯、地毯，工业用呢等产品或纺制成粗纺针织纱。粗纺细纱的目的有以下几个方面。

（1）牵伸。将粗纱（小毛条）按要求的纱线细度均匀地抽长拉细。

（2）加捻。将牵伸后具有一定细度的须条加上适当的捻回形成细纱。细纱加捻后其中的纤维相互之间紧密抱合，具有一定的强力。

（3）卷绕成形。将纺成的细纱按照一定规律卷绕在筒管上，以便于储存、搬运和后加工。粗纺细纱机的设备有粗纺环锭细纱机和粗纺走锭细纱机两大类。

由于粗纺细纱在规格、性能、外观上与精纺细纱相比要求较低，粗纺环锭细纱机与精纺环锭细纱机之间有一定的区别，但粗纺环锭细纱机的工艺与设备原理与精纺环锭细纱机基本相同。所以本节对细纱工艺不作赘述，只比较粗纺细纱的设备。

二、粗纺细纱的设备

（一）粗纺环锭细纱机的工作过程及工作分析

1. 粗纺环锭细纱机的类型

（1）BC582 型细纱机和 BC583 型细纱机。两者基本相同，适于纺 125 ~ 1000tex 的比较粗的纯毛纱或混纺纱。适用的原料范围：品质支数为 36 ~ 64 支的支数毛或 1 ~ 5 级、长度为 13 ~ 120mm 的国毛，细度为 5.5 ~ 11dtex、长度为 50 ~ 100mm 的化学纤维。喂入的粗纱线密度为 125 ~ 1176.5tex。该类型细纱机采用锭子升降。

（2）BC584 型细纱机。纺 50 ~ 125tex 的较细纯毛纱或混纺纱。适用的原料范围：品质支数为 48 ~ 70 支的支数毛或 1 ~ 4 级、长度为 13 ~ 100 mm 的国毛，细度为 3.3 ~ 6.6dtex、长度为 50 ~ 80mm 的化学纤维。喂入粗纱的线密度为 83 ~ 200tex。该类型细纱机采用钢领板升降。

我国在这两个类型的基础上进行了改进和发展，又生产了 BC585 型细纱机和 BC586 型细纱机。

2. BC584 型细纱机和 BC583 型细纱机比较

（1）工艺过程。细纱机由喂入机构、牵伸机构及加捻卷绕机构等部分组成。

①BC584 型细纱机工艺过程。图 6 – 22 为 BC584 型细纱机工艺过程示意图。粗纱卷轴 1 放置在一对退卷滚筒 2 上，粗纱由退卷滚筒退出后，以单、双数相间分别引向机器两侧，粗

纱经过导条器3，进入一对自重加压的后罗拉4 和5 之间，它们把粗纱送到针圈6 的表面，使须条中的纤维嵌入针圈的针隙间受到控制，须条随着针圈 6 的转动再被送入由前罗拉 7 和 8 以及胶辊 9 组成的前钳口之间，胶辊 9 上加有一定的压力，使前钳口对须条有较大的握持力。由于前罗拉的表面速度大于后罗拉和针圈的表面速度，使粗纱通过其间时受到牵伸。从前罗拉输出的拉细须条经导纱钩 10 及钢丝圈 11 而卷绕在纱管 12 上。

钢领 13 装在有升降运动的钢领板上，钢丝圈 11 套在钢领上。由于纱管插在高速回转的锭子 14 上，纱管也高速回转而产生卷取作用，被纱管卷绕的纱线又拖动钢丝圈，使其沿钢领跑道回转。钢丝圈每转一圈，就给纱条加一个捻回。借助一套成形机构的控制，被加上一定捻度的细纱按一定形状卷绕在纱管上。

每只锭子在前下罗拉的下边装有单独吸毛嘴，当细纱断头时，前罗拉输出须条被吸毛嘴吸入总风道，进入毛箱成为回毛。

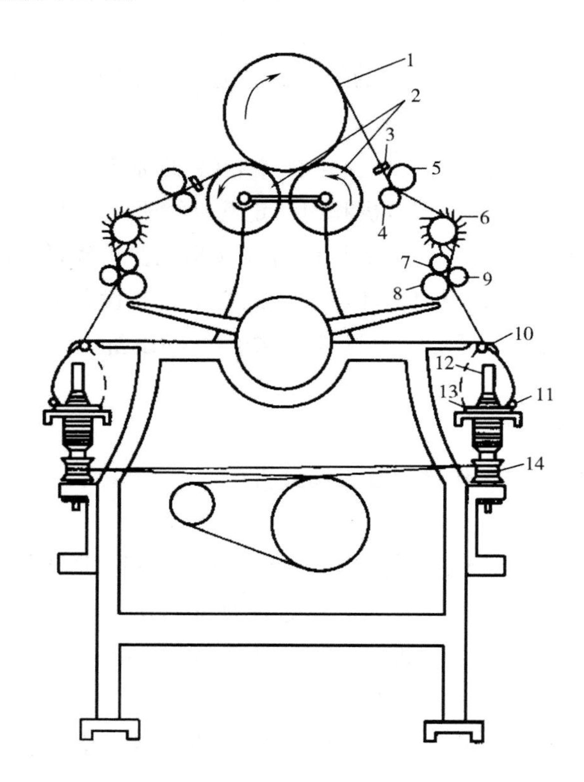

图 6－22　BC584 型细纱机工艺过程示意图

1—粗纱卷轴　2—退卷滚筒　3—导条器　4、5—后罗拉　6—针圈　7、8—前罗拉
9—胶辊　10—导纱钩　11—钢丝圈　12—纱管　13—钢领　14—锭子

②BC583 型细纱机工艺过程。图 6－23 为 BC583 型细纱机工艺过程示意图。

毛轴经退卷滚筒摩擦传动，其上纱条经分条器进入后罗拉及压辊之间，然后经导条杆及假捻器进入前罗拉 8、9、10 之间。从前罗拉输出的须条经导纱器及钢丝围绕在纱管上。

（2）喂入机构。喂入机构包括退卷滚筒、导纱器等。它的作用就是顺利地将小毛条从粗

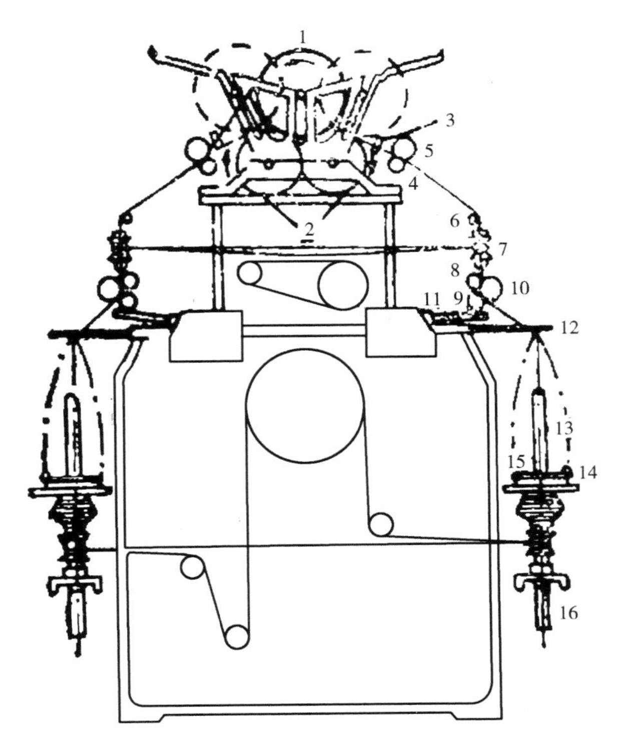

图 6 – 23　BC583 型细纱机工艺过程示意图

1—毛轴　2—退绕滚筒　3—分条器　4—后罗拉　5—压辊　6—导条杆　7—假捻器　8、9、10—前罗拉　11—吸毛嘴　12—导纱器　13—纱管　14—钢丝圈　15—钢领　16—锭子

纱卷轴上逐步退出，并喂入牵伸机构。喂入时要求张力一致，避免断头，减少意外牵伸。

①BC584 型细纱机的双滚筒单轴式喂入机构。BC584 型细纱机采用双滚筒单轴式喂入机构，如图 6 – 24 所示。

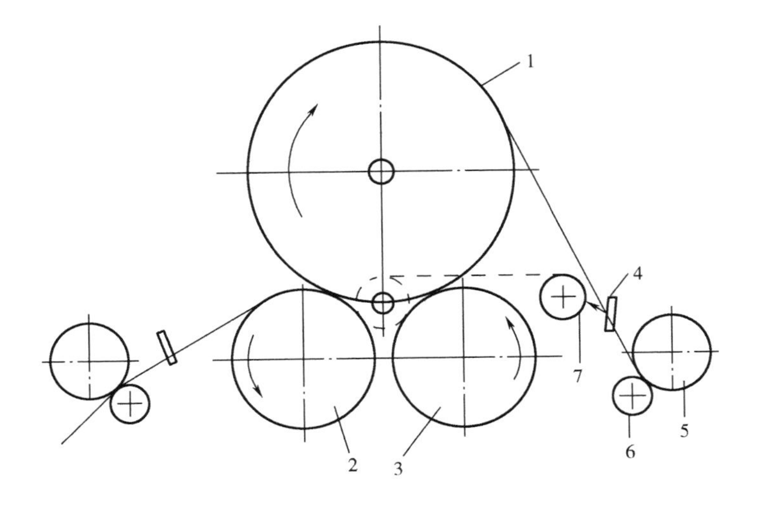

图 6 – 24　BC584 型细纱机的双滚筒单轴式喂入机构示意图

1—粗纱卷轴　2、3—退卷滚筒　4—导条器　5、6—后罗拉　7—导条辊

BC584 型细纱机采用双滚筒单轴式喂入机构，如图 6－24 所示。粗纱卷轴 1 放在两只退卷滚筒 2 和 3 上。粗纱由退卷滚筒退出后，以单数、双数分开分别引向机器两侧。左侧是由粗纱条与退卷滚筒的接触处退出，右侧是由粗纱卷上方直接退出，粗纱先经导条器 4，进入牵伸区。当粗纱快退完时，为了避免右侧粗纱和退卷滚筒 3 的摩擦，用导条辊 7 将粗纱架起，防止粗纱与滚筒表面接触。

此种喂入机构的优点是能使用较大直径的粗纱卷轴，减少换轴时间；同时双滚筒使粗纱卷轴放置平稳，意外牵伸小。其缺点是粗纱分别由机器两侧退出，致使两侧粗纱张力不完全一致。另外，在纺制不同原料的细纱时，粗纱所受到的拉伸作用主要取决于滚筒转速，纺纯毛、混纺和化学纤维等不同原料的粗纱时，粗纱受到的拉伸不一样，应根据不同原料调换滚筒变换齿轮。

②BC583 型细纱机的双滚筒双轴式喂入机构。BC583 型细纱机的喂入机构为双滚筒双轴式双面喂入机构，如图 6－25 所示。

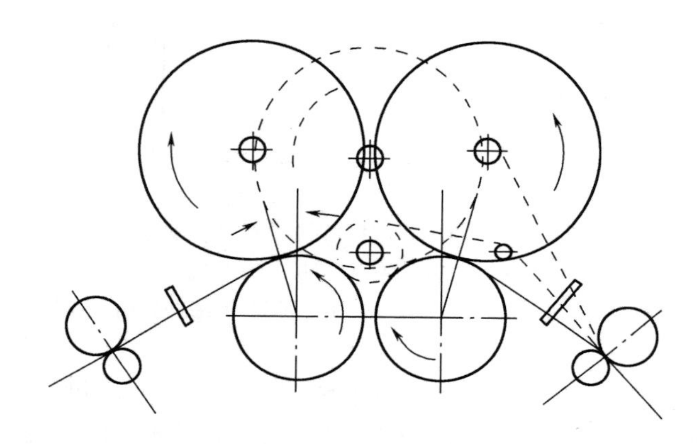

图 6－25　BC583 型细纱机的双滚筒双轴式双面喂入机构示意图

有两只退卷滚筒，既可同时喂入两个粗纱卷轴（每个粗纱卷轴上的粗纱只供机器的一侧使用），也可喂入一个粗纱卷轴（供机器的两侧使用）。这种喂入方式的优点是换轴方便；缺点是粗纱卷轴与退卷滚筒接触面积较小，使粗纱卷轴的直径受到限制。如直径过大，对滚筒的压力就大，会造成粗纱卷轴转动不均衡，粗纱条变形而产生意外牵伸。

（3）牵伸机构。牵伸机构是细纱机的一个极为重要的部分，关系到细纱的均匀度。

①BC584 型细纱机的针圈式牵伸机构。图 6－26 为 BC584 型细纱机针圈牵伸机构示意图。

粗纱由粗纱卷轴退出后，经过导条器 1，喂入牵伸区。牵伸区由后罗拉（大铁辊 2 和金属下罗拉 3）、针圈 4 及前罗拉（两个金属前下罗拉 5、6 及胶辊 7）组成。后钳口由金属后下罗拉 3 和大铁辊 2 构成，每只大铁辊下面压两根粗纱。前钳口由两个金属前下罗拉 5、6 及胶辊 7 构成。前钳口的加压方式为杠杆重锤式，加在两根纱条上的总压力为 58.8～98N。两钳口之间为一回转针圈 4，其位置靠近前罗拉，它的回转方向与其上钢针倾斜方向相反，一方面能使钢针更彻底、顺利地刺入须条，另一方面使钢针完成任务后能顺利脱出须条。它的表面速度与后罗拉的表面速度基本相同。前下罗拉 5 的直径较小，前下罗拉 6 和胶辊 7 的直径

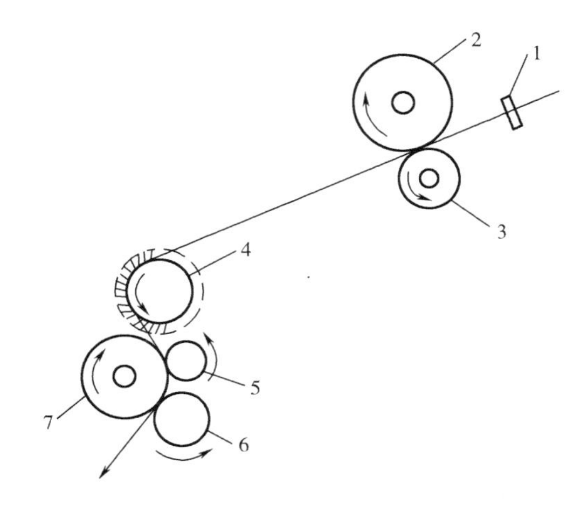

图 6－26　BC584 型细纱机的针圈式牵伸机构示意图

1—导条器　2—大铁棍　3—后下罗拉　4—针圈　5、6—前下罗拉　7—胶辊

较大，这样既能使针圈尽量接进前钳口，又保证了对纤维的握持面积。

牵伸作用主要发生在针圈和前罗拉之间，部分纤维被前钳口从针圈针隙和挤紧的纤维中抽出，并受到一定的梳理作用，使纤维比较平行、伸直，使毛纱较均匀、光洁。

②BC583 型细纱机的假捻器牵伸机构。图 6－27 为假捻器加捻示意图。

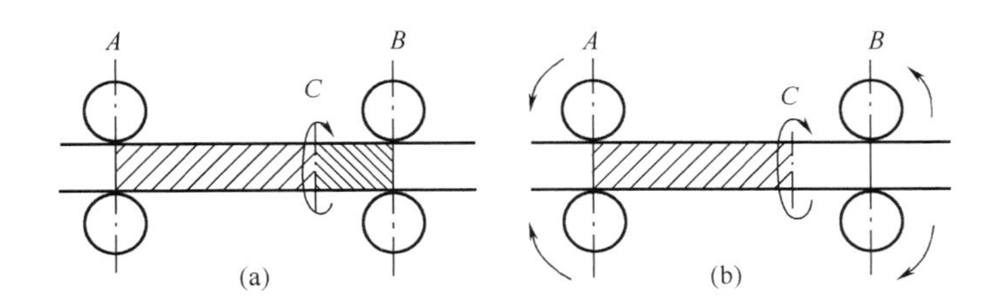

图 6－27　假捻器加捻示意图

其中 *A* 为后罗拉钳口的钳制点，*B* 为前罗拉钳口的钳制点，*C* 为假捻器的握持点。假使前、后罗拉暂时不转动，只是假捻器转动，则会出现图 6－27（a）所示的情况。如果前、后罗拉及假捻器均转动，假捻器又有使纱条通过的作用，则会出现图 6－27（b）所示的情况，*CB* 段纱条上的捻度在很短时间内就会接近于零，而在 *AC* 段上的捻度趋于常数，假捻器加给纱条的这一捻度可看成是一种临时的捻度，只在牵伸过程中起控制纤维的作用。当纱条从前钳口输出后，假捻器所产生的这种临时捻度随即消失。这种加捻器被称为假捻器。假捻器钳口到前罗拉之间的一段纱条上没有捻度，纤维之间的抱合力差，牵伸值如稍大就容易出现不匀，所以应使该距离尽量小一些。

（4）加捻卷绕机构。

①BC584 型细纱机钢领板升降式成形机构。BC584 型细纱机采用钢领板升降式成形机构，卷装尺寸小，动力消耗也小，但由于钢领板升降，钢丝圈与导纱钩之间，纺纱长度发生变化，

气圈形状和大小发生变化，毛纱气圈和强力变化大，容易断头。可采用导纱钩随钢领板升降而升降。

②BC583 型细纱机锭子升降式成形机构。BC583 型细纱机采用锭子升降式成形机构，卷装尺寸大，随着纱管卷纱量的增大，动力消耗也增大，单钢领板固定，气圈保持恒定，气圈张力波动小，断头少。

（二）粗纺走锭细纱机的工作过程及工作分析

1. 粗纺走锭细纱机的类型 走锭细纱机是一种周期性动作的纺纱机，细纱是被分段纺成的。按其运动形式的不同可分为两大类。一种是走车式走锭细纱机，其特点是锭车走动，粗纱架固定，挡车工操作必须跟随锭车来回往复，设备劳动强度较大。另一种是走架式走锭细纱机，特点是锭子机架固定，粗纱架往复移动。挡车工操作时不必随车走动，因而降低了劳动强度。

2. 粗纺走锭细纱机的机构组成与工艺过程 现以 FN561 型锭车走动式走锭细纱机为例，介绍走锭细纱机的组成和工作过程。

（1）工艺过程。FN561 型锭车走动式走锭细纱机由移动的锭车和固定的粗纱架两大部分组成。粗纱架部分包括粗纱卷、粗纱机架、退条滚筒和给条罗拉等部件。锭车部分包括锭子、锭子滚筒、锭绳、车轮、铁轨、导纱钩和张力杆等部件，图 6－28 为 FN561 型锭车走动式走锭细纱机机构组成示意图。

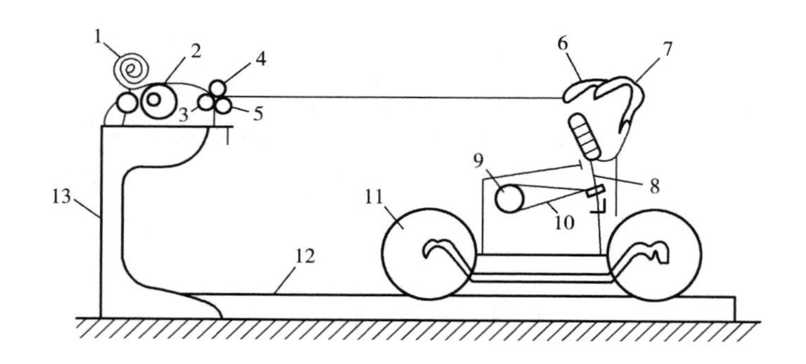

图 6－28 FN561 型锭车走动式走锭细纱机机构组成示意图
1—粗纱卷 2—退条滚筒 3、4、5—给条罗拉 6—张力杆 7—导纱杆
8—锭子 9—滚筒 10—锭绳 11—车轮 12—铁轨 13—粗纱架

粗纱卷从退条滚筒上退出后，由给条罗拉送出，再借助张力杆、导纱杆的作用，最后绕在筒管上。筒管套在锭子上，与锭子一起回转。锭子以锭绳传动，锭子与滚筒装在车框内，车框下有车轮，锭车在成形铁轨上往复移动，也即是“出车运动”和“进车运动”。导纱杆的作用是让纱条处于一定位置上，张力杆的作用是使纱条在卷取时保持一定张力。在走锭细纱机上，锭尖和给条罗拉是握持纱条的两个钳口，这两个握持部件在出车时的相对运动速度和距离，均大于给条的速度和长度，这样使纱条受到了牵伸。另外，锭子每转一转，纱圈就从锭尖脱下来一次，从而给纱条加上一个捻回。纱条滑脱时产生一定的振荡，可使捻度向前

传递。当纱条得到牵伸、加捻后，通过进车速度和锭子回转速度相配合，加上导纱杆、张力杆的作用，将细纱卷绕到纱管上。

（2）工作分析。走锭细纱机的运动属间歇式运动，即细纱是被分段纺成的，每段纱长度在1.65～3.5m之间。纺每一段纱所需要的时间称纺纱周期，一般为13～20s，每一纺纱周期的基本动作可分为以下六个时期。

①给条时期。在纺每一段细纱之前，必须首先供给纺这一段纱所需要的粗纱。每段粗纱的长度叫给条长度，以L_0表示，每一纺纱周期内所纺细纱的长度以L_1表示，总牵伸值以E表示，则有：

$$E = L_1/L_0 \tag{6-15}$$

通常E值为1.05～1.50。

在给条罗拉运动的同时，锭车向外出车，锭子也在转动，使纱条具有一定捻度。

②牵伸时期。在此时期内，要对给条运动所供给的已具有一定捻度的粗纱进行牵伸，并增进其条干均匀度。被牵伸的一段粗纱，其一端被握持在上下给条罗拉之间，另一端缠绕在锭尖上，只要锭尖随出车平行移动的总动程大于给条罗拉所给纱条的长度，就将产生牵伸作用。牵伸运动可以在给条运动结束后开始，也可在开始给条时就进行。出车运动完成时，牵伸也即终止。

在牵伸过程中，粗纱逐渐被拉细，粗纱上原有的捻度不能维持粗纱中纤维应有的抱合力，不能满足继续进行牵伸的要求，因而必须在牵伸过程中不断补充捻度，此时补充的捻度一般称为“小捻”。

③加捻时期。在出条和牵伸时，均已对纱条施加过捻度，为达到细纱捻度要求还必须再补充捻度，这种补加的捻度一般称为加“大捻”。具体加捻方法是在出车运动结束后立即将锭速提高，进行锭尖加捻。加大捻的时期称为加捻时期。当捻度达到一定值时，锭子停止加捻，并发生反转运动。在加大捻时，由于纱条因捻缩而长度变短，因此锭车须稍向进车方向移动，以避免张力过大而断头。

④反转时期。当牵伸和加捻结束时，细纱已经纺成，必须将它卷绕到纱管上。要使光锭部分所绕的数圈纱条退出，必须使锭子在这一时期作反转运动。由于反转时纱条会松弛，所以要将导纱杆下降至卷绕点，并借助张力杆向上把纱条拉紧（图6－29）。反转完成后即可进行卷取运动。

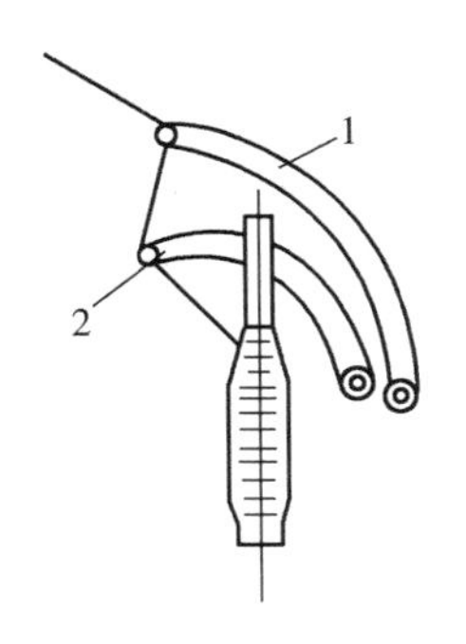

图6－29 导纱杆、张力杆工作示意图
1—导纱管 2—张力杆

⑤卷取与进车时期。成纱的卷取是在进车过程中完成的。出车长度减去锭车稍退距离就是每一次所纺纱条的长度，也是卷取纱条的长度，同时又是进车长度。锭子的卷取转速、进车速度、卷取点的直径的关系如下：

$$n = v/(\pi \cdot d) \tag{6-16}$$

式中：n——锭子的卷取转速，r/min；

v——锭车的进车速度，m/min；

d——卷取点的直径，m。

由此可见，卷取时锭子每分钟转速与进车速度成正比，而与卷绕点的直径成反比。纱管的成形如同环锭机一样，采用短动程圆锥体的卷绕方式，每一纺纱周期所纺的纱条都绕成两层，即卷绕层和束缚层。每卷绕两层后卷绕点要有一个级升距离。绕取点位置的高与低直接取决于导纱杆的位置。导纱杆的升降运动由成形控制机构控制。

由于纱条绕在圆锥体上，绕纱的直径总是在变的，锭子的转速不但要随进车速度的变化而变化，而且要随卷绕点直径的改变而变化。导纱杆的升降速度也必须适应卷绕点直径的变化，直径小时升降快；直径大时升降慢。

⑥存转时期。当卷绕点上升到圆锥体小半径上少许，卷取工作已基本完成，但进车运动还未结束，尚有一段细纱要绕到小半径以上的光锭部分，以把纱引导到锭尖，便于下一纺纱周期的加捻运动。这一段工作与反转作用相反，称为“存转”时期。

3. 粗纺走锭细纱机的特点 粗纺走锭细纱机与环锭细纱机比较，具有以下特点。

（1）缺点。走锭细纱机的缺点是机构复杂，维修保养不方便，占地面积大，耗电量大，生产效率低。

（2）优点。

①粗细不同的纱段在纺纱时就能受到匀整的作用，使纱条均匀度提高。走锭细纱机在牵伸的同时实现加捻，而不是像环锭细纱机牵伸后再加捻。在这种情况下，由于纱的粗段部分对加捻作用抗扭力大，被施加的捻度较小。而捻度小的纱段纤维间的摩擦力小，易被牵伸，即牵伸倍数就大；反之，纱的细段部分对加捻作用抗扭力小，因而被施加的捻度就大。捻度大的纱段纤维间的摩擦力大，于是被牵伸的倍数就小。粗细不同的纱段在纺纱时就能受到匀整的作用，使纱条均匀度提高。因此，走锭细纱机特别适合纺长度较短的高档纤维，或长度差异大的低档原料。

②减少摩擦和碰撞，减少纱线毛羽，使条干更均匀，纱条更光洁。由于走锭细纱机采用的是锭子直接加捻，避免了环锭机上钢丝钩、气圈环和隔纱板等部件对纱条的摩擦和碰撞，减少纱线毛羽，使条干更均匀，纱条更光洁。这对于纺制原料抱合力差而产品质量要求高的毛纱如兔毛纱、羊绒纱尤为合适。

③走锭细纱机纺纱时纱条所受的张力较小，因此适合纺捻度较小的针织纱。

习题

1. 粗纺配毛的目的是什么？

2. 说明粗纺配毛的工艺原则。

3. 已知羊毛制条的制成率为80%，涤纶制条的制成率为95%；羊毛的公定回潮率为16%，涤纶的公定回潮率为0.4%。求配毛时，投料量各为多少才能达到成品毛条中羊毛占40%、涤纶占60%的比例。

4. 说明“S”头型半机械式和毛系统的工作原理。
5. 举例说明粗纺混料的混和方法。
6. 粗纺梳毛的目的是什么?
7. 说明 BC272B 型二联式粗纺梳毛机的工作原理及组成。
8. 说明称重式自动喂毛机的工作原理。
9. 说明自动喂毛机的工作周期。
10. 简述自动喂毛机的质量要求。
11. 说明梳理机的工作原理及组成。
12. 说明过桥机的工作原理。
13. 分析过桥机的铺层工艺。
14. 说明成条机的组成及工作原理。
15. 说明成条机的工艺原则。
16. 简述粗纺梳毛的质量要求。
17. 比较 BC584、BC583 型细纱机的牵伸机构。
18. 比较 BC584、BC583 型细纱机的喂入机构。
19. 比较 BC584、BC583 型细纱机的加捻卷绕机构。
20. 说明 FN561 型锭车走动式走锭细纱机机构的工作原理。
21. 分析走锭细纱机的工作周期。
22. 说明粗纺走锭细纱机的特点。

第七章 绒线生产

本章知识点

1. 绒线生产的工艺流程、设备。
2. 绒线生产的工艺，包括成品规格、坯线设计、前纺工艺、细纱工艺及后纺工艺。
3. 绒线的质量要求，包括绒线的外观质量、物理性能及服用性能。

绒线是毛纺主要产品之一，纺制绒线的原料包括天然纤维和化学纤维两大类，生产绒线常用羊毛和腈纶，也使用少量的特种动物纤维（包括山羊绒、兔毛、驼绒、牦牛绒及马海毛等），随着纺织业的发展，绒线生产所用化学纤维的品种增多，化学纤维及其改性、差别化、细旦化、原液染色的短纤维在毛纺行业中逐渐被使用，另外羊绒、兔毛、牦牛绒、骆驼绒、马海毛、羊驼毛等特种动物纤维及绢丝、棉等天然纤维也被广泛应用。

羊毛是纺制绒线最基本的原料，根据绒线种类的不同，应合理选择羊毛原料，要求羊毛应具有一定的弹性、白度和色光等。生产粗绒线时，可选择同质毛 46 ~ 58 支或选择异质毛一至四级；生产细绒线时，可选择同质毛 60 ~ 64 支或选择异质毛一至二级；生产针织绒线时，可选择同质毛 64 支及以上或选择异质毛一级。

腈纶是一种柔软、质轻、保暖性好的合成纤维，有“合成羊毛”之称，它可以纯纺，也可以与羊毛混纺，生产出各种比例的混纺绒线。粗绒线和细绒线可选择 5. 5 ~ 11. 1dtex 的腈纶；针织绒线可选择 3. 3 ~ 6. 6dtex 的腈纶。

第一节 绒线生产的工艺流程与设备

一、绒线生产的工艺流程

（一）精梳绒线生产的工艺流程

精梳绒线的生产工艺过程与普通精梳毛纺的工艺过程相似，设备也基本相同。前纺采用 B423 型、B432 型、B442 型等针梳机，后纺采用 B593 型细纱机、B643 型合股捻线机和 B701A 型摇纱机。

（二）粗梳绒线生产的工艺流程

粗梳绒线的生产工艺过程很短，从梳毛机下来的粗纱，直接送至细纱机纺制粗纺针织绒线。

（三）半精梳绒线生产的工艺流程

半精梳绒线生产工艺流程与精梳绒线生产工艺流程不同的是不经过精梳工序，与粗梳绒线生产工艺流程不同的是经过针梳机。半精梳绒线比精梳绒线蓬松、柔软，比粗梳绒线均匀光洁，其纺纱特数范围广（25～333tex）。

（四）腈纶绒线生产的工艺流程

1. 腈纶针织绒线生产的工艺流程

工艺一：腈纶长丝束→长丝束装筒→圆筒染色→脱水→烘干→切割法制条（BR210 型直接制条机）→针梳（三道）→针梳成球→混条→前纺针梳（四道）→粗纱→细纱→并线→捻线→摇绞→膨化显体→膨体针织绒线（绞纱）。

工艺一可以利用传统的精纺纺纱系统和设备来完成。

工艺二：腈纶长丝束→长丝束连续染色→直接制条（BR211 型直接制条机）→高缩条与正规条汽蒸→无针板混条→并条（二道）（BR221 型双胶圈并条机）→末道并条（BR231 型双胶圈并条机）→粗纱→自捻纺→连续膨化络筒→膨体针织线成品（筒子）。

工艺二可以直接制条，到前纺各工序全部实现无针板化，代替了传统的针板牵伸，降低了维修难度和机件损耗；用自捻纺可把传统工艺的细纱、并线、捻线等工序合并为一道；采用连续膨化络筒，可把传统工艺的摇纱、膨化显体及羊毛衫厂的络筒工序合为一道。

2. 腈纶膨体粗绒线生产的工艺流程　BR221 型并条机→BR231 型并条机→BR400 型并条机→B593 型粗绒线细纱机→B643 型绒线合股捻线机→B701A 型绒线摇纱机→膨化显体→膨体粗绒线（绞纱）。

二、绒线生产的设备

绒线生产所用设备，在细纱以前基本上与非绒线生产的精、粗纺纱设备相同，这里主要介绍绒线专用设备。

（一）绒线细纱机

绒线采用的绒线细纱机主要有 B591 型、B593 型、WFB559 型及 FB504A 型等。

1. B593 型绒线细纱机　B593 型绒线细纱机适用于纯毛绒线、羊毛与化纤混纺绒线以及纯腈纶绒线的纺纱，适纺纤维长度为 60～140mm，纺制精纺粗绒线。牵伸形式为单区短工作面双胶圈滑溜牵伸；锭端加装加捻指，可实现大卷装低张力半气圈纺纱，既具有锭端纺降低纺纱张力的优点，又保留环锭纺弹性气圈的特点，成纱光洁，断头率低，不绕锭颈，满纱锭子振动小，而且机构简单，对钢领、钢丝圈、纱管等无特殊要求。

2. WFB559 型绒线细纱机　WFB559 型绒线细纱机适用于毛、化学纤维的纯纺及混纺产品。其作用是将有捻或无捻粗纱喂入，经牵伸、加捻、卷绕成一定线密度的单股绒线。其主要特点是适纺范围宽、高速大卷装、占地面积小、线条流畅、外观美观；牵伸采用三罗拉双胶圈滑溜牵伸，控制纤维能力强，纱条条干好，车头传动简洁，维修方便。

3. FB504A 型针织绒细纱机　FB504A 型针织绒细纱机适用于毛、化学纤维的纯纺及混纺产品。其主要特点是适纺范围广、机架结构稳固，断面尺寸合理，占地面积小，与 FB722 型捻线机配套，是纺针织绒线的理想设备，牵伸采用三罗拉双胶圈滑溜牵伸，适应纤维长度范围宽，控制纤维能力强，纱条条干好，速度高。

（二）绒线捻线机

捻线是将双股或多股细纱加以捻度，以提高纱线的强力、均匀度、光洁度、弹性和手感。如将两股或两股以上不同颜色或不同纤维的毛纱并合加捻，可得到花色线。

1. B643 型绒线合股捻线机 B643 型绒线合股捻线机是较早的一种绒线合股捻线机机型，适用于各种绒线合股加捻，由退绕架、罗拉输出机构、加捻卷绕机构和断头自停机构组成。退绕架为前插式立杆轴向架，配以力杆式张力调节器，使张力逐渐增加，降低了上下排、小纱时四股纱的张力差异，不出辫子纱，操作方便；罗拉为三罗拉重叠式；断头自停为落针杠杆式；加捻卷绕机构与环锭细纱机相同。

2. FB722 型捻线机 FB722 型捻线机适用棉、毛、化学纤维的纯纺或混纺的股线加捻。其作用是将二股、三股或四股的并线筒子纱，加捻卷绕成毛线、针织绒线、细绒线。其主要特点是钢领直径、升降动程、卷装系列能满足不同线密度纱线的选择；采用双张力轮，捻度齿轮臂，能左右啮合齿轮，变换捻向方便；自动化机构灵敏，如捻线过程中任何时候关机能自动适位停机，满管时钢领板自动下降及自动适位停机，开机前钢领板能自动复位；本机显示功能可靠，能显示捻度、罗拉线速度、锭速、班产量等。

3. FB741 型绒线合股机 FB741 型绒线合股机适用毛、化学纤维的纯纺或混纺纱线的股线加捻，可与各类绒线细纱机及针织绒线细纱机配套合股成绒线及多股绒线。主要特点是整机锭数可根据不同型号绒线细纱机产量配套要求，按 16 锭增减；采用整体车头墙板和中墙板，机架简洁牢固，安装方便，振动较小；钢领采用分块重锤平衡钢领板升降，稳定可靠，凸轮不易磨损，成形好。喂入纱架能适应各类绒线细纱机筒管尺寸、连杆式锭子刹车灵敏、能防止松紧纱、喂入张力均匀、多股平服及捻纹清晰等特点。

（三）摇纱机

摇纱机将纱、线按规定的长度和圈数，摇成一定重量的绞线，供染整加工。机构组成主要为喂入、纱框、断头自停和满绞自停四个部分。摇纱时纱线从筒子上引出，经导纱杆、断头自停钩、横动导纱钩等机件均匀卷绕在纱框上。当纱框上卷绕到一定的圈数时，摇纱机自动停车，工人进行分档扎绞、打结，并从机尾将绞纱取下。摇纱机目前多采用 B701A 型摇纱机和 B702A 型摇纱机。

（四）绒线成球机

将经过络筒机加工的锥形筒装绒线或经过倒筒机将绒线倒入毛条筒内的筒装绒线喂入绒线成球机，通过锭子、锭翼、龙筋作相对运动，卷绕成规定长度、重量以及表面有多种花纹的绒线球，经手工套商标、装盒，以团绒形式进入市场。目前使用的机型有 FB821 型绒线成球机，成球产量高，质量好，适绕品种广，操作维护方便，结构新颖，外观美观，自动化程度高；锭子采用骨架式，收撑灵活，球形丰满；落球割线，采用平面式拉刀，割断率高；锭子、锭翼均采用同步齿形带传动，噪声低、振动小，慢速启动，运转平稳；不需润滑，机面清洁；采用 PLC 和各类气动元件，动作灵敏、准确、可靠，自动化程度高。

第二节　绒线生产的工艺

一、成品规格

（一）绒线线密度

绒线的名义特数是指成品单纱特数。根据绞纱重量、圈长、圈数等计算得到：

$$名义特数=\frac{大绞标准重量}{大绞成品细纱总长}=\frac{250\times1000}{股数\times小绞圈数\times圈长} \quad (7-1)$$

编结绒线每大绞一般为 5 小绞，标准重量 250g，粗绒圈长为 180cm，细绒圈长为 173cm。对于同一名义特数的绒线，圈长和圈数的积为一常数，即当圈长调整时，圈数也要相应调整，同一品种各批绒线的小圈数和圈长标准应该一致。

针织绒线特数的计算同编结绒线，但其大小组成不同，一般每大绞由四小绞组成，成品圈长 171cm。有些膨体针织绒线成品对坯线的缩率较大，按一般圈长 171cm 计算，摇纱框长达 220cm 以上，操作有困难，圈长可改为 160cm 或 165cm。有的细特膨体针织绒线的圈数较多，容易乱绞，羊毛衫厂倒纱困难，采用每大绞重量为 125g，其中有的是 2 小绞，有的是 4 小绞。

（二）绒线捻度

捻度和绒线成品的服用性能关系十分密切，对纺纱难易也有关系。在设计捻度时，主要应考虑成品的服用性能，但各地区的习惯和市场要求也不尽相同。绒线的捻系数可参考表7－1 选用，选定了捻系数 α，再求单纱捻度 T：

$$T(捻/m)=\alpha\times\sqrt{N_m} \quad (7-2)$$

表 7－1　不同绒线捻系数和捻度表

原料	成品名义支数（N_m）	单纱捻系数 α	股线捻度为单纱捻度的百分数（%）
一、二级毛	7.5/4～8.5/4	65～70	60～65
三、四级毛	6/4～7.5/4	60～65	60～65
48 支毛、50 支毛	7/4～7.5/4	55～60	60～65
56 支毛、58 支毛	8/4～8.5/4	55～60	60～65
腈纶（彭体）	7.5/4～8.5/4	60～70	60～65
60 支毛、64 支毛、一级毛	14/4～20/4	60～70	55～55
腈纶（彭体）	14/4～18/4	60～70	50～55
64 支毛、一级毛	20/2～36/2	60～70	50～65
腈纶（彭体）	20/2～36/2	60～70	55～65

注　1. 羊毛腈纶混纺也可参照上表，或者选择较低的捻系数。

2. 在表列范围或范围附近，成品名义支数较低时，应选择较高的捻系数。

（三）股数

根据绒线品种确定，绒线一般为四股，少数也有采用三股。针织绒线一般为两股，少量用线采用单股。

二、坯线设计

坯线经染色后，长度要缩短，称为染长缩；重量损耗，称为染整损耗。因此由成品计算坯线时要考虑加重和加长。

（一）染整损耗率和坯线加重率

$$\text{染整损耗率}=\frac{\text{坯线重量}-\text{成品重量}}{\text{坯线重量}}\times100\% \tag{7-3}$$

$$\text{坯线加重率}=\frac{\text{坯线重量}-\text{成品重量}}{\text{成品重量}}\times100\% \tag{7-4}$$

两者的关系为：

$$\text{染整损耗率}=\frac{\text{坯线加重率}}{1+\text{坯线重量}}\times100\% \tag{7-5}$$

$$\text{坯线加重率}=\frac{\text{染整损耗率}}{1-\text{染整损耗率}}\times100\% \tag{7-6}$$

（二）染长缩率和加长率

$$\text{染长缩率}=\frac{\text{坯线长度}-\text{成品长度}}{\text{坯线长度}}\times100\% \tag{7-7}$$

$$\text{加长率}=\frac{\text{坯线长度}-\text{成品长度}}{\text{成品长度}}\times100\% \tag{7-8}$$

两者的关系为：

$$\text{染长缩率}=\frac{\text{加长率}}{1+\text{加长率}}\times100\% \tag{7-9}$$

$$\text{加长率}=\frac{\text{染长缩率}}{1-\text{染长缩率}}\times100\% \tag{7-10}$$

（三）坯线大绞设计

$$\text{坯线大绞重量}=\text{成品大绞重量}\times(1+\text{加重率}) \tag{7-11}$$

$$\text{坯线大绞圈长}=\text{成品大绞圈长}\times(1+\text{加长率}) \tag{7-12}$$

（四）坯线单纱支数设计

$$\text{单纱支数}=\frac{\text{成品长度}\times(1+\text{加长率})}{\text{成品重量}\times(1+\text{加重率})}=\frac{\text{成品实际支数}\times(1+\text{加长率})}{1+\text{加重率}} \tag{7-13}$$

（五）坯线捻度设计

$$\text{坯线捻度}=\text{成品股线捻度}\times\frac{1}{1+\text{加长率}} \tag{7-14}$$

单纱捻度不考虑合股加捻和染整长缩带来的变化，设计一般采用成品单纱捻度。

三、前纺工艺

（一）道数的确定

前纺工艺道数的确定，一般纺细特纱多于中特纱，中特纱多于粗特纱，混条或混色要适当增加道数。

（二）前纺工艺参数

前纺工艺参数见表7－2。

表7－2　前纺工艺参数表

<table>
<tr><th rowspan="3">机型</th><th rowspan="3">牵伸倍数</th><th rowspan="3">最大合并数</th><th rowspan="3">最大出条重量（g/m）</th><th colspan="3">隔距（mm）</th><th colspan="3">针号或针密（根/25.4mm）</th><th rowspan="3">出条速度（m/min）</th><th rowspan="3">加压（MPa）</th></tr>
<tr><th rowspan="2">总隔距</th><th colspan="2">前隔距</th><th rowspan="2">羊毛</th><th rowspan="2">混纺</th><th rowspan="2">化学纤维</th></tr>
<tr><th>全毛</th><th>化学纤维</th></tr>
<tr><td>B412</td><td>7～9</td><td>10×2</td><td>30A
50B</td><td></td><td>40</td><td rowspan="4">45～55</td><td>10</td><td>10</td><td>10</td><td>50～80</td><td>0.8</td></tr>
<tr><td>B423</td><td>7～9</td><td>8</td><td>30</td><td></td><td>40</td><td>13～16</td><td>10～13</td><td>10</td><td>60～100</td><td>0.8</td></tr>
<tr><td>B432</td><td>8～9</td><td>4</td><td>13</td><td></td><td>40</td><td>16～19</td><td>13～16</td><td>13</td><td>60～100</td><td>0.8</td></tr>
<tr><td>B442</td><td>7～9</td><td>3</td><td>6</td><td></td><td>40</td><td>19～21</td><td>16～19</td><td>13</td><td>60～100</td><td>0.8</td></tr>
<tr><td>B465</td><td>9～11</td><td>2</td><td>1.2</td><td>165～240</td><td>—</td><td>—</td><td>—</td><td>—</td><td>—</td><td>450～480</td><td>—</td></tr>
</table>

注　1. A—二球二头，B—一球一头。
2. 粗纱捻度：羊毛18～20捻/m，混纺16～18捻/m，化学纤维14～16捻/m。

四、细纱工艺

（一）隔距

前隔距不变；后隔距＝（1.1－1.2）×交叉长度。

（二）牵伸倍数

全毛16～20倍，化学纤维18～22倍。

（三）隔距块

羊毛4mm，化学纤维5mm。

五、后加工工艺

（一）并线清纱器隔距 d

$$d = \frac{K_d}{\sqrt{N_m}} \tag{7-15}$$

式中：K_d——毛纱直径系数，精梳毛纱为1.49，毛涤纱约为1.59，腈纶为1.5～1.55；

N_m——纱线公制支数。

（二）摇绞框长

摇绞框长＝叠绞系数×坯线量长（在绞线圈长量长器上测得的圈长）　（7－16）

叠绞系数的参考值为：粗绒线0.98～0.99，细绒线0.99～1.00，针织绒线1.00。

第三节　绒线的质量要求

绒线的品质主要是指感官风格和各种服用性能。绒线对产品的内在质量与外在质量要求均较高，它不仅在外观上要有良好的风格，还要在穿着上有较高的使用价值。绒线产品应有良好的内在质量即服用性能，包括弹性、色牢度、起球性能、结构稳定性及经久耐用性等。

一、绒线的外观质量

绒线的外观质量常采用手感目测法，对产品进行综合评价。绒线的外观质量是由产品之间比较而得，属相对质量指标，是人们长期的经验积累，通过手感和目测，了解绒线的大致品质。此法方便快捷、简单易行，还可以评价某些仪器尚难测得的品质。但测定的结果会受人为因素的影响，只是定性指标，得不出定量的结果。手感目测常作为评价产品质量的一种补充手段。

（一）手感质量

绒线的手感要求柔软而富有弹性，柔而有刚，柔而不烂，刚而不糙。如果产品柔而无刚，则产品身骨偏烂、保型性欠佳；如果产品太刚硬则手感粗糙，产品悬垂性差，不随体，接触有刺痒感，影响舒适性。

（二）目测质量

目测质量包括色泽和外观形态。

对绒线的色泽要求主要有：绒线的颜色要鲜亮，色光要柔和悦目、晶莹滋润，色泽要均匀一致，无色花，忌带极光。

对绒线的外观形态要求主要是：单纱条干要粗细均匀，股线的单纱之间应平服，捻度均匀，捻纹清晰，纱条平直不僵；股线蓬松、丰满、圆润。可以用“松、胖、圆”衡量绒线的外观质量，“松”是指绒线的蓬松度好；“胖”是指在相同粗细的情况下，绒线丰满充实；“圆”是指绒线截面圆润，不扁不瘪，三者联系密切，互为依赖。绒线的表面要求光洁，略有毛绒，毛绒不可太长，纤维与纤维之间不粘连、结并。

二、绒线的物理性能

绒线的物理性能是绒线最基本的技术条件，包括密度、吸湿、细度、捻度和合股等。

（一）密度

物体单位体积内所含的质量称物体的密度。由于组成绒线的纤维与纤维之间、纱与纱之间以及纤维内部都存在孔隙，绒线属膨松多空物质，度量复杂，常用体积重量、膨松度等指标来代替。

绒线的体积重量是绒线外轮廓尺寸内单位体积的重量。

$$\delta = \frac{G}{V_\delta} \quad (7-17)$$

式中：δ——绒线的体积重量，g/cm^3；

G——绒线的重量，g；

V_δ——绒线外轮廓尺寸内体积，cm^3。

（二）吸湿

绒线从空气中吸收水分的性能，称为吸湿性。吸湿是关系到材料性能和工艺加工的一项很重要的性能。用回潮率和吸湿率来表示绒线的吸湿程度。

（三）细度

细度是纱线粗细程度的一种量度。纱线的细度影响织物的风格特征，其细度不匀率直接关系到成品的外观质量和强度等性质。

（四）合股

将两根或两根以上的单纱进行并合加捻的过程称合股。合股的产品用单纱支数/并合根数表示，如7.5/4表示用四股7.5公支（133.3tex）单纱合股而成的粗绒线；当单纱根数超过五根时，采用将几根单纱先合股加捻（称预捻），然后将预捻的纱线再捻合（称复捻）。

三、绒线的服用性能

绒线的服用性能是指产品的内在质量。绒线除了它自身特有的风格以外，还要求制品弹性好、颜色坚牢、不易起球、结构稳定、耐洗、经久耐用。这些要求统称为绒线的服用性能。

（一）力学性能

力学性能是服用性能中最重要的性能，反应绒线耐穿耐用的特性。力学性能包括强度、弹性、刚度和耐磨性等。

（1）强度。强度是绒线牢度的主要指标，它反应绒线制品的耐穿耐用的程度。一般以绞纱抗拉伸强度和断裂伸长率来表示。在一定的程度上，抗拉伸强度表示绒线的牢度，断裂伸长率表示绒线的韧性。一般拉伸断裂比功愈大，其织物愈耐穿。绒线强力，与纤维性能、纱线结构和混纺比有关。

（2）弹性。弹性是表示抵抗拉伸变形的能力，即绒线的抗疲劳能力。在穿着中，绒线制品的损坏，大都是在一种较小拉力的持续作用或反复作用下“疲劳”的结果。

（3）刚度。刚度是绒线抵抗弯曲和扭转的性能。

（4）耐磨性。耐磨性决定绒线的使用寿命，绒线织物受到摩擦后，绒线变细、破坏而断裂，最终导致绒线解体。绒线的耐磨性首先决定于纤维的耐磨性，其次与纱线的结构有关。合理选择原料，减少加工过程中纤维损伤，适当配置单纱和股线的捻系数，可以提高耐磨性。

（二）保暖性

保暖性可以用绒线制品的热绝缘性好坏即散热快慢来表示。简单的测定方法是将绒线按一定密度织成衣片，包在盛有一定体积热水的容器上，测量水温从60℃下降到40℃所经历的时间，然后按测试基准，计算出保暖系数。一般保暖系数越高，保暖性越好，线密度比较大的绒线，保暖性较好。

（三）染色牢度

染色牢度是纺织品抵御外界有关物理和化学作用的性能，它是绒线的一项主要指标。绒线的各项染色牢度，在绒线品质标准内都有规定的最低标准。根据不同的用途，对各项牢度有不同的要求，例如，用作内衣的绒线，耐汗渍色牢度、耐皂洗色牢度要高些；用于外套衫的绒线，耐日晒色牢度和耐摩擦色牢度要好。针织绒线还应有一定的熨烫牢度。

（四）起球性

起球是毛织物的一个共同问题，起球严重，不仅影响织物的外观，而且会引起严重毡并，降低其服用性能。起球的原因错综复杂，原料性能、纱线与织物性能、染整工艺、穿着条件、编织方法和编织密度会影响织物的起毛起球，其中纤维性能是影响起球的决定因素，羊毛纤维特有的缩绒性占主导地位。起球缩绒后会影响产品尺寸的稳定性，影响使用价值，高档的纯羊毛制品一般采用防缩整理，以保证羊毛制品的优良特性。

（五）水洗性能

水洗性能是检验织物经水洗后的收缩程度，以鉴定绒线及其织物的毡缩性。一般绒线要进行松弛收缩试验，超级耐洗与防缩处理的产品采用毡化收缩试验。绒线织物在洗涤过程中如果机械力过大、水温过高或洗涤剂选用不当，都会促使缩绒，使产品尺寸缩小。在产品设计时，要考虑原料性能、纺纱和染整工艺，使其缩率减少。

（六）防蛀

蛀虫以羊毛蛋白质为食物，且潮湿的夏季繁殖很快。经虫蛀后的制品影响外观，甚至丧失其使用价值。防虫蛀的方法是夏季将羊毛制品放在阴凉处，通风晾干，放凉，放入樟脑丸后，最好密封保存。

习题

1. 解释下列概念

绒线的名义支数、染整损耗率、坯线加重率、染整缩率、加长率。

2. 简述精纺绒线生产的工艺流程。
3. 说明粗纺绒线生产的工艺流程。
4. 简述半精梳绒线生产的工艺流程。
5. 说明腈纶绒线生产的工艺流程。
6. 绒线生产的设备有什么特点？
7. 绒线特数如何计算？
8. 绒线捻度如何选择？
9. 坯线如何设计？
10. 绒线的前纺工艺如何设计？
11. 绒线的细纱工艺如何设计？
12. 绒线的外观质量有哪些？
13. 说明绒线的物理性质及指标。

参考文献

[1] 江兰玉．毛纺工艺学（上）[M]．北京：纺织工业出版社，1997.

[2] 江兰玉．毛纺工艺学（中）[M]．北京：纺织工业出版社，1997.

[3] 江兰玉．毛纺工艺学（下）[M]．北京：纺织工业出版社，1997.

[4] 余平德．毛纺生产技术275问 [M]．北京：中国纺织出版社，2007.

[5] 平建明．毛纺工程 [M]．北京：中国纺织出版社，2007.

[6] 王春霞，季萍．天然纺织纤维初加工化学 [M]．北京：中国纺织出版社，2014.

[7] 上海市毛麻纺织工业公司编．毛纺织染整手册（上）[M]．北京：中国纺织出版社，1995.

[8] 上海市毛麻纺织工业公司．毛纺织染整手册（下）[M]．北京：中国纺织出版社，1995.

[9] 《毛纺织染整工艺简明手册》编写组．毛纺织染整工艺简明手册 [M]．北京：中国纺织出版社，1997.

[10] 张艳．毛纺织新工艺新设备及产品检测方法与标准实用手册 [M]．西安：三秦出版社，2003.

[11] 陈琦．毛纺织品手册 [M]．北京：纺织工业出版社，2001.

[12] 澳大利亚国际援助署，国际羊毛局．毛纺织工业质量管理手册 [M]．北京：纺织工业出版社，2001.

[13] 夏景武，秦云．精纺毛织物生产工艺与设计 [M]．北京：中国纺织出版社，1995.

[14] 肖丰．新型纺纱与花式纱线 [M]．北京：中国纺织出版社，2008.

[15] 赵金芳．纺纱比较教程 [M]．北京：纺织工业出版社，1994.

[16] 郁崇文．纺纱系统与设备 [M]．北京：中国纺织出版社，2005.

[17] 刘国涛．新型纺纱 [M]．北京：中国纺织出版社，1999.

[18] 郁崇文．纺纱工艺学 [M]．上海：东华大学出版社，2015.

[19] 罗建红．纺纱技术 [M]．上海：东华大学出版社，2015.

[20] 张喜昌．纺纱工艺与质量控制 [M]．北京：中国纺织出版社，2008.

[21] 郁崇文．纺纱工艺设计与质量控制 [M]．北京：中国纺织出版社，2011.

[22] 杨琐廷．纺纱学 [M]．北京：中国纺织出版社，2004.

[23] 任家智．纺纱工艺学 [M]．上海：东华大学出版社，2010.

[24] 邵宽．纺织加工化学 [M]．北京：纺织工业出版社，2005.

[25] 姚穆．纺织材料学 [M]．北京：中国纺织出版社，2009.

[26] 于伟东．纺织材料学 [M]．中国纺织出版社，2006.

[27] 刘妍．纺织材料学 [M]．北京：中国纺织出版社，2007.

[28] 瞿才新．纺织材料基础 [M]．北京：中国纺织出版社，2012.

[29] 詹怀宇．纤维化学与物理 [M]．北京：科学出版社，2005.

[30] 杭伟明．纤维化学及面料 [M]．北京：中国纺织出版社，2005.

[31] 朱苏康，高卫东．机织学 [M]．北京：中国纺织出版社，2015.